Glasfasern

Roman Teschner

Glasfasern

3. Auflage

Springer Vieweg

Roman Teschner
Würzburg, Bayern, Deutschland

ISBN 978-3-662-64122-4 ISBN 978-3-662-64123-1 (eBook)
https://doi.org/10.1007/978-3-662-64123-1

Die Deutsche Nationalbibliothek verzeichnet diese Publikation in der Deutschen Nationalbibliografie; detaillierte bibliografische Daten sind im Internet über http://dnb.d-nb.de abrufbar.

Planung/Lektorat: Alexander Grün
Springer Vieweg ist ein Imprint der eingetragenen Gesellschaft Springer-Verlag GmbH, DE und ist ein Teil von Springer Nature.
Die Anschrift der Gesellschaft ist: Heidelberger Platz 3, 14197 Berlin, Germany

Inhaltsverzeichnis

Glas- ein faszinierender Werkstoff 1

Glas gehört zu den ältesten Werkstoffen.

Schon bei der Entstehung der Erde kam es zur glasigen Erstarrung des schmelzflüssigen Magma. Auch bei Vulkaneruptionen können die Ergussgesteine im glasigen Zustand als Obsidiane erstarren.

Die ersten von Menschen erzeugten Gläser entstanden vor ca. 4000 Jahren, aber schon vorher wurde das natürliche Glas (Obsidian) zur Herstellung von Werkzeugen verwendet.

Die ersten künstlichen Gläser dienten den Ägyptern, den Assyrern und den Chinesen als Schmuckgegenstände (z. B. Glasperlen). Danach wurde das Glas vorwiegend zur Herstellung von Gefäßen verwendet.

Die entscheidende Wende in der Glastechnologie kam im Jahre 1800 als es zum ersten Mal gelang größere, homogene Glasscheiben herzustellen. Die ersten Textilglasfasern wurden 1830 gezogen und verwebt, wobei eine Art von Spinndüsen erstmals 1842 zum Einsatz kam. Die rasante Entwicklung in der Glasherstellung führte schließlich zum Einsatz des Glases in der Optik, im Bauwesen, in der Lasertechnik, in der Raumfahrttechnik, in der Optoelektronik, in der Faserziehtechnologie und in anderen Bereichen. Glas besitzt im Gegenteil zu Metallen die faszinierende Eigenschaft beim Abkühlen ohne Kristallisation zu erstarren und hat keine definierte Schmelztemperatur. Unterhalb der Transformationstemperatur stellt Glas eine eingefrorene, unterkühlte Flüssigkeit zugleich einen Sonderzustand der Materie dar.

Die Änderung des Glasvolumens und der relativen Länge eines Glaskörpers in Abhängigkeit von einer kontinuierlich ansteigenden Temperatur ist aus der Abb. 1.1 zu ersehen. Zum Vergleich wurde auf dem Abb. 1.1 der Verlauf der Änderung des Volumens und der relativen Länge eines kristallinen Systems dargestellt.

R. Teschner, *Glasfasern*, https://doi.org/10.1007/978-3-662-64123-1_1

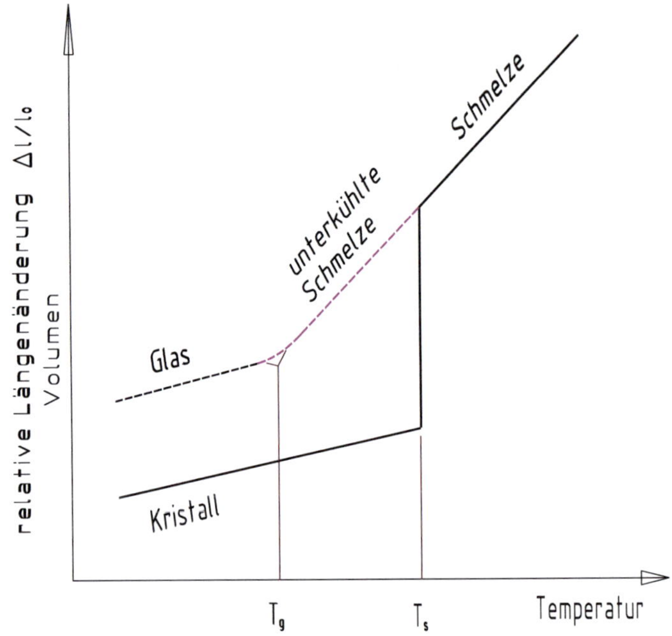

T_s – Schmelztemperatur einer kristallinen Substanz
T_g – Transformationstemperatur eines Glases

Abb. 1.1 Änderung der relativen Länge und des Glasvolumens in Funktion der Temperatur

Die durchgezogene Linie auf der Abb. 1.1 entspricht thermodynamischen Gleichgewichtzuständen. Der Bereich der unterkühlten Schmelze stellt ein thermodynamisch metastabiles Gleichgewicht dar.

Unter der Transformationstemperatur (T_g) verläuft die Kurve parallel zu der eines Kristalls, wo schon keine Gleichgewichtszustände mehr herrschen.

Unter der Transformationstemperatur ist aus der unterkühlten Flüssigkeit ein Festkörper mit einer hohen Entropie geworden.

Der Übergang von der flüssigen Schmelze zu einem glasigen Festkörper erfolgt bei einer einheitlichen Viskosität, die $10^{13,3}$ dPas beträgt.

Die Transformationstemperatur ist ein wichtiger Fix-Punkt eines beliebigen Glases.

2 Die Zachariasen-Warren-Netzwerktheorie

Auf der Basis der Definition des Glases (als unterkühlte Flüssigkeit) wurde von Zachariasen und Warren die s. g. Netzwerkhypothese aufgebaut. Laut Zachariasen [13] und Warren [11] sind in einem Kristall die $[SiO_4]$-Tetraeder regelmäßig angeordnet.

In einem Glas bilden die $[SiO_4]$-Tetraeder ein unregelmäßiges, räumliches Netzwerk.

Dasselbe betrifft das Boratglas (B_2O_3-Glas), das ein unregelmäßiges verzweigtes Netzwerk aus $[BO_3]$-Plandreiecken bildet.

Die Ausbildung eines regelmäßigen und eines unregelmäßigen Netzwerkes ist aus der Abb. 2.1 zu ersehen.

Nach der Netzwerktheorie von Zachariasen und Warren gelten für die Bildung räumlicher Netzwerke von Oxidgläser folgende Bedingungen:

- Die Koordinationszahl des Kations muss klein sein
- Ein Anion (O^{-2}, F^{-}) darf an nicht mehr als zwei Zentralatomen (Kationen) eines Polyeders gebunden sein.
- Die Anion-Polyeder (Sauerstoff- Polyeder) dürfen gemeinsame Ecken, nicht gemeinsame Kanten oder Flächen haben.
- Mindestens 3 Ecken eines Polyeders müssen über Brückenanionen mit anderen Polyedern verknüpft sein.

Mögliche Beispiele einer dreidimensionalen Verknüpfung der Grundbauelemente in Berylliumfluorid- und Arsensulfidgläser sind aus der Abb. 2.2 [10] zu ersehen.

Die Zachariasen-Warren-Theorie erklärt das enorme Ansteigen der Viskosität der Glasschmelze beim Abkühlen.

Mit dieser Theorie lassen sich auch folgende Phänomene erklären:

R. Teschner, *Glasfasern*, https://doi.org/10.1007/978-3-662-64123-1_2

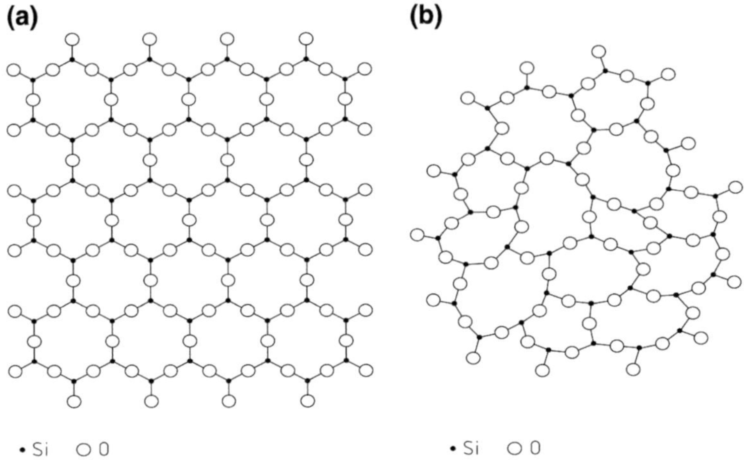

Abb. 2.1 Regelmäßiges (A) und unregelmäßiges (B) SiO_2-Netzwerk [10]

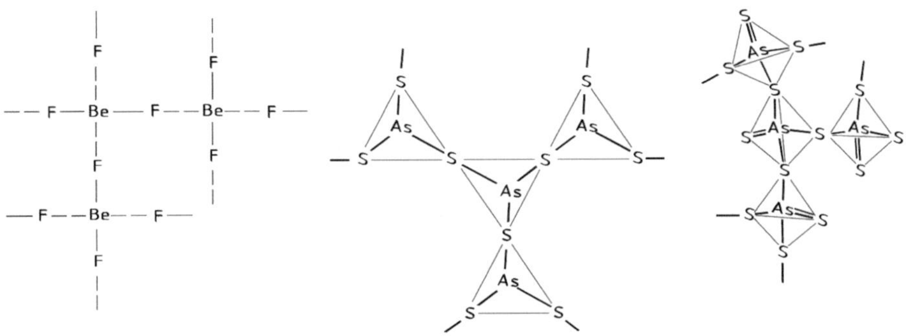

Abb. 2.2 Mögliche Verknüpfungen der Grundbauelemente in Berylliumfluorid- und Arsensulfidgläsern [10]

- Abnahme der Viskosität der Glasschmelze bei steigendem Anteil von Netzwerkwandlern (Alkali- und Erdalkalioxide)
- Änderung der elektrischen Leitfähigkeit des Glases in Funktion der Anteile an Netzwerkbildnern und Netzwerkwandlern.
- Änderung der Glas-Fix-Punkte in Abhängigkeit von Anteilen an Netzwerkbildnern und Netzwerkwandlern.
- Änderung der Glaseigenschaften in Abhängigkeit von der Glaszusammensetzung.

Die Zachariasen-Warrensche-Netzwerktheorie hat in der Glasforschung einen rasanten Fortschritt gebracht. Es wurden zwar Gläser (PbO-SiO_2) entwickelt, deren Eigenschaften und ihre Änderungen in Abhängigkeit von der Zusammensetzung sich mit der

Zachariasen-Warren-Theorie nicht erklären lassen, trotzdem bleibt sie eine der zentralen Struktur- und Arbeitshypothesen.

Sie wurde in den vierzigen Jahren mit der Feldstärketheorie von Dietzel [3, 4] hervorragend ergänzt. Dietzel hat das Coulumbsche Gesetz (Anziehen und Abstoßen elektrischer Ladungen) zur Beschreibung der Wechselwirkung zwischen Kationen und Anionen im Glas angewandt. Die Formel:

$$\mathrm{K} = \frac{1}{4\pi\,\varepsilon} \times \frac{Z_k \cdot Z_a}{(r_k + r_a)} e^2$$

oder ihre vereinfachte Form:

$$\mathrm{K} = \frac{1}{4\pi\,\varepsilon} \times \frac{Z_k \cdot Z_a}{a^2}$$

	Z_k – Wertigkeit des Kations
	Z_a – Wertigkeit des Anions
e	Elementarladung
r_k	Radius des Kations
r_k	Radius des Kations
r_a	Radius des Anions
a	$r_k + r_a$
ε	Permittivitätszahl (Dielektrizitätskonstante)

gibt uns ein Bild über die zwischen den Kationen und den Anionen herrschenden Kräfte (die Größe K). Für die von einem einzelnen Ion ausgehender Kraftwirkung führte Dietzel den Begriff der Feldstärke ein:

$$\mathrm{F} = \frac{Z_k}{a^2}$$

Die Ordnung der Kationen nach ihrer Feldstärke ist aus der Tab. 2.1 zu ersehen.

Zachariasen, Warren und Dietzel teilen die am Glasaufbau beteiligten Oxide in drei Gruppen:

- Netzwerkbildner (SiO_2, GeO_2, B_2O_3, As_2O_3, P_2O_5)
- Netzwerkwandler (Na_2O, K_2O, Li_2O, CaO, MgO, ZnO)
- Zwischenoxide (Mn_2O_3, ZrO_2, BeO, Al_2O_3, Fe_2O_3,TiO_2)

Wie das aus der Tab. 2.1 hervorgeht liegt die Feldstärke „F" der Netzwerkbildner im Bereich 1,4 bis 2,0; die der Netzwerkwandler von 0,1 bis 0,4.

Die Feldstärke der amphoteren Oxide (Zwischenoxide) beträgt 0,5–1,0 und liegt zwischen der Feldstärke der Netzwerkbildner und der Netzwerkwandler.

Nach Dietzel treten stabile Verbindungen auf, wenn der Feldstärkeunterschied ΔF zwischen zwei Kationen eines binären Systems größer als 0,3 wird.

Tab. 2.1 Ordnung der Kationen nach ihrer Feldstärke F [4, 6]

Element	Wertigkeit Z	Ionenradius bei KZ=6 r in [pm]	Hauptkoordinationszahl KZ	Ionenabst bei Oxiden a in [pm]	F im Abst des O^{-2}-Ions Z/a^2	Funktion in der Glasstruktur
K	1	133	8	277	0,13	Netzwerkwandler
Na	1	98	6	230	0,19	
Li	1	78	6	210	0,23	$F = \frac{Z}{a^2}$
Ba	2	143	8	286	0,24	$\approx 0{,}1–0{,}4$
Pb	2	132	8	274	0,27	
Sr	2	127	8	269	0,28	
Ca	2	106	8	248	0,33	
Mn	2	91	6	223	0,40	
Fe	2	83	6	215	0,43	
Mn	2	83	4	203	0,49	Zwischenoxide
Mg	2	78	6	210	0,45	
Zn	2	83	4	196	0,53	$F = \frac{Z}{a^2}$
Zr	4	87	4	203	0,59	$\approx 0{,}5–1{,}0$
Fe	3	67	8	228	0,77	
Al	3	57	6	199	0,76	
Ti	4	64	4	188	0,85	
			6	189	0,84	
			4	177	0,96	
			6	196	1,04	
B	3	20	4	150	1,34	Netzwerkbildner
Ge	4	44	4	166	1,45	
Si	4	39	4	160	1,57	$F \approx$
P	5	34	4	155	2,1	1,4–2,0

Je größer der Feldstärkeunterschied desto höher die Tendenz zur Glasbildung, desto niedriger die Neigung zur Kristallisation bzw. zur Phasentrennung.

Schmelzen binärer Systeme, bei denen der Feldstärkeunterschied größer als 1,33 ist erstarren in der Regel leicht glasig.

Weitere Theorien der Glasbildung und der Glasstruktur sind:

- Die Kristalltheorie von Lebedew [1, 5]
- Die kinetische Theorie von Uhlmann [7, 8, 9]
- Die Quantentheorie der Glasstruktur von Weyl [2, 12] u. a.

Ein zweidimensionales Modell der Struktur eines chemisch beständigen C-Glases ist aus der Abb. 2.3 zu ersehen.

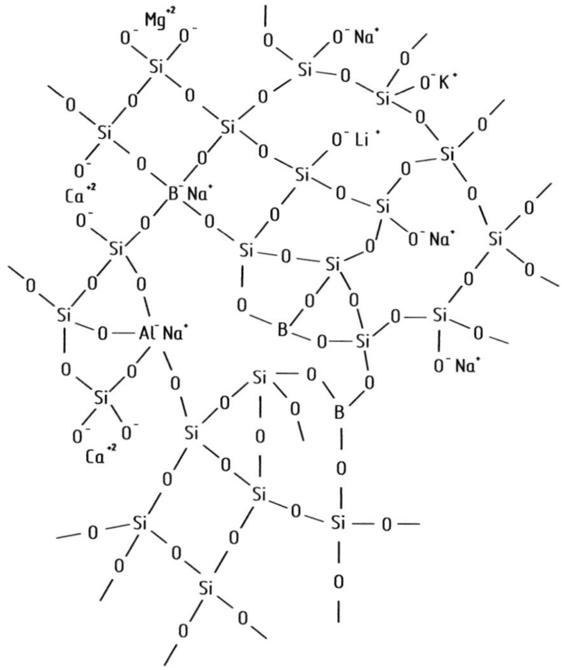

Abb. 2.3 Modell der Struktur eines C-Glases

Literatur

1. Botwinkin, O.K.: Der Aufbau des Glases. Verlag der Akad. der Wiss.UdSSR, Moskau-Leningrad (1955)
2. Botwinkin, O.K.: Der glasartige Zustand. Verlag der Akad. der Wiss.UdSSR, Moskau-Leningrad (1960)
3. Dietzel, A.: Glasstruktur und Glaseigenschaften. Glastechn. Ber. **22** (1948)
4. Dietzel, A.: Die Kationenfeldstärken und ihre Beziehungen zu entglasungsvorgängen, zur Verbindungsbildung und zu den Schmelzpunkten von Silikaten. Z. Elektrochem. **48** (1942)
5. Lebedev, A.A.: Über Polymorphismus und das Kühlen von Glas. Staatl. Opt. Inst, Leningrad (1921)
6. Scholze, H.: Glas- Natur, Struktur und Eigenschaften. Springer, Berlin (1988)
7. Uhlmann, D.R.: Polymer glasses and oxide glasses. J. Non-Cryst. Solids **42** (1980)
8. Uhlmann, D.R.: Nucleation and crystallisation in glass-forming systems. NATO ASI Series **92** (1985)
9. Uhlmann, D.R., Kreidl, N.J.: Glass: Science and Technology Bd. 1 1983, Bd. 2 1984, Bd. 3 1986, Bd. 5 1980. Academic, New York
10. Vogel, W.: Glaschemie. Springer, Berlin (1992)
11. Warren, B.E.: Summary of work on atomic arrangement in Glas. J. Am. Ceram. Soc. **24** (1941)
12. Weyl, W.A.: The Constitution of Glasses. Interscience, New York (1962)
13. Zachariasen, W.H.: Die Struktur der Gläser. Glastechn. Ber. **11** (1933)

3 Wirkung von Netzwerkbildnern, Netzwerkwandlern und Zwischenoxiden in der Glasschmelze und im Glas

Die chemische Zusammensetzung eines Glases hat einen entscheidenden Einfluss auf die Eigenschaften der Glasschmelze und auf die Eigenschaften der daraus hergestellten Produkte wie z. B. Glasfasern.

Eine präzise Vorausberechnung der zu erwartenden Glaseigenschaften ist wegen dem komplizierten Mehrkomponenten-System nicht möglich. Die Auswirkung der Borsäureanomalie [1–3] bzw. des Mischalkalieffektes [4–7] lassen sich mathematisch nicht genau erfassen. In diesem Kapitel wird im Allgemeinen der Einfluss ausgewählter Netzwerkbildner, Netzwerkwandler und der Zwischenoxide auf die Glaseigenschaften kurz erörtert.

3.1 Netzwerkbildner

SiO_2 Erhöht stark die Viskosität (Fixpunkte) der Glasschmelze. Verbessert die Wasser- und Säurebeständigkeit des Glases. Erhöht die Zugfestigkeit vom Glas. Erniedrigt die Dichte, die Brechzahl, die Wärmeausdehnung und die UV-Absorption vom Glas. Reduziert die Permittivitätszahl (Dielektrizitätskonstante) des Glases.

B_2O3 Erniedrigt im Hochtemperaturbereich die Viskosität der Glasschmelze. Verringert die Oberflächenspannung der Glasschmelze. Verbessert die Wasser-, Säure- und Laugenbeständigkeit des Glases. Verringert die Dichte und die Permittivitätszahl vom Glas. Erniedrigt gravierend den linearen Ausdehnungskoeffizient und verbessert damit die Temperaturwechselbeständigkeit der Glasprodukte. Durch den Koordinationswechsel $[BO_3] \rightleftarrows [BO_4]$ verursacht die s.g. Borsäureanomalie.

R. Teschner, *Glasfasern,* https://doi.org/10.1007/978-3-662-64123-1_3

3.2 Netzwerkwandler

CaO Erhöht stark die Glasfestigkeit (Zug-, Biegefestigkeit). Erhöht die Oberflächenspannung der Glasschmelze und die Glasdichte. Vergrößert die Neigung der Gläser zur Kristallisation. Beeinflusst positiv die chemische Beständigkeit des Glases.

MgO Erhöht sehr stark die Oberflächenspannung und verbessert hervorragend die Ziehfähigkeit der Glasschmelze. Drängt die Kristallisation zurück. Erhöht stark die Härte des Glases. Verringert entscheidend Die Wärmedehnung und verbessert damit die Temperaturwechselbeständigkeit des Glases. Verbessert die Wasser- und Säurebeständigkeit vom Glas. Erleichtert die Entspannung (Kühlung) des Glases.

BaO Erhöht sehr stark die Glasdichte. Verbessert das Einschmelz- und Läuterverhalten. Verleiht dem Glas eine sehr gute Geschmeidigkeit und Glanz. Vergrößert gravierend die Lichtbrechung und verbessert die Klangfähigkeit der Glasprodukte. Verschlechtert die chemische Beständigkeit des Glases.

ZnO Erhöht die Oberflächenspannung der Glasschmelze und die technologische Länge des Glases, beeinflusst positiv die Einschmelzbarkeit des Gemenges, erniedrigt im Hochtemperaturbereich die Viskosität der Schmelze, erhöht merklich die Oberflächenhärte und die Lichtbrechung, verringert die Wärmedehnung und verbessert die Wärmeleitfähigkeit, verbessert die Wasser- und Säurebeständigkeit der Gläser, verschlechtert die Laugenbeständigkeit des Glases.

Na_2O Verbessert die Einschmelzbarkeit des Gemenges und die Läutereigenschaften der Glasschmelze. Erniedrigt sehr stark die Glasviskosität. Vergrößert stark den Ausdehnungskoeffizient und beeinträchtigt damit die Temperaturwechselbeständigkeit der Glasprodukte. Beeinflusst negativ die chemische Beständigkeit als auch die Zug- und Biegefestigkeit des Glases. Verursacht eine starke Korrosion des Oberofens in flammenbeheizten Anlagen.

K_2O Wirkt sich positiv auf die Einschmelzbarkeit des Gemenges aus. Erweitert den Verarbeitungsbereich der Glasschmelze (s. Abb. 5.1). Verschlechtert die chemische Beständigkeit des Glases. Erniedrigt sehr stark die Oberflä chenspannung der Glasschmelze und die Zugfestigkeit der Glasprodukte. Verleiht dem Glas hohen Glanz und Geschmeidigkeit.

Li_2O Setzt die Viskosität der Glasschmelze stark herab. Verbessert das Einschmelz- und Läuterverhalten. Senkt intensiv die Wärmeausdehnung des Glases. Erhöht die Oberflächenhärte. Verbessert die Säure- und Laugenbeständigkeit des Glases. Erhöht die Oberflächenspannung der Glasschmelze. Verbessert die Ziehfähigkeit vom Glas.

3.3 Zwischenoxide

Al_2O3 Verbessert die Wasser-, Säure- und Laugenbeständigkeit. Erniedrigt die Wärmeleitfähigkeit vom Glas. Senkt die Neigung der Gläser zur Kristallisation. Erhöht die Oberflächenspannung der Glasschmelze. Verbessert die elektrische Leitfähigkeit der Borosilikatgläser. Erhöht die Glasviskosität (Glasfixpunkte) und erweitert den Verarbeitungstemperaturbereich. Verringert die Korrosion der feuerfesten Steine im Schmelzofen.

TiO_2 Mit seiner Feldstärke von 1,04 liegt er dicht an der Grenze der Glasbildner. Erhöht sehr stark die Brechzahl und die chemische Glasbeständigkeit. Reduziert den Ausdehnungskoeffizienten. TiO_2 – haltige Gläser zeigen eine größe Schleifhärte, sind schlecht „Säurepolierbar“ und weisen eine gute Infrarotdurchlässigkeit auf. TiO_2 – erhöht die mechanische Festigkeit, die UV-Absorption und den Elastizitätsmodul des Glases. Erniedrigt leicht die Hochtemperaturviskosität vom Glas. Ist im Glas als Keimbildner wirksam (Pyroceram Gläser).

ZrO_2 Erhöht die Viskosität der Glasschmelze und die mechanische Festigkeit des Glases. Verbessert die chemische Beständigkeit, insbesondere die Alkalibeständigkeit vom Glas (s. auch Abschn. 12.2). Reduziert den Ausdehnungskoeffizienten. Erhöht den Elastizitätsmodul und die Brechzahl.

Fe_2O3 Wird meistens als Verunreinigung der Glasrohstoffe ins Glas eingeführt. Kann aber auch beabsichtigt ins Glas eingeführt werden. Verleiht dem Glas einen Farbstich. In Abhängigkeit vom Verhältnis Fe^{+2}/Fe^{+3}, vom SO_3-Gehalt und von den Schmelzbedingungen ändert sich die Farbe und die Farbenintensität. Die farblosen Gläser, die durch Eisenoxide verunreinigt wurden, können chemisch oder physikalisch entfärbt werden.

Literatur

1. Coenen, M.: Dichtemessungen an Boratgläsern. Glastechn. Ber. **35** (1962)
2. Pesina, TIuM.: Strength and structure of glasses in the Na_2O-B_2O_3 system. Sov. J. Glass Phys. Chem. **7** (1981)
3. Vogel, W.: Glaschemie. Springer, Berlin (1992)
4. Jain, H., Downing, H.L., Peterson, N.L.: The mixed alkali effect in lithium-sodium borate glasses. J. Non-Cryst. Solids. **64** (1984)
5. Wakabayashi, H., Terai, R., Watanabe, H.: Alkali ion mobility in mixed cation glasses. J. Ceram. Soc. Japan **94** (1986)
6. Wu, ZuM.: Study of the mixed alkali effect on chemical durability of alkali silicate glasses. J. Non-Cryst. Solids **84** (1986)
7. Yastrebova, L.S., Antonova, N.I.: Nature of the two alkali effect in silicate glass. Inorg. Mat. **3** (1967)

4 Erstarrung der Schmelze und Kristallisation

Wie schon erwähnt besitzen Gläser keinen festen Schmelzpunkt. Die glasig-amorphe Erstarrung einer flüssigen Schmelze (Übergang nicht in einen kristallinen, sondern in einen glasigen Festkörper) stellt einen Sonderfall des Erstarrungsverhaltens dar. Die meisten Salze schmelzen und kristallisieren beim Abkühlen bei derselben Temperatur.

Eine flüssige Schmelze erstarrt nur dann glasig, wenn die Beweglichkeit der Bausteine so eingeschränkt wird, dass sie beim Abkühlen nicht wieder an ihre alten Plätze zurückkehren können und das Kristallgitter damit zerstört wird.

Bei den Silikatglasschmelzen (erschmolzenes Gemenge) passiert das, weil die Viskosität der Schmelze beim Abkühlen durch die Bildung dreidimensional verknüpfter Netzwerke aus Silikatbaugruppen sehr stark ansteigt [1].

Die glasig-amorphe Erstarrung ist hauptsächlich von der Abkühlgeschwindigkeit abhängig. Je schneller und intensiver die Abkühlung desto leichter kann der glasige Zustand „eingefroren“ werden.

Die in der Glastechnologie meistens unerwünschte Kristallisation bezeichnet man als Entglasung. Durch die Modifikation des Gemenges und dadurch der Glaszusammensetzung kann die eventuelle Kristallisation vermieden werden.

4.1 Glaskristallisation

Nach Tammann [2] wird die glasige oder kristalline Erstarrung einer Schmelze durch zwei Hauptfaktoren bestimmt:

1. Keimbildung – [Anzahl der sich in einer Volumeneinheit während einer bestimmten Zeit bildenden Kristallisationszentren]
2. Keimwachstum– [Kristallisationsgeschwindigkeit der Keime (µm/min; cm/s)]

R. Teschner, *Glasfasern*, https://doi.org/10.1007/978-3-662-64123-1_4

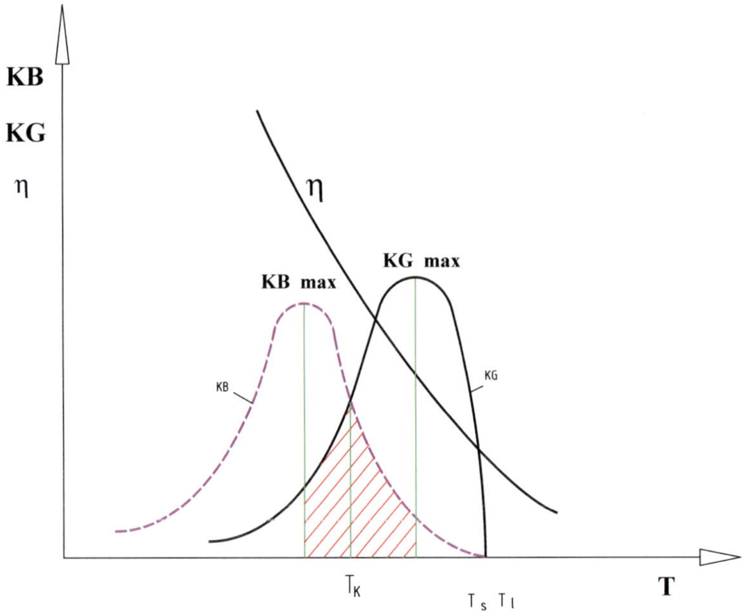

Abb. 4.1 Temperaturverlauf von Keimbildungsgeschwindigkeit (KB), Kristallisationsgeschwindigkeit (KG) und Viskosität (η)

Die Abhängigkeit der Keimbildung (KB) und des Keimwachstums (KG) als Funktion der Temperatur (Unterkühlung) ist in Abb. 4.1 dargestellt.

Die Kristallisation (Entglasung) beginnt immer mit einer Keimbildung. Man unterscheidet eine homogene und eine heterogene Keimbildung.

Die homogene Keimbildung entsteht durch thermische Schwankungen in der Glasschmelze, die zu Dichteunterschieden und zur Bildung der Vorkeime (Embryonen) führt. Die Embryonen, die sich in der Glasschmelze im Gleichgewicht befinden, können nur dann weiter wachsen, wenn die kritische Kristallingröße überschritten wird [3].

Die häufigste Form ist die heterogene Keimbildung, die durch Fremdkeime (Keimförderer) verursacht wird. Das gezielte Zufügen von Keimförderern wird bei der Herstellung der Glaskeramik der photosensitiven Gläser, der Trübgläser oder Farbgläser (Goldrubinglas) benutzt [4]. Die ungewollte, heterogene Keimbildung kann durch Verunreinigungen hervorgerufen werden.

Zu den Keimförderern gehören z. B. TiO_2, ZrO_2, P_2O_5.

In der Glastechnologie, bei der Glasfabrikation (ungewollte Kristallisation) muss darauf geachtet werden, dass der Verarbeitungstemperaturbereich außerhalb des Keimbildungsbereiches liegt.

Dietzel [5] hat vorgeschlagen den reziproken Wert der maximalen Kristallisationsgeschwindigkeit KG_{max} als Faktor für die Glasbildungstendenz einer Schmelze einzuführen.

Tab. 4.1 Faktoren e_i zur Berechnung der Liquidustemperatur T_l und der Temperatur der maximalen Kristallisationsgeschwindigkeit T_{KGmax} [6, 7]

Temperatur	Berechnungs faktorene der Oxide									
	SiO_2	Al_2O_3	B_2O_3	Fe_2O_3	Cr_2O_3	CaO	MgO	Na_2O	K_2O	SO_3
T_l	+1171	+189	-757	+897	-3473	+1504	+653	-2012	-1606	+1833
T_{KGmax}	+1003	+937	-283	-840	+2192	+1075	+592	-1308	-1129	+472

Tab. 4.2 Berechnete Liquidus(T_{lB}) – und KG_{max} – Temperaturen als auch experimentell ermittelte Liquidus(T_{lE})-und Zerfaserungstemperatur T_f und $\Delta T = (T_f - T_{lE})$ ausgewählter Gläser

Temperatur	Glassorte		
	JMS C-Glas	JM 902	JMS SP 111
T_{KGmax} [° C]	885	790	910
T_{lB} [° C]	965	805	1015
T_{lE} [°C]	980	925	1105
T_f	1120	1105	1435
$\Delta T = (T_f - T_l)$	140	180	330

$$\text{Glasigkeit} = \frac{1}{KG_{\max}}$$

In bestimmten Bereichen ändert sich die Kristallisationsgeschwindigkeit KG_{max}, die Keimbildungsgeschwindigkeit KB_{max} und damit auch die Liquidustemperatur T_l fast linear mit der chemischen Glaszusammensetzung.

In diesen Bereichen ist es auch möglich die Liquidustemperatur T_l und die Temperatur der maximalen Kristallisationsgeschwindigkeit T_{KGmax} zu errechnen.

Für ein C-Glas erreicht man zufriedenstellende Übereinstimmung der experimentellen und der berechneten Werte indem man sich der Formel:

$$\mathrm{T_l} = \sum \frac{e_i p_i}{p_{SiO2}} \text{ bzw. } \mathrm{T_{KGmax}} = \sum \frac{e_i p_i}{p_{SiO2}}$$

e_i – Berechnungsfaktoren der Oxide
p_i – Anteil der Oxide (Ma.-%) im Glas

Von Rodrigues Cuartas [6] bedient.

Die Faktoren e_i zur Berechnung der Liquidustemperatur und der Temperatur der maximalen Kristallisationsgeschwindigkeit sind in der Tab. 4.1 zusammengestellt.

Einige T_l – und T_{KGmax} -Werte ausgewählter Gläser wurden in der Tab. 4.2 zusammengestellt.

Die Faktoren e_i zur Berechnung der Liquidustemperatur und der Temperatur der maximalen Kristallisationsgeschwindigkeit sind von der Glasart (Glaszusammensetzung) abhängig (7).

Die theoretisch errechneten T_l – und T_{KGmax} -Werte müssen mit äußerster Vorsicht betrachtet werden, da die Linearität der Funktion nur im begrenzten Bereich gegeben ist. Um eine Entglasung im technologischen Spinnprozess zu vermeiden, ist es wichtig, dass die Faserziehtemperatur möglichst weit entfernt von der Liquidustemperatur liegt.

Es ist vorteilhaft wenn die Temperaturdifferenz (ΔT) mehr als 70 K beträgt. Eine große Differenz $\Delta T = (T_f - T_l)$ garantiert einen sicheren Spinnprozess, ohne die Gefahr einer Glaskristallisation im Feeder im Bushingsblock oder im Bushing.

Literatur

1. Brückner, R.: Charakteristische physikalische Eigenschaften der oxydischen Hauptglasbildner und ihre Beziehung zur Struktur der Gläser. Glastechn. Ber. **37** (1964)
2. Tammann, G.: Kristallisieren und Schmelzen. Barth, Leipzig (1903)
3. Plumat, E.R.: Surface and bulk nucleation and phase separation in some vitreous systems. Silic. Ind.**38** (1973)
4. Huang, Z.J.: Effekt of water on the crystalization of Li_2O-SiO_2 glasses and gels. J. Cer. Soc. Japan **91** (1983)
5. Dietzel, A.: Glasstruktur und Glaseigenschaften. Glastechn. Ber. **22** (1948)
6. Rodriguez Cuartas, R.: Calculo teorico de propiedades del vidrio: viscosidad, parametros termicos y parametros de desvitrificacion. Ceram. Vidrio **23** (1984)
7. Scholze, H.: Glas- Natur. Springer-Verlag, Struktur und Eigenschaften. Berlin-Heidelberg-New York(1988)

5 Glasviskosität

Beim Übergang vom festen in den flüssigen Zustand einer Silikatschmelze infolge der Temperatureinwirkung bricht die Fernordnung zusammen.

Die einzelnen Baugruppen, Bauelemente wie z. B. [SiO_4]-Tetraeder haben eine große Bewegungsfreiheit, die eine Funktion der Temperatur ist.

Je höher die Temperatur oberhalb des Softening-Points desto größer die Bewegungsmöglichkeit, umso mehr Bindungen aufgerissen werden und umso geringer die Viskosität der Silikatschmelze [15, 23].

Aus technologischer Sicht für eine Glasproduktion und Glasverarbeitung ist es unbedingt notwendig an dem Temperaturverlauf der Viskosität Bezugspunkte zu fixieren (Fixpunkte), die die Glasschmelze charakterisieren.

Die technologischen Fixpunkte beginnend mit der höchsten Viskosität sind wie folgt:

- *Unterer Kühlpunkt*/Strain Point/(lg $\eta = 14{,}5$; $\eta =$ dPas). Wird auch als untere Entspannungstemperatur bezeichnet. Das Glas lässt sich bei dieser Temperatur nur mühsam entspannen.
- *Transformationspunkt* (lg $\eta = 13{,}3$). Wird auch als Einfriertemperatur bezeichnet.
- *Oberer Kühlpunkt*/Annealing Point/(lg $\eta = 13{,}0$). Wird auch als obere Entspannungstemperatur bezeichnet. Das Glas lässt sich bei dieser Temperatursehr schnell entspannen.
- *Deformationspunkt*/Deformation Point/(lg $\eta = 11{,}3$). Wird auch als dilatometrischer Erweichungspunkt bezeichnet. Liegt oberhalb des Transformationsbereiches.
- *Erweichungspunkt*/Softening Point/(lg $\eta = 7{,}6$). Wird auch als Littletontemperatur bezeichnet. Es ist die Temperatur bei der deutliche Symptome einer Glasdeformation zu verzeichnen sind.
- *Fließpunkt*/Flow Point/(lg $\eta = 5{,}0$). Temperatur bei der eine relativ starke Glasdeformation zu verzeichnen ist. Die Fließpunktbestimmung ist nur in den USA üblich.

R. Teschner, *Glasfasern*, https://doi.org/10.1007/978-3-662-64123-1_5

- *Verarbeitungspunkt*/Working Point/(lg η = 4,0). Wird auch als Einsinktemperatur bezeichnet. Ab dieser Temperatur lässt sich das Glas gut verarbeiten. Das Glas weist gute Formgebungsfähigkeit auf.
- *Zerfaserungspunkt*/Fiberising Point/(lg η = 2,8). Optimale Zerfaserungstemperaturfür den Glasspinnprozess. Bei dieser Temperatur (an der Ziehzwiebel gemessen) sind die besten Bushingslaufeigenschaften zu erwarten. Bei Hochtemperaturgläsern liegt er im Bereich lg η = 3 bis lg η = 3,5.

Der Temperaturverlauf einer Viskositätskurve mit den drei wichtigsten Fixpunkten und mit den drei technologisch wichtigsten Bereichen ist aus der Abb. 5.1 zu ersehen.

Für die Glasverarbeitung ist die sg. technologische „Länge" eines Glases von wesentlicher Bedeutung.

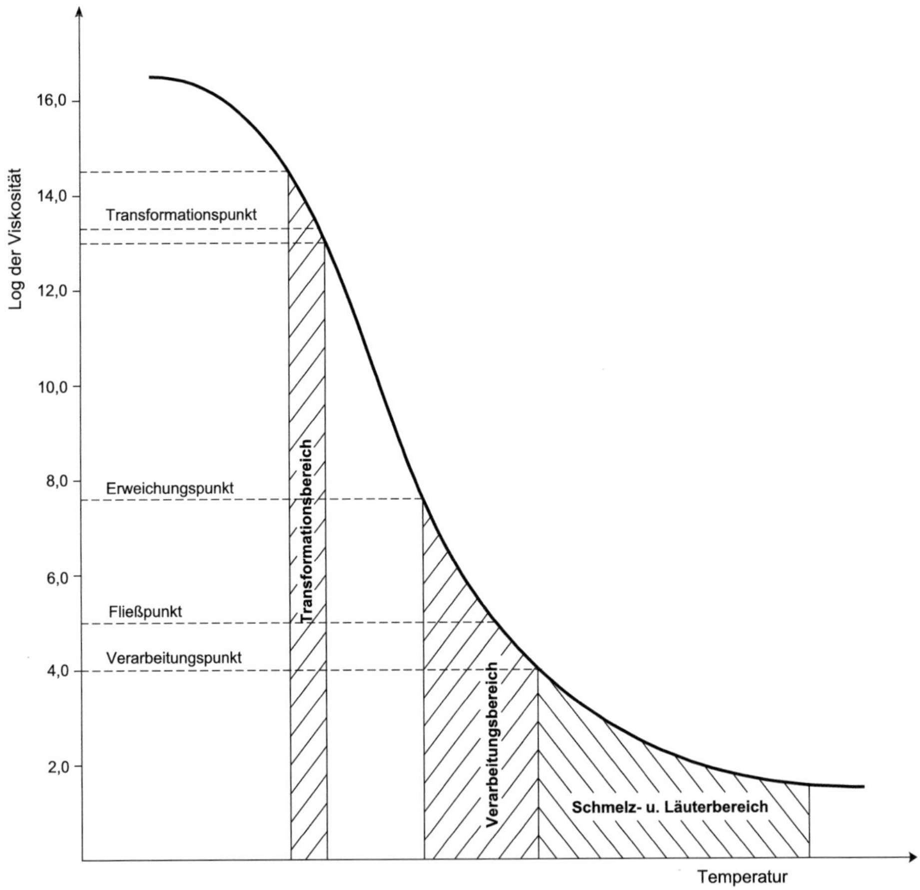

Abb. 5.1 Temperaturverlauf einer Viskositätskurve

Die technologische „Länge“ eines Glases entspricht dem Temperaturintervall im Glasverarbeitungsbereich (ΔT im Bereich lg $\eta = 3{,}0$ und lg $\eta = 7{,}6$; η in dPas).

Wenn bei einem C-Glas (JMS) dem lg $\eta = 3{,}0$ eine Temperatur von 1090 °C und dem lg $\eta = 7{,}6$ eine Temperatur von 680 °C entspricht, beträgt die technologische Länge des Glases $\Delta T = 410$ °C.

Wenn bei einem E-Glas (PPG) dem lg $\eta = 3{,}0$ eine Temperatur von 1190 °C und dem lg $\eta = 7{,}6$ eine Temperatur von 840 °C entspricht, beträgt die „Länge“ des Glases $\Delta T = 350$ °C. Dieses Glas ist damit „kürzer“.

„Kurze“ Gläser eignen sich besser für eine schnelle, maschinelle Verarbeitung, „lange“ Gläser dagegen für eine Verarbeitung in der die Formgebung länger dauert wie z. B. bei einer handwerklichen Verarbeitung. Bei den „langen“ Gläsern hat man mehr technologischen „Spielraum“. Über den Einfluss einiger Oxide auf die technologische „Länge“ des Glases kann folgendes gesagt werden:

Von den drei Hauptkomponenten des JMS-C Glases (SiO_2, Na_2O, CaO) wird die „Länge“ am stärksten durch Natriumoxid erhöht. Das CaO dagegen „verkürzt“ am intensivsten das Glas. Dabei ist der SiO_2-Gehalt ohne größerer Bedeutung.

Darüber hinaus wird beim Reduzieren des Na_2O-Gehaltes und bei gleichzeitiger Erhöhung des CaO-Anteils das Glas „kürzer“.

Bei einer Reduzierung des SiO_2-Gehaltes und gleichzeitiger Erhöhung des Al_2O_3-Anteils wird das Glas „kürzer“. Beim Ersetzen eines Teils von Na_2O durch B_2O_3 (was in der technologischen Praxis oft der Fall ist) wird das Glas „kürzer“. Bei einer Reduzierung des CaO-Anteils zu Gunsten des Al_2O_3 wird das Glas „länger“.

Das Ersetzen von CaO durch MgO (bis 2 Ma.-%) wird das Glas geringfügig „länger“.

Bei einem höheren MgO-Gehalt (>2 Ma.-%) wird das Glas „kürzer“.

Gläser mit einem Verhältnis Na_2O: CaO>2,125 gehören zu „langen“ Gläsern.

Gläser mit einem Verhältnis Na_2O: CaO<1,5 gehören zu „kurzen“ Gläsern.

Eine „Bauernregel“ besagt: Je höher die Temperatur einer Glasschmelze bei lg $\eta = 3$ (η in dPas) desto „kürzer“ ist das Glas.

Der Temperaturverlauf der Viskosität lässt sich mit ausreichender Genauigkeit mit der Vogel-Fulcher-Tammann-Gleichung erstellen [5, 25, 26].

Die Vogel-Fulcher-Tammann-Gleichung stellt eine hyperbolische Beziehung zwischen dem Logarithmus von der Viskosität und der Temperatur dar:

$$\lg \eta = A + B/(T - T_o)$$

Mit den drei Konstanten A, B und T_o und mit den bekannten Glas-Fixpunkten lässt sich der Temperaturverlauf der Viskosität errechnen und erstellen.

Für das JMS-C Glas gelten dann folgende Gleichungen:

$$\begin{aligned} 13{,}3 &= A + B(545 - T_o) \\ 7{,}6 &= A + B(680 - T_o) \quad 545^\circ, 680^\circ, 930^\circ - \text{Fixpunkte des JMS C} - \text{Glases} \\ 4{,}0 &= A + B/(930 - T_o) \end{aligned}$$

Die aus der Vogel-Fulcher-Tammann-Beziehung errechneten Konstanten A, B und T_o für JMS- C Glas betragen:

$$A = -0{,}8134$$
$$B = 2812{,}3$$
$$T_o = 345{,}7$$

Damit lässt sich der Temperaturverlauf der Viskosität vom JMS-C Glas mit folgender Gleichung beschreiben und darstellen:

$$\lg\ \eta = -0{,}8134 + 2812{,}3/(T-345{,}7)$$

Für das JM 902-Glas [10, 18] gilt:

$$\lg\ \eta = -0{,}311 + 1945{,}1/(T-478{,}7)$$

Den Temperaturverlauf der Viskosität eines E-Glases beschreibt folgende Beziehung:

$$\lg\ \eta = -2{,}586 + 4823{,}75/(T-376{,}5)$$

Für ein R-Glas gilt:

$$\lg\ \eta = -3{,}0 + 6373{,}83/(T-339{,}167)$$

Die aus der VFT-Gleichung für JMS-C-, für JM 902-, für ein E- und für ein R-Glas errechneten Viskositätwerte wurden in der Tab. 5.1 zusammengestellt.

Tab. 5.1 Aus der VFT-Gleichung berechnete Viskositätswerte von JMS C-, JM 902-, eines E- und eines R-Glases [8–11, 18, 21, 27]

Temperatur° C	Viskosität als log η (η in dPas)			
	JMSC-Glas	JM 902-Glas	E-Glas	R-Glas
545	(13,30)	29,30	26,04	27,96
600	10,25	15,72	19,00	21,44
622	9,37	(13,30)	17,06	19,53
680	(7,60)	9,35	(13,30)	15,70
700	7,12	8,48	12,32	14,66
725	6,60	(7,60)	11,25	13,52
800	5,38	5,74	8,80	10,83
900	4,26	4,31	6,63	8,36
930	(4,00)	(4,00)	6,13	7,79
1000	3,48	3,42	5,15	6,65
1100	2,92	2,82	4,08	5,38
1200	2,48	2,39	3,27	4,40
1300	2,13	2,06	2,64	3,63
1400	1,85	1,80	2,13	3,00
1500	1,62	1,59	1,71	2,49

Wie das aus der Tab. 5.1 hervorgeht liegt der Working Point der Niedrigtemperaturgläser (JMS-C und JM -902) bei 930° C. Im Hochtemperaturbereich ist der Verlauf der Viskosität beider Gläser fast identisch. Der Temperaturverlauf der Viskosität eines E- und eines R-Glases unterscheidet sich vom Temperaturverlauf der Viskosität von Niedrigtemperaturgläsern gravierend voneinander (die Fix-Punkte eines E- bzw. eines R-Glases liegen wesentlich höher). Die Änderung der Viskosität in Funktion der Temperatur der o/a Gläser ist aus der Abb. 5.2 a,b und Abb. 5.3 a,b zu ersehen Abb. 5.4 a,b und Abb. 5.5 a,b.

5.1 Berechnung der Glas-Fixpunkte aus der chemischen Zusammensetzung

Da die Viskosität eine große, technologische Bedeutung hat, sind schon mehrere Versuche durchgeführt worden, die Fixpunkte eines Glases aus seiner chemischen Zusammensetzung zu bestimmen [3, 5, 6, 13–15, 20, 24–26].

Nach meiner Erfahrung erhält man eine gute Übereinstimmung zwischen Berechnung und Experiment für das JMS-C Glas, wenn die Temperatur der Glas-Fixpunkte aus der Beziehung:

$$T_x = \sum \frac{c_i p_i}{p_{SiO2}}$$

p_i – Anteil der Oxide in Ma.-%
c_i – Berechnungsfaktoren aus der Tab. 5.2
T_x –Temperatur ° C

von Rodriguez-Cuartas [17] berechnet werden.

Die chemische Zusammensetzung des JMS-Glases ist allgemein bekannt.

Die Faktoren c_i zur Berechnung der Temperatur der Fixpunkte sind in der Tab. 5.2 zusammengestellt.

Es ist intuitiv verständlich, dass mit der angewandten Formel nur eine grobe Übereinstimmung erreicht werden kann und die berechneten Temperaturen der Fixpunkte als Anhaltswerte betrachtet werden müssen.

Die genaue Temperaturen der Fixpunkte eines Glases können nur empirisch ermittelt werden.

5.2 Einfluss einiger Glasoxidkomponenten auf die Viskosität

Die oxidischen Glaskomponenten haben einen wesentlichen Einfluss auf das Viskositätsverhalten der Glasschmelze, wobei der Einfluss der Oxide vom Temperaturbereich abhängig ist. Die Kenntnis dieses qualitativen Einflusses ist für einen Glasfachmann

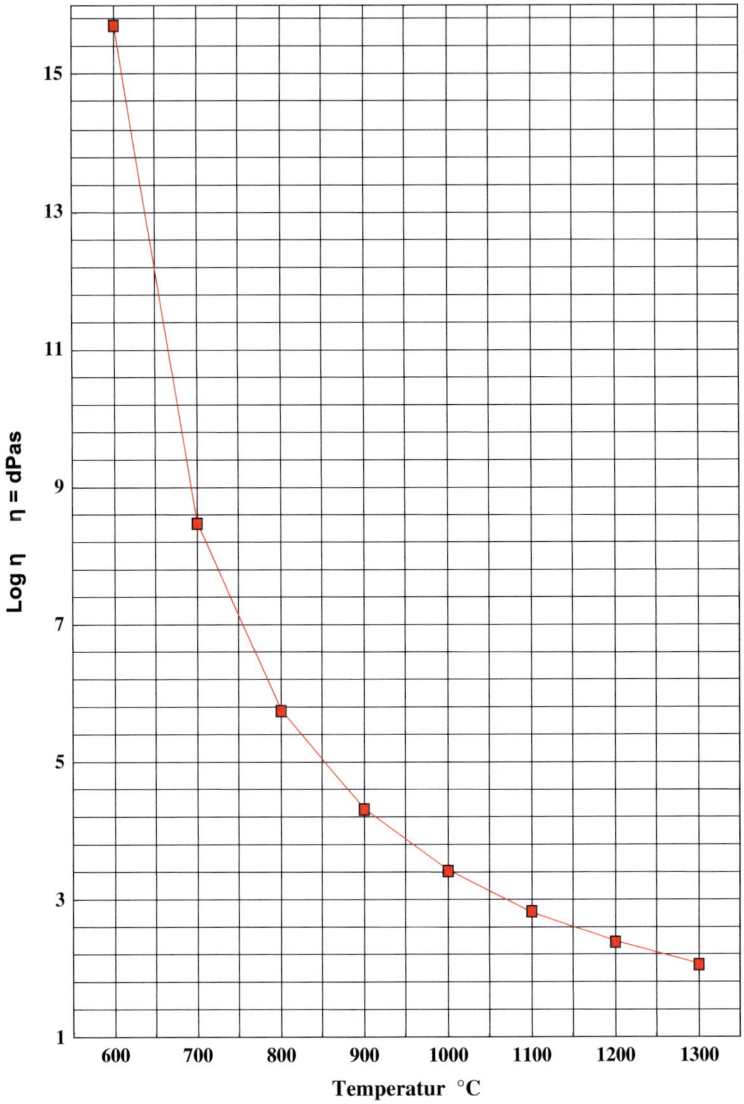

Abb. 5.2 (a) Viskositätskurve des JM 902-Glases
(b) Viskositätskurve des JMS C-Glases

besonders dann wichtig, wenn man in der Glaszusammensetzung ein Oxid gegen ein anderes austauschen will.

Die Netzwerkbildner wie z. B. SiO_2, B_2O_3, die im JMS- C Glas vorhanden sind unterscheiden sich in den Glasfixpunkten gravierend voneinander.

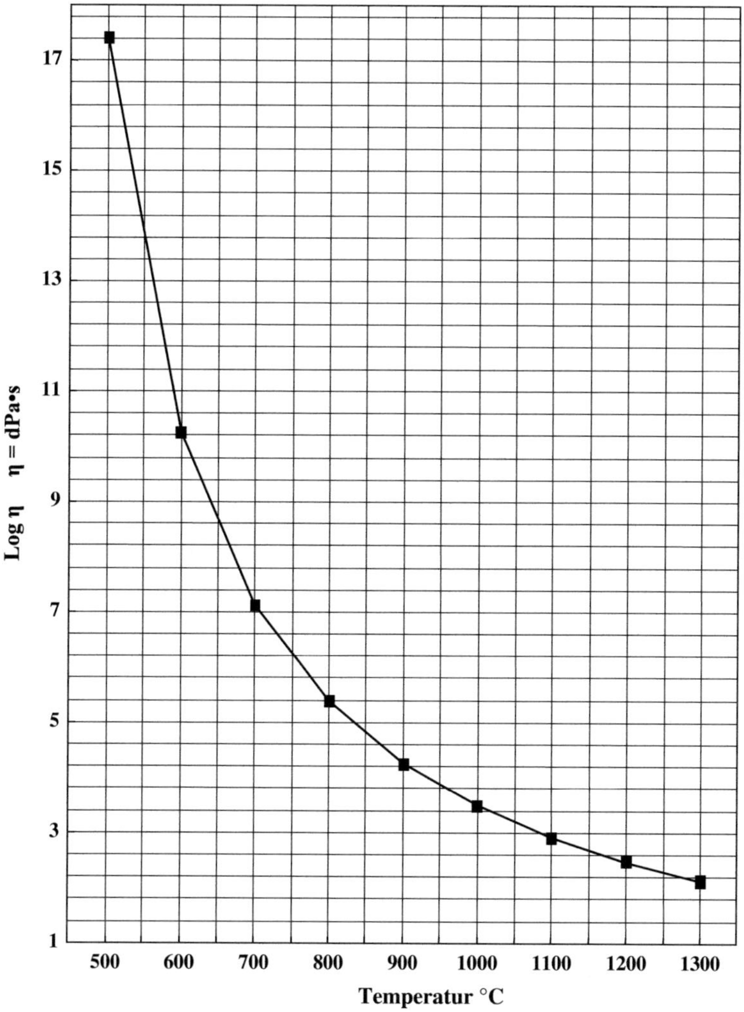

Abb. 5.3 (a) Viskositätskurve eines E-Glases
(b) Viskositätskurve eines R-Glases

Die hohe Viskosität der SiO_2-Schmelze ist allgemein bekannt. Erst bei sehr hohen Temperaturen können die festen Bindungen des verzweigten SiO_2-Netzwerkes gesprengt werden, wodurch ein langsamer Viskositätsabfall eintritt.

Im Gegenteil zu SiO_2 kann die B_2O_3-Schmelze schon bei wesentlich niedrigeren Temperaturen erweichen. Dies ist auf die bedeutsam schwächere Struktur der B_2O_3-Polyeder zurückzuführen [16].

Ein Vergleich der Fixpunkte beider Netzwerkbildner ist aus der Tab. 5.3 zu ersehen.

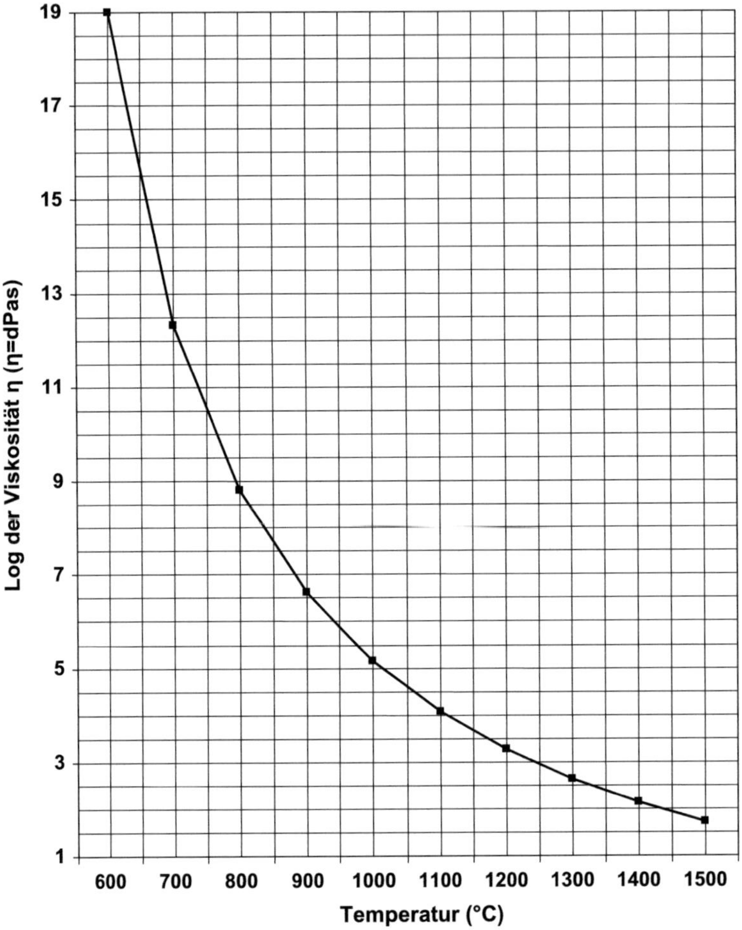

Abb. 5.4 Temperaturverlauf der Viskosität eines E-Glases

Im Schmelz-, Läuter- und Verarbeitungstemperaturbereich erniedrigen die Alkalioxide (Li_2O, Na_2O, K_2O) am intensivsten die Glasviskosität. Die viskositätserniedrigende Wirkung der Alkalioxide (R_2O) lässt sich aus der Reihenfolge:

$$Li_2O > Na_2O > K_2O \quad (R_2O; R - \text{Metall})$$

abschätzen.

Dabei unterscheiden sich Li_2O und Na_2O in der viskositätserniedrigenden Wirkung nur geringfügig voneinander.

Von den RO-Oxiden (R- Metall) bewirkt das PbO die stärkste Herabsetzung der Viskosität im Schmelz-, Läuter- und Verarbeitungstemperaturbereich.

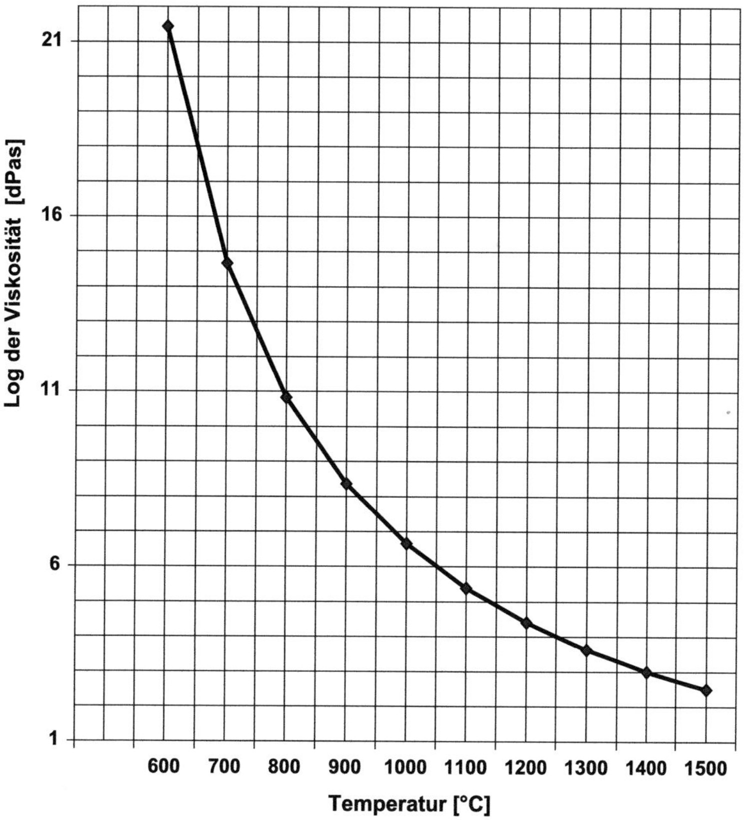

Abb. 5.5 Viskositätskurve eines R-Glases

Tab. 5.2 Faktoren C_i zur Berechnung der Temperatur der Fixpunkte [13, 17]

log η η-dPas	C_{Na2O}	C_{K2O}	C_{MgO}	C_{CaO}	C_{B2O3}	C_{Al2O3}	C_{SiO2}	C_{Fe2O3}
3,0	– 1065,63	– 240,40	– 202,70	– 595,98	– 1218,56	+ 365,58	+ 1472,79	– 90,16
7,6	– 514,08	– 200,07	– 35,40	+2,03	– 459,96	+117,37	+822,37	– 680,17
13,0	– 369,05	– 45,10	+168,93	+289,34	+150,79	+121,58	+569,91	– 128,38

Tab. 5.3 Fixpunkte von SiO_2 und B_2O_3 [2, 3, 23]

Fixpunkte	SiO_2	B_2O_3
Transformationstemperatur Erweichungstemperatur Einsinktemperatur	1203 °C 1740 °C 2565 °C	254 °C 362 °C 537 °C

Die viskositätserniedrigende Wirkung der RO-Oxide lässt sich aus der Reihenfolge:

$$PbO > BaO > ZnO > CaO > MgO$$

abschätzen.

Mehrere R_2O- bzw. RO-Oxidkomponenten im Glas intensivieren die viskositätserniedrigende Wirkung [1].

Die Herabsetzung der Viskosität durch R_2O und RO erfolgt durch die Sprengung der Bindung $\equiv Si - O - Si \equiv$ und durch die Entstehung der sg. Trennstellen infolge der Reaktionen:

$$\mathbf{\equiv Si - O - Si \equiv + Na - O - Na \rightarrow 2 \equiv Si - O - Na}$$

$$\mathbf{\equiv Si - O - Si \equiv + Ca - O \rightarrow \begin{matrix} \equiv Si - O \diagdown \\ \quad\quad\quad\quad Ca \\ \equiv Si - O \diagup \end{matrix}}$$

Für eine grobe Abschätzung der viskositätserniedrigenden Wirkung beim Ersetzen eines Oxides durch ein anderes unter Berücksichtigung der Netzwerkbildner, Netzwerkwandler und Zwischenoxide gilt diese Reihenfolge:

$$Li_2O > Na_2O > K_2O > PbO > BaO > ZnO > CaO > MgO > SiO_2 > Al_2O_3 > ZrO_2$$

Für das JMS C-Glas ergibt sich daraus nachstehende Reihenfolge:

$$Li_2O > Na_2O > K_2O > B_2O_3 > CaO > MgO > SiO_2 > Al_2O_3$$

Sowohl B_2O_3 als auch F^- und OH^- – Ionen im Glas nehmen bei dem Einfluss auf die Viskosität der Glasschmelze eine Sonderstellung ein.

Das B_2O_3 im Gegensatz zum Al_2O_3 bildet allein ein entglasungsfestes Glas, das aus $[BO_3]$-Plandreiecken besteht.

Bei Anwesenheit von SiO_2, R_2O und RO kommt es zum Koordinationswechsel (Bildung der $[BO_4]$- Tetraedern) was zu wesentlichen Änderungen der Glaseigenschaften (Borsäureanomalie) führt.

Im Schmelz-, Läuter- und Verarbeitungstemperaturbereich bewirkt B_2O_3 eine ähnliche Reduzierung der Viskosität wie die Alkalioxide.

Das Wasser, das im Glas und in der Glasschmelze in geringen Mengen (<0,1 Ma.-%) als OH-Gruppen vorliegt, erniedrigt die Glasviskosität und die Oberflächenspannung der Glasschmelze [4, 7, 12, 19, 22].

Der Einbau (Ersetzen eines O^{-2} durch zwei OH^--Gruppen) der minimalen Wassermenge in der Glasschmelze erfolgt nach der Reaktion:

$$\equiv Si - O - Si \equiv + H_2O \rightarrow 2 \equiv Si - OH$$

Das Wasser als OH-Gruppen kann sich bei einer sehr hohen Luftfeuchte während der Spinnprozessführung in die Glasstruktur einbauen (an den Ziehzwiebeln).

Dies führt zu Perturbationen im Faserbildungsbereich und beeinträchtigt den Spinnprozess und die Faserqualität (Sommerloch). Mit diesem Problem haben auch andere Glashersteller insbesondere Behälterglashersteller zu „kämpfen".

Die viskositätserniedrigende Wirkung des F^- -Ions ist in den Alkali-Erdalkali-Aluminium-Borosilikatgläsern (JMS C-Glas) ähnlich wie die des OH^- -Ions.

Manchmal ist es in der technologischen Praxis vorteilhaft die kinematische Zähigkeit ν: $\nu = \frac{\eta}{\rho}$ (η – dynamische Viskosität; ρ – Dichte) als Viskositätsgröße zu benutzen.

Literatur

1. Bihuniak, P.P., Calabrese, A., Erwin, E.M.: Effect of trace impurity levels on the viscosity of vitreous silica. Journ. Am. Ceram. Soc. **66** (1983)
2. Brückner, R.: Properties and strukture of vitreous silica. Journ. Non-Cryst. Solids. **5** (1970)
3. Aufbau eines Absolutviskosimeters für hohe Temperaturen und Messung der Zähigkeit geschmolzener Borsäure für Eichzwecke. Glastech. Ber. **28** (1955)
4. Franz, H.: Effect of water content on density, refractive index and transformation temperature of alkali borate glasses. Mater. Sci. Res. **12** (1978)
5. Fulcher, G.S.: Analysis of recent measurements of the viskosity of glasses. J.Am. Ceram. Soc. **8** (1925)
6. Gehlhoff, G., Thomas, M.: Die physikalischen Eigenschaften der Gläser in Abhängigkeit von der Zusammensetzung. Z. techn. Physik 6 u. 7 (1925 u. 1926)
7. Goodman, C.H.L.: The structure of silica glass and its surface. Phys. Chem. Glasses **27** (1986)
8. Hahmann, P., Teschner, R.:Gläser zur Herstellung von Glasfasern. Patent: DE 197 31 607 B4
9. Hahmann, P., Teschner, R., Flegler, R., Haigh, M.: Li_2O-Containing Glass Fibre. Glas-Ingenieur **1** (2001)
10. Harding, F., Bauer, J., Russel, H.: Biosoluble pot and marble (flame attenuated)-derived fiberglass. US-Pat. WO 98/43923. PCT/US98/05636
11. Hartman, D.R., Greenwood, M.E., Miller, D.M.: High Strength Glass Fibers. Technical Paper from Owens Corning. (1994)
12. Hench, L.L., Clark, D.E.: Physical chemistry of glass surface. Journ. Non-Cryst. Solids **28** (1978)
13. Hetherington, G., Jack, K.H., Kennedy, J.C.: The viscosity of vitreous silica. Phys. Chem. Glasses **5** (1964)
14. Kitazawa, K., Kishi, A., Fueki, K.: Influence of atmospheric water on surface viscosity of some silicate glasses. Journ. Ceram. Soc. Japan **88** (1980)
15. Leko, V.K.: Viscosity of vitreous silica. Sov. J. Glass Phys. Chem. **5** (1979)
16. Poch, W.: Vollständige Entwässerung einer B_2O_3-Schmelze und einige Eigenschaftswerte des daraus erhaltenen Glases. Glastechn. Ber. **37** (1964)
17. Rodriguez Cuartas, R.: Calculo teorico de propiedades del vidrio: viscosidad, parametros termicos y parametros de desvitrificacion. Ceram. Vidrio **23** (1984)
18. Russel, H.: The viscosity of JM 902-glass. Johns Manville Technical Center. Unpubl. Nov. (2001)
19. Sakka u. M.: Effects of small amounts of water on the viscosity, glass transition temperatur and Vickers hardness of silicate glasses. Journ. Ceram. Soc. Japan **89** (1981)
20. Šašek, L.: The viscosity of silicate glass melts. Silikaty. **21** (1977)
21. Schmidt, K.A.: Textilglas für die Kunststoffverstärkung. Zechner & Hüthig (1972)

22. Scholze, H., Franz, H., Merker, L.: Der Einbau des Wassers in Gläsern. Glastechn. Ber. **32** (1959)
23. Scholze, H.: Glas- Natur. Springer-Verlag, Struktur und Eigenschaften. Berlin-Heidelberg-New York (1988)
24. Shartsis, L.; Spinner,S.; Capps, W. : Density, expansivity and viscosity of molten alkali silicates. Journ. Am. Ceram. Soc. **35** (1952)
25. Tammann, G., Hesse, W.: Die Abhängigkeit der Viskosität von der Temperatur bei unterkühlten Flüssigkeiten. Z. Anorg. Allg. Chem. **156** (1926)
26. Vogel, H.: Das Temperaturabhängigkeitsgesetz der Viskosität von Flüssigkeiten. Physik.Z. **22** (1921)
27. Teschner, R., Richter,K., Richter, H-P.: Thermischbeständige Glasfasern. Patent EP 2 028 166 B1

Glasoberflächenspannung

6

Unter Oberflächenspannung versteht man das Verhältnis der zur Vergrößerung der Oberfläche notwendigen Arbeit zur Oberflächenänderung. Die an der Oberfläche wirkende Molekularkraft ist stets danach bestrebt, die Oberfläche zu verkleinern. Dies äußert sich dadurch, dass sie versucht, an der Grenze zweier Phasen, die Flüssigkeitsmasse abzukugeln. Der Körper mit der kleinsten Oberfläche zugleich mit den wenigsten freien Oberflächenmolekularkräften, ist die Kugel.

Die Oberflächenspannung der Glaschmelze ist im Vergleich zu anderen Stoffen verhältnismäßig groß und nähert sich der Oberflächenspannung von geschmolzenen Metallen [1, 2, 9]. Sie spielt deshalb bei der Verarbeitung des Glases im heißen, viskosen Zustand (u. a. bei Formgebung, Feuerpolitur, Verschmelzen scharfer Glasränder) eine sehr wichtige Rolle. Auch bei der Faserherstellung ist die Oberflächenspannung von großer Bedeutung [3, 4].

Bei der Glasfaserherstellung bildet sich die Oberfläche der Ziehzwiebel von selbst aus. Die Ziehzwiebeloberfläche versucht den Zustand der geringsten Energie zu erreichen. Um in den Zustand der minimalen Oberflächenenergie zu gelangen, diffundieren an die Oberfläche Ionen wie z. B. K^+, Na^+, die die Oberflächenspannung erniedrigen.

Dieser Zustand, der mit Alkaliionen angereichten Oberfläche, wird nach der Abkühlung der gezogenen Filamente eingefroren.

Die Oberflächenspannung von Gläsern ist nicht nur beim Einschmelzen des Gemenges (Benetzung der Sandkörner) und bei der Glasläuterung (Aufsteigen und Entweichen der Blasen), sondern auch im Faserziehprozess von wesentlicher Bedeutung.

Nicht jedes Glas ist für die Glasfaserproduktion geeignet. Gläser, die für die Herstellung der Glasfasern eingesetzt werden können, müssen bestimmte rheologische und thermische Eigenschaften aufweisen.

R. Teschner, *Glasfasern*, https://doi.org/10.1007/978-3-662-64123-1_6

Einen wichtigen Merkmal zur Eignung der Gläser für Glasfaserproduktion stellt der Ziehfähigkeitsfaktor „F“ dar.

$$F = \frac{\eta}{\delta_{1200}}$$

wobei: η – Glasviskosität beim Fiberising Point (lg $\eta = 2{,}8$; η in dPas).

δ_{1200} - Glasoberflächenspannung bei 1200°C in mN/m.

Nach Erfahrung des Autors sind Gläser mit einem Ziehfähigkeitsfaktor F>2,1 für die Glasfaserproduktion im Düsenziehverfahren wenig geeignet bzw. ungeeignet. Im Faserziehprozess ist die Oberflächenspannungskraft der Glasschmelze (F_σ) zusammen mit der viskositätsbedingten Verformungskraft (F_η) für die Stabilität des Spinnprozesses verantwortlich.

Der Spinnprozess des JMS-C Glases kann erfolgreich in einem Viskositätsbereich 1000–500 dPas (Logarithmus von der Viskosität zwischen 3,0 und 2,7) durchgeführt werden. Dies entspricht einem Temperaturbereich 1090° – 1150°C.

Der Spinnprozess kann an der unteren (lg $\eta = 3$, $\eta = 1000$ dPas, T = 1090°C) oder an der oberen (lg $\eta = 2{,}7$; $\eta = 500$ dPas, T = 1150°C) Temperaturgrenze durchgeführt werden. An der unteren Temperaturgrenze der Spinnprozessführung spielt die viskositätsbedingte Verformungskraft (F_η) eine dominierende Rolle. Der Massenstrom in der Düse $M = \frac{F_\eta \cdot \rho \cdot R}{4 \cdot \eta \cdot R'}$ nimmt mit steigender Glasviskosität ab und die Spannungen in der Ziehzwiebel, die durch die hohe Ziehkraft verursacht werden, nehmen stark zu. Infolge der hohen Zugspannung beim Faserziehen an der unteren Temperaturgrenze werden in den Filamenten bestimmte Deformationen und Schwachstellen „eingefroren“. Dies führt zur wesentlichen Absenkung der Faserfestigkeit und zur Beeinträchtigung des Spinnprozesses [5, 6].

Mit abnehmender Viskosität der Glasschmelze nimmt die viskositätsbedingte Verformungskraft ab und nähert sich der Oberflächenspannungskraft ($F_\eta \approx F_\sigma$).

Im Einfrierbereich des Fadens ist die plastische Verformung beendet und die F_η geht in die elastische Kraft $F_e = \pi R^2 E(T)\varepsilon$ über.

An der oberen Temperaturgrenze ist die Oberflächenspannungskraft (F_σ) von wesentlicher Bedeutung. Sie ist die treibende Kraft für die Einschnürung der Fasern nach einem Heißbruch. Bei der Spinnprozessführung an der oberen Temperaturgrenze wird der Düsenrand (Stirnfläche der Düse) stark benetzt.

Dadurch kann in der Ziehzwiebel eine „Todzone“ der Strömung mit Keimbildungsgefahr entstehen.

Dies betrifft insbesondere Tips (Ziehdüsen) mit einem größeren Durchmesser (>2 mm). Mit steigender Ziehprozesstemperatur wird die Ziehzwiebel vergrößert und die Abkühlzeit verlängert. Infolge dessen wird der Angriff von Staubteilchen, Wasserdampf, reaktiven Gasen begünstigt und der Spinnprozess als auch die mechanischen Eigenschaften der Glasfasern beeinträchtigt. Für Niedrigtemperaturgläser wie z. B. C-Glas wird die optimale Stabilität des Spinnprozesses bei lg $\eta = 2{,}8$ (Fiberising Point) erreicht.

Das entspricht einer Viskosität an der Ziehzwiebel von 630 dPas oder einer Temperatur (an der Ziehzwiebel gemessen) von 1128 °C. Für Gläser mit wesentlich höheren Fix-Punkten verschiebt sich der Fiberising Point in Richtung der höheren Temperaturen und liegt bei einem R-Glas im Bereich des lg $\eta = (3{,}0–3{,}5)$. Hierbei ist die optimale Stabilität des Spinnprozesses bei lg $\eta \approx 3{,}3$ zu erwarten.

Der Massenstrom M in der Düse ist unter anderem eine Funktion der Oberflächenspannung der Glasschmelze und kann auch mit folgender Formel beschrieben werden [4]:

$$\mathbf{M = K\,(p + \rho g L} + \frac{\sigma_{Gl} \cdot \cos\theta}{R_z}\mathbf{)}$$

dabei ist:

M – Massenstrom.
K – Konstante
p – Düsenvordrück
ρ – Dichte der Glasschmelze
g – Gravitationskonstante
L – Düsenlänge
σ_{Gl} – Oberflächenspannung der Glasschmelze
θ – Winkel zwischen z-Achse und Ziehzwiebeltangente
R_z – Ziehzwiebelradius

Eine Erhöhung der Oberflächenspannung der Glasschmelze bei konstanter Viskosität, vergrößert den Massenstrom in der Düse.

Die Oberflächenspannung der Glasschmelze wirkt sich auch auf den Spreitdruck bzw. auf die Benetzung des Düsenrandes aus.

Der Spreitdruck P_{sp} kann mit folgender Beziehung wiedergegeben werden:

$$\mathbf{P_{sp} = \sigma_{Leg} - (\,\sigma_{Gl} \cdot \cos\varphi + \sigma_{Leg/Gl}\,)}$$

dabei ist:

σ_{Leg} – Oberflächenspannung der Edelmetalllegierung
σ_{Gl} – Oberflächenspannung der Glasschmelze
Φ – Benetzungswinkel
$\sigma_{Leg/Gl}$ – Grenzflächenspannung zwischen Edelmetalllegierung und der Glasschmelze

Wie das aus den zitierten Formeln hervorgeht mit zunehmender Oberflächenspannung der Glasschmelze steigt direktproportional der Massenstrom in der Düse und der Spreitdruck (die Benetzbarkeit) nimmt ab.

Die wirksamen Kräfte an der Ziehzwiebel im Faserziehprozess sind aus der Abb. 6.1 zu ersehen [3, 6].

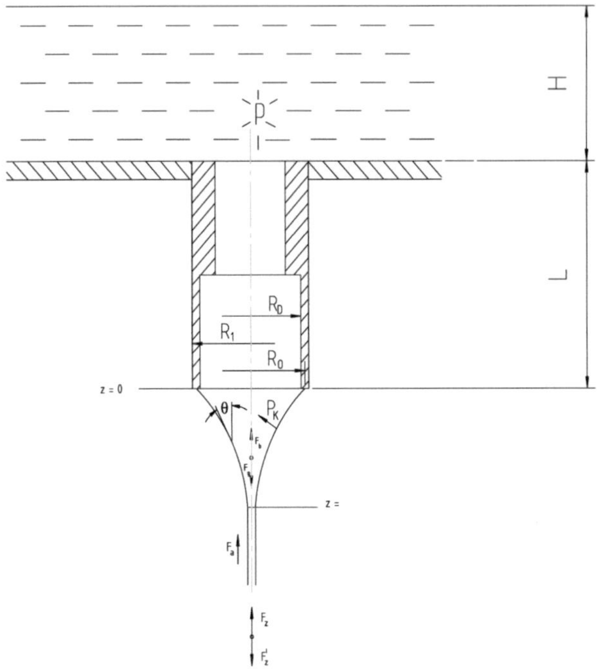

$$F\eta = -(4\,\eta\, M\, R')/\rho\, R$$

$$F\sigma = \pi\, R\, \sigma \cos\Theta$$

$$F_a = \int \tau_s\, 2\pi\, R \cos\Theta\, dz$$

$$F_b = M\,(v_Z - v_O)$$

$$F_g = \int \rho\, \pi\, g\, R^2\, dz$$

$$\mathbf{F_z} = F_\eta + F_\sigma + F_a + F_b - F_g$$

Symbole:

F_z – Fadenziehkraft

F_η – viskositätsbedingte Verformungskraft

F_σ – Oberflächenspannungskraft

F_a – Aerodynamische Kraft

F_b – Massenbeschleunigungskraft

F_g – Gewichtskraft

R – Ziehzwiebelradius ($R \approx R_D$ bei z=0)
R_D – Düsenradius
R' – Erste Ableitung nach Z
σ – Oberflächenspannung der Schmelze
Θ – Winkel zw. Z-Achse und Zwiebeltang.
η – Viskosität der Glasschmelze
v – Axiale Ausflussgeschwindigkeit
M – Massenstrom in der Düse
E(T)–Temperaturabhängiger E-Modul
ε – Elastische Fadenverlängerung
ρ – Dichte der Glasschmelze
v_z – Abzugsgeschw. an der Ziehtrommel
v_0 – Ausflussgeschwindigkeit bei z=0
τ_s – Schubspannung

Abb. 6.1 Wirksame Kräfte an der Ziehzwiebel

6.1 Einfluss der Glaszusammensetzung, der Temperatur und der Atmosphäre auf die Oberflächenspannung der Glasschmelze

Die Oberflächenspannung ist ein Kennwert jedes Glases (jeder Glasschmelze). Sie ist stark von der chemischen Zusammensetzung des Glases abhängig. Im Allgemeinen erhöht SiO_2 die Oberflächenspannung der Glasschmelze, B_2O_3 dagegen erniedrigt sie.

Von den Alkalioxiden wird die Oberflächenspannung durch Li_2O stark erhöht und durch K_2O stark reduziert. Na_2O bewirkt nur minimale Änderung der Oberflächenspannung einer Glasschmelze [7].

Die oberflächenspannungserhöhende Wirkung von Li_2O war einer der Gründe für die Modifizierung des JMS-C Glases (Einführung des Spodumens-$LiAlSi_2O_6$ ins Gemenge) [3, 8].

Bei den RO- Oxiden (außer PbO) beobachtet man mit steigendem Gehalt eine Zunahme der Oberflächenspannung der Glasschmelze. Dabei wird die Oberflächenspannung durch MgO am stärksten erhöht. PbO bewirkt, wegen einer großen Polarisierbarkeit des Pb^{+2} – Ions, eine starke Reduzierung der Oberflächenspannung der Glasschmelze. Al_2O_3 bewirkt mit steigendem Gehalt die stärkste Zunahme der Glasoberflächenspannung [9, 10]. Die Oberflächenspannung einer Glasschmelze lässt sich mit einer guten Übereinstimmung mit dem Experiment aus der einfachen Gleichung [7, 11, 12]:

$$\sigma = \frac{1}{100} \sum \sigma_i p_i$$

σ_i – Oberflächenspannungsfaktoren der Oxide
p_i – Massenanteile (%) der Oxide im Glas berechnen

Die σ_i – Faktoren zur Berechnung der Oberflächenspannung der Glasschmelze in [mN/m] wurden in der Tab. 6.1 zusammengestellt.

Eine Temperaturerhöhung bewirkt Lockerung der chemischen Bindungen was zur Abnahme der Oberflächenspannung der Glasschmelze führt.

Bei der Berechnung der Oberflächenspannung muss berücksichtigt werden, dass eine Temperaturerhöhung um 100°C die Oberflächenspannung um 4 mN/m erniedrigt. Sowohl beim Schmelzen und Läutern als auch im Faserziehprozess hat die Atmosphäre einen wesentlich größeren Einfluss auf die Oberflächenspannung als die Temperatur. Unter reduzierenden Bedingungen steigt die Oberflächenspannung um ca. 20 % im

Tab. 6.1 Faktoren zur Berechnung der Oberflächenspannung einer Glasschmelze für 900°C [11]

Faktoren σ_i der Oxide										
SiO_2	Al_2O_3	B_2O_3	Fe_2O_3	CaO	MgO	BaO	ZnO	Li_2O	Na_2O	K_2O
340	620	80	450	480	660	370	470	460	150	10

Tab. 6.2 Oberflächenspannung ausgewählter Gläser bei 1200°C

Oberflächenspannung bei 1200°C in [mN/m]			
JMS C-Glas	JM 902	JMS SP 111	E-Glas PPG
315	301	302	384

Vergleich mit einer oxidierenden Atmosphäre [1]. Die Oberflächenspannung hat einen großen Einfluss auf die Phasenbenetzung, die so wichtig ist bei der korrosiven Einwirkung der Glasschmelze auf die feuerfesten Steine.

Die aus dem additiven Ansatz errechnete Oberflächenspannung einiger Gläser bei 1200°C wurde in der Tab. 6.2 zusammengestellt.

Wie schon erwähnt, ist die Stabilität des Spinnprozesses unter anderem von der Glasoberflächenspannung abhängig. Je größer die Oberflächenspannung bei Spinnprozesstemperatur desto höher die Oberflächenspannungskraft, desto stabiler der Spinnprozess. Wie das aus der Tab. 6.2 hervorgeht müsste das SP 111 schlechtere Spinneigenschaften aufweisen als das JMS-C Glas.

Dies wurde bei der Herstellung der Glasfasern unter Produktionsbedingungen bestätigt. Die Spinnprozesstemperatur des JMS SP 111-Glases liegt um ca. 250°C höher als bei dem JMS-C Glas und beträgt ca. 1400°C. Das bedeutet, dass die Oberflächenspannung des SP 111-Glases noch niedriger ist als die, die in der Tab. 6.2 angegeben wurde (anstatt 302 beträgt sie nur 294 mN/m). Dies trägt dazu bei, dass der Spinnprozess des SP 111-Glases als unzufriedenstellend zu bezeichnen ist. Von den vier zitierten Gläsern müsste demnach das E-Glas die besten Spinneigenschaften aufweisen.

Literatur

1. Bihuniak, P.P., Calabrese, A., Erwin, E.M.: Effect of trace impurity levels on the viscosity of vitreous silica. Journ. Am. Ceram. Soc. 66 (1983)
2. Praca zbiorowa: Technologia szkła. Arkady. Warszawa (1972)
3. Hrma, P.: Effects of surfaces forces in glass technology. Glass Technol. 23 (1982)
4. Hahmann, P., Teschner, R., Flegler, R., Haigh, M.: Li_2O-Containing Glass Fibre. Glas-Ingenieur **1**, 44–49 (2001)
5. Shartsis, L., Capps, W.: Surface tension of molten alkali borates. Journ. Am. Ceram. Soc. 35 (1952)
6. Pähler, G., Brückner, R.: Festigkeit von Glasfasern als Funktion der Herstellungsparameter. Glastechn. Ber. 54 (1981)
7. Stehle, M., Brückner, R.: Massenstrom, Ziehkraft und Geschwindigkeitsverteilung beim Glasfaserzievorgang. Glastechn. Ber. 50 (1977)
8. Lyon, K.C.: Calculation of surface tensions of glasses. Journ. Am. Ceram. Soc. 27 (1944)
9. Hahmann, P., Teschner,R.: Gläser zur Herstellung von Glasfasern. Patent: DE 197 31 607 B4
10. Anisimov, Y.S. u. M.: Surface tension and density of melts of the systems Al_2O_3-SiO_2 and Al_2O_3-Cr_2O_3. Inorg. Mater. 13, 1168–1170 (1977)

11. Appen, A.A.: Versuch zur Klassifizierung von Komponenten nach ihrem Einfluß auf die Oberflächenspannung von Silikatschmelzen. Silikattechnik 5 (1954)
12. Dietzel, A.: Praktische Bedeutung von Berechnung der Oberflächenspannung von Gläsern, Glasuren und Emails. Sprechsaal 75 (1942)
13. Vogel, W.: Glaschemie. Springer-Verlag, Berlin-Heidelberg-New York (1992)

7 Glasdichte

Mit der Messung der Dichte lässt sich sehr einfach die Konstanz der chemischen Zusammensetzung eines hergestellten Glases kontrollieren. Die Messung besagt aber wenig über die Anwesenheit von glastechnischen Fabrikationsfehlern (Gispen, Steinchen, Schlieren, Farbstich u. a.) im hergestellten Produkt [1, 2].

Die Dichte eines Glases hängt mit der chemischen Zusammensetzung, mit der Temperatur und mit der Vorgeschichte des Glases zusammen [3–7].

7.1 Abhängigkeit von der chemischen Zusammensetzung

Die Dichte eines SiO_2 -Glases ist relativ niedrig und beträgt ca. 2,21 g/cm^3. Durch das Einführen der Alkalioxide ins Glas wird die Dichte erhöht, weil die Hohlräume der verknüpften $[SiO_4]$-Tetraeder durch die Alkaliionen R^+ besetzt werden können. Das spiegelt sich auch in den Alkali-Erdalkali-Borosilikatgläsern (C-Gläser) von JMS wieder, deren Dichte mit zunehmendem Alkalioxidgehalt steigt.

Bei den Alkalioxiden R_2O ist die Zunahme der Dichte am stärksten beim Einführen von Li_2O ins Glas ausgeprägt.

Die Li^+- Ionen besetzen sowohl die Hohlräume als auch rufen sie eine Kontraktion des Netzwerkes hervor. Außerdem ist der Mischalkalieffekt bei Gläsern, die drei Alkaliionen (Li^+, Na^+, K^+) mit unterschiedlichem Ionenradius (s. Abschn. 2.1) enthalten, besonders stark ausgeprägt [8].

Auch die Erdalkalioxide bewirken eine Zunahme der Dichte, wobei die Dichtesteigerung am deutlichsten beim Einführen von CaO ins Glas zu sehen ist.

Dies ist auf die hohe Feldstärke der Ca^{+2} -Ionen, die eine kontrahierende Wirkung im Netzwerk aufweisen, zurückzuführen.

R. Teschner, *Glasfasern,* https://doi.org/10.1007/978-3-662-64123-1_7

Eine Erhöhung des B_2O_3-Gehaltes im Glas bewirkt eine Steigerung der Dichte, wobei der Effekt wegen niedriger Dichte des B_2O_3-Glases (1,82 g/cm^3) kaum zur Geltung kommt. Der Einbau von OH-Gruppen in Borosilikatgläsern ruft eine Erhöhung der Glasdichte hervor und erniedrigt die Viskosität und die Oberflächenspannung der Glasschmelze (s. auch Kap. 5) [1, 6, 9–11].

7.2 Abhängigkeit von der Temperatur

Unterhalb des Transformationspunktes nimmt die Glasdichte mit zunehmender Temperatur fast linear ab. In diesem Bereich bewirkt die steigende Temperatur eine Vergrößerung der Atomabstände, Auflockerung der Glasstruktur, das sich auch im steigenden Ausdehnungskoeffizient wiederspiegelt.

Je niedriger der Ausdehnungskoeffizient desto kleiner ist der Einfluss der Temperatur auf die Glasdichte.

Der Einfluss der Temperatur auf die Glasdichte, zugleich auf den Ausdehnungskoeffizient, hat eine wichtige industrielle Bedeutung, indem es auf die Temperaturwechselbeständigkeit eines Glases hinweist.

7.3 Abhängigkeit von der Vorgeschichte

Ein Glas „speichert" Informationen, die seine Abkühlbedingungen betreffen. Die Dichte eines Glases ist umso größer je langsamer die Kühlung erfolgte. Unterschiedliche Abkühlparameter desselben Glases rufen unterschiedliche Dichtewerte hervor [12, 13].

Bei einer hohen Abkühlgeschwindigkeit werden im Glas innere Spannungen und andere Defekte „eingefroren" das zur niedrigeren Glasdichte führt.

Um die inneren Spannungen zu beseitigen werden Glasprodukte einem Entspannungsprozess (Relaxationsprozess) unterzogen.

Dieser Prozess wird kontinuierlich oder diskontinuierlich meistens dicht unter der oberen Entspannungstemperatur (oberer Kühlpunkt: $\lg\eta = 13{,}0$) eines Glases durchgeführt.

7.4 Berechnung der Glasdichte aus der chemischen Zusammensetzung

Ähnlich wie die Oberflächenspannung lässt sich die Glasdichte mit zufriedenstellender Genauigkeit aus der chemischen Zusammensetzung errechnen.

In der Literatur existieren zahlreiche Modelle und mathematische Formeln zur Berechnung der Glasdichte [7, 12, 14–16].

Tab. 7.1 Faktoren zur Berechnung der Glasdichte

Faktoren ρ_i der Oxide									
SiO_2	Al_2O_3	B_2O_3	CaO	MgO	BaO	ZnO	Li_2O	Na_2O	K_2O
0,441	0,372	0,460	0,222	0,232	0,122	0,168	0,300	0,324	0,317

Tab. 7.2 Berechnete und experimentell ermittelte Dichte einiger Gläser

Ermittlungs methode	Glasdichte ρ [g/cm³]			
	JMS C-Glas	JM 902	JMS SP 111	E-Glas PPG
Berechnet	2,520	2,4681	2,3394	2,6587
Gemessen	2,523	2,510	2,330	2,622

Für die Berechnung der Dichte von JMS-C Glas (Alkali-Erdalkali-Aluminium-Borsilikatglas) hat sich die Beziehung:

$$\rho^{-1} = \frac{1}{100} \sum \rho_i P_i$$

ρ_i – Dichtefaktoren der Oxide

p_i – Massenanteile (%) der Oxide im Glas

von Huggins und Sun [14] bewährt.Für Kalk-Natronsilikatgläser lässt sich die Formel von Ledererova u. M. $P = \rho_0 + \sum \rho_i\ p_i$ mit gutem Ergebnis, verwenden [15]. Die Faktoren zur Berechnung der Glasdichte von Kalk-Natronsilikatgläser sind in dem Beitrag [15] zu finden.

Die dem Borosilikat-Glas angepassten ρ_i – Faktoren zur Berechnung der Glasdichte (g/cm^3) wurden in der Tab. 7.1 zusammengestellt.

Die aus der Huggins-Sun-Formel unter Berücksichtigung der modifizierten ρi-Faktoren berechnete Glasdichte von JMS-C Glas beträgt 2,520 g/cm^3.

Der experimentell ermittelte Wert beträgt 2,523 g/cm^3.

In der Tab. 7.2 wurde die errechnete und die experimentell ermittelte Dichte einiger Gläser zusammengestellt.

Wie es aus der Tab. 7.2 hervorgeht stimmen die berechneten Werte mit den experimentellen Ergebnissen gut überein.

Literatur

1. Coenen, M.: Dichtemessungen an Boratgläsern. Glastechn. Ber. **35** (1962)
2. Jebsen-Marwedel, H., Brückner, R.: Glastechnische Fabrikationsfehler. Springer, Berlin-Heidelberg-New York (1980)

3. Appen, A.A.: Berechnung der optischen Eigenschaften, der Dichte und des Ausdehnungskoeffizienten von Silikatgläsern aus ihrer Zusammensetzung. Akad. der Wiss. Der UdSSR **69** (1949)
4. Coenen, M.: Dichte von „Schlierengläsern“ bei hohen Temperaturen. Glastechn. Ber. **39** (1966)
5. Gan, F., Lin, F., Gu, D.: Physical properties of glasses containing several glass-forming oxides. Journ. Non-Cryst. Solids **80** (1986)
6. Shartsis, L., Spinner,S., Capps, W.: Density, expansivity and viscosity of molten alkali silicates. Journ. Am. Ceram. Soc. **35** (1952)
7. Šašek, L.: The density of hollow and float glass. Sb. Vys. Sk. Chem.-Technol. Praze.Chem. Techn. Silik. L. **9** (1982)
8. Kennedy, C.R., Bradt, R.C., Rindone, G.E.: The strength of binary alkali silicate glasses. Phys. Chem. Glasses. **21** (1980)
9. Franz, H.: Effect of water content on density, refractive index and transformation temperature of alkali borate glasses. Mater. Sci. Res. **12** (1978)
10. Scholze, H., Franz, H., Merker, L.: Der Einbau des Wassers in Gläsern. Glastechn. Ber. **32** (1959)
11. Scholze, H.: Deutung des unterschiedlichen Einflusses des Wassergehaltes auf Lichtbrechung und Dichte von Gläsern veschiedener Zusammensetzung. Glas-Email-Keramo-Technik. **19** (1968)
12. Huggins, M.L.: The structure of glasses. Journ. Am. Ceram. Soc. **38** (1955)
13. Sproull, J.F., Rindone, G.E.: Effect of melting history on the mechanical properties of glass. Journ. Am. Ceram. Soc. **57** (1974)
14. Huggins, M.L., Sun, K.H.: Calculation of density and optical constans of a glass its composition in weight percentage. Journ. Am. Ceram. Soc. **26** (1943)
15. Ledererova, V. u. M.: Faktoren zur Berechnung von Eigenschaften von Kalk-Natrongläsern. Sklar Keram. **36** (1986)
16. Winkelmann, A., Schott, O.: Über thermische Widerstandskoeffizienten verschiedener Gläser in ihrer Abhängigkeit von der chemischen Zusammensetzung. Ann. Phys. **51** (1894)

Thermische Glaseigenschaften

8

Die Glasherstellung insbesondere die Glasfaserherstellung im Indirect-Melt-Verfahren, ist ein sehr energieintensiver Prozess.

Im JMS-Indirect-Melt-Verfahren müssen zuerst Glaspellets hergestellt werden, die nach dem Abkühlen wieder in den Bushings erwärmt, eingeschmolzen und zu Fasern verarbeitet werden.

Darüber hinaus spielen die thermischen Glaseigenschaften eine wichtige Rolle.

8.1 Wärmedehnung

Wie schon erwähnt gibt uns die Wärmedehnung eines Glases einen wichtigen Hinweis zu seiner Temperaturwechselbeständigkeit. Außerdem ist die Wärmedehnung von sehr großer Bedeutung bei der Glaskühlung, Glashärtung, Gläserverschmelzung und bei dem Einschmelzen von Metallen in Gläsern [3, 14].

Die Wärmedehnung wird durch den linearen Ausdehnungskoeffizient α gekennzeichnet.

$$\alpha = \frac{1}{l_o}\frac{\Delta l}{\Delta T}$$

lo Anfangslänge
Δl Längeänderung
ΔT Temperaturänderung

Ähnliche Formel gilt für den Volumenausdehnungskoeffizienten β, wobei $\beta \cong 3\alpha$.

In der Glasindustrie wird überwiegend mit dem linearen Ausdehnungskoeffizienten unter Angabe des Temperaturbereiches wie z. B. α_{20-300} gearbeitet.

R. Teschner, *Glasfasern,* https://doi.org/10.1007/978-3-662-64123-1_8

Gläser, die sich gravierend vom Ausdehnungskoeffizienten unterscheiden, lassen sich nicht miteinander verschmelzen (verbinden).

Gläser kann man nur dann miteinander erfolgreich verschmelzen, wenn der Unterschied in den Ausdehnungskoeffizienten $\Delta\alpha$ nicht größer als $0{,}3 \cdot 10^{-6}$ ist.

Auch Metalle deren Ausdehnungskoeffizienten sich von dem Ausdehnungskoeffizienten eines Glases deutlich unterscheiden, lassen sich nicht in das Glas einschmelzen.

Vom Ausdehnungskoeffizient werden die technischen Gläser in Hart- und Weichgläser untergliedert. Dabei gilt folgendes Kriterium:

$$\alpha < 6{,}0 \cdot 10^{-6} \quad \mathrm{K}^{-1} \quad \text{Hartgläser}$$

$$\alpha > 6{,}0 \cdot 10^{-6} \quad \mathrm{K}^{-1} \quad \text{Hartgläser}$$

8.1.1 Berechnung aus der chemischen Glaszusammensetzung

In der Literatur sind mehrere Modelle und mathematische Formeln zur Berechnung des Ausdehnungskoeffizienten zu finden [1, 4, 5, 10, 16, 17].

Für das JMS-C Glas hat sich der additive Ansatz:

$$\alpha = \sum \alpha_i p_i$$

α_i Ausdehnungskoeffizientfaktoren der Oxide
p_i Massenanteile (%) der Oxide im Glas

von Winkelmann-Schott [17] bewährt.

Die α_i – Faktoren zur Berechnung des linearen Ausdehnungskoeffizienten sind aus der Tab. 8.1 zu ersehen.

Der daraus berechnete α – Wert ergibt sich in $X \cdot 10^{-8}\,\mathrm{K}^{-1}$ und gilt für den Temperaturbereich 20–100 °C. Die Werte in der Tab. 8.1 zeigen, dass die Alkalioxide (Na_2O, K_2O) die Wärmedehnung am stärksten erhöhen, die Netzwerkbildner (SiO_2, B_2O_3) dagegen reduzieren sie sehr stark [13].

In der Tab. 8.2 wurden die errechneten und die experimentell ermittelten Ausdehnungskoeffizienten einiger Gläser zusammengestellt.

Wie das aus der Tab. 8.2 hervorgeht erreicht man mit der Berechnungsmethode von Winkelmann-Schott eine einigermaßen zufriedenstellende Übereinstimmung der berechneten und der gemessenen α-Werte. Das in der Tab. 8.2 zitierte SP-111-Glas gehört zu den Hartgläsern ($\alpha_{20-300} = 5{,}1 \cdot 10^{-6}\,\mathrm{K}^{-1}$).

Tab. 8.1 Faktoren α_i zur Berechnung des Ausdehnungskoeffizienten α_{20-100} [17]

Faktoren α_i der Oxide									
SiO_2	TiO_2	Al_2O_3	B_2O_3	Fe_2O_3	CaO	MgO	Li_2O	Na_2O	K_2O
2,67	13,67	16,67	0,33	13,33	16,67	0,33	6,67	33,33	28,33

Tab. 8.2 Berechnete und experimentell ermittelte Ausdehnungskoeffizienten einiger bekannten Gläser

Ermittlungsmethode	α – Wert [$\cdot 10^{-6}$] K^{-1} der Gläser				
	JMS C-Glas	JM 902	JMS SP 111	Ow.-Corn ADVANTEX	Schott DURAN
Berechnet α_{20-100}	8,6	8,2	5,2	7,6	3,9
Gemessen α_{20-300}	8,8	9,0	5,1	6,0	3,3

8.2 Spezifische Wärme

Thermodynamisch betrachtend wird die spezifische Wärme c_p als Änderung der Enthalpie H mit der Temperatur T angesehen.

$$c_{\mathrm{p}} = \left(\frac{\partial H}{\partial T}\right)\mathrm{p}$$

Die Größe c_p (J/gK) bzw. (J/kgK) bezieht sich auf 1 g bzw. 1 kg Glas.

$$C_{\mathrm{p}} = c_{\mathrm{p}}\mathrm{M}$$

Um die Molwärme C_p (J/molK) zu berechnen muss die spezifische Wärme c_p mit der Molmasse M multipliziert werden.

Aus dieser Formel lässt sich auch die Wärmekapazität C_p eines Glases errechnen.

Die spezifische Wärme, die in verschiedenen Temperaturbereichen unterschiedlich ist, hängt sowohl von der Temperatur als auch von der chemischen Zusammensetzung des Glases ab [2, 7–9, 15, 18].

8.2.1 Berechnung der spezifischen Wärme aus der chemischen Zusammensetzung

Aus der Literatur sind mehrere Modelle und Formeln zur Berechnung der spezifischen Wärme eines Glases bekannt. Für das JMS C-Glas hat sich die Beziehung:

$$c_{\mathrm{pTi}} = \frac{T_{\mathrm{i}} \sum a_{\mathrm{i}} p_{\mathrm{i}} + \sum c_{\mathrm{i}} p_{\mathrm{i}}}{0{,}00146 T_{\mathrm{i}} + 1}$$

p_i Massenanteile (%) der Oxide im Glas
a_i, c_i Thermische Faktoren der Oxide
T_i Bestimmungstemperatur °C

von Sharp und Moore [11, 12] bewährt.

Tab. 8.3 Faktoren zur Berechnung der spezifischen Wärme [12]

Faktoren	Glasoxide								
	SiO_2	Al_2O_3	B_2O_3	Fe_2O_3	CaO	MgO	Na_2O	K_2O	SO_3
a_i	0,0196	0,0190	0,0250	0,0159	0,0172	0,0215	0,0347	0,0186	0,0348
c_i	6,938	7,390	8,102	6,067	7,156	8,969	9,333	7,352	7,913

Tab. 8.4 Spezifische Wärme ausgewählter Gläser

Temperaturbereich °C	Spezifische Wärme in [J/kgK]			
	JMS-C Glas	JMS-SP111	E-Glas PPG	R-Glas
0–300	972	946	896	875
0–600	1094	1063	995	970

Die Faktoren a_i und c_i der Glasoxide wurden in der Tab. 8.3 zusammengestellt.

Die sich aus dieser Berechnung ergebende, spezifische Wärme ist in J/kgK.

Mit der angewandten Formel erreicht man recht gute Übereinstimmung zwischen den berechneten und experimentellen Werten.

Einige, berechnete Werte der spezifischen Wärme ausgewählter Gläser wurden in der Tab. 8.4 zusammengestellt.

8.3 Wärmeleitfähigkeit und Wärmestrahlung

Der Wärmetransport in Gläsern geschieht grundsätzlich durch Wärmeleitung und Wärmestrahlung. Bei niedrigen Temperaturen spielt die Wärmeleitung eine entscheidende Rolle, bei hohen Temperaturen dagegen die Wärmestrahlung.

Die Wärmestrahlung kann mithilfe des Stefan-Boltzmann-Gesetzes errechnet werden.

Dabei gilt:

$$P = f\varepsilon\sigma T^4 F$$

P Strahlungsenergie (W)
f Formfaktor der strahlenden Fläche
ε Emissionsfaktor
σ Strahlungskonstante ($5{,}67 \cdot 10^{-8}\ W/m^2K^4$)
T Temperatur (K)
F Oberfläche des strahlenden Körpers (m^2)

Die Wärmestrahlung ist nicht nur bei der Berechnung der Flammenwannen sondern auch bei der Durchführung einer Energiestromanalyse an Bushings von wesentlicher Bedeutung.

Die Wärmeleitfähigkeit λ ist die Wärmemenge dQ, die in der Zeit dt durch die Fläche F bei einem Temperaturgefälle dT/dx hindurchfließt.

$$\frac{dQ}{dt} = -\lambda F \frac{dT}{dx}$$

Q Wärmemenge (J)
t Zeit (s)
λ Wärmeleitfähigkeit (W/mK)
F Fläche (m^2)
x Dicke der Probe (m)
T Temperatur (K).

Bei Metallen ist die Wärmeleitfähigkeit infolger der Anwesenheit von freibeweglichen Elektronen, wesentlich höher als beim Glas und Kunststoffen:

$$\lambda_{Metall} >> \lambda_{Glas} >> \lambda_{Kunststoff}$$

Dabei ist zu beachten, dass kristalline und teilkristaline Kunststoffe eine höhere Wärmeleitfähigkeit kennzeichnet als amorphe Kunststoffe:

$$\lambda_{Kristallin} >> \lambda_{Amorph}$$

Die Wärmeleitfähigkeit der Gläser, die proportional zu der spezifischen Wärme ist, nimmt mit steigender Temperatur zu, um danach einen konstanten Wert anzustreben.

Beim Softening Point ist die Wärmeleitfähigkeit eines Glases ca. doppelt so hoch wie bei Raumtemperatur.

Die Kenntnis der Wärmeleitfähigkeit (Wärmeleitzahlen) ist sehr hilfreich bei der Projektierung der Glasschmelzöfen und anderer Vorrichtungen in der Glastechnologie.

Die höchste Wärmeleitfähigkeit bei T = 0 °C weist ein Kieselglas (λ = 1,39 W/mK) auf.

Dies hängt mit den starken Bindungen Si–O–Si zusammen.

Bei einem Flach- bzw. Behälterglas liegt die Wärmeleitzahl in dieser Temperatur bei ca. 0,91 W/mK. Die meisten Netzwerkwandler und Zwischenoxide erniedrigen die Wärmeleitung. Die niedrige Wärmeleitfähigkeit des Glases prädestiniert es als Isoliermaterial. Die Wärmeleitfähigkeit der Glasfasern (wie z. B. von E-Glasfasern) ist 50 mal niedriger als die von Stahl und über 150 mal niedriger als bei einer Aluminiumlegierung (s. Tab. 28.9). Sie ist aber deutlich höher als die Wärmeleitfähigkeit der Kunststoffe. Durch die Verstärkung der Kunststoffe mit Glasfasern kann die Wärmeleitfähigkeit des GFK`s erhöht und der sog. Wärmestau abgebaut werden (gleichmäßigere Wärmeverteilung im eingebauten Werkstoff).

Durch die Verstärkung der Kunststoffe mit Glasfasern können lokale Überhitzungen im Werkstoff vermieden werden.

Die negative Auswirkung, die sich aus der niedrigen Wärmeleitfähigkeit ergibt, ist der Aufbau innerer Spannungen im Glas.

Tab. 8.5 Faktoren zur Berechnung der Wärmeleitfähigkeit von Gläsern [6]

Temperatur °C	Faktoren λ_i der Oxide							
	SiO_2	TiO_2	Al_2O_3	B_2O_3	CaO	MgO	Na_2O	K_2O
0	12,99	13,53	12,98	11,96	12,37	23,42	- 5,17	2,17
300	17,15	15,64	7,35	10,56	8,72	16,73	7,86	6,16
600	21,59	18,01	4,07	8,37	8,19	18,36	18,83	13,89

Tab. 8.6 Wärmeleitfähigkeit einiger Gläser

Temperatur °C	Wärmeleitfähigkeit [W/mK]				
	JMS C-Glas	JM 902	JMS SP 111	E-Glas PPG	R-Glas
0	1,05	1,04	1,15	1,27	1,31
300	1,42	1,46	1,50	1,33	1,42
600	1,83	1,92	1,88	1,52	1,66

8.3.1 Berechnung der Wärmeleitfähigkeit aus der chemischen Zusammensetzung

Aus den zahlreichen Formeln zur Berechnung der Wärmeleitfähigkeit (λ in W/mK) für das JMS-C Glas hat die Beziehung:

$$\lambda = 10^{-3} \sum \lambda_i p_i$$

λ_i Wärmeleitzahlfaktoren der Oxide
p_i Massenanteile (%) der Oxide im Glas

von Ratcliffe [6] zufriedenstellende Werte geliefert.

Die Wärmeleitzahlfaktoren λ_i der Glasoxide für ausgewählte Temperaturen sind aus der Tab. 8.5 zu ersehen.

Die aus der Ratcliffe-Formel errechnete Wärmeleitfähigkeitswerte ausgewählter Gläser wurden in der Tab. 8.6 zusammengestellt.

Die für die ausgewählten Gläser berechneten Werte zeigen, wie stark die Wärmeleitfähigkeit mit dem SiO_2-Gehalt zusammenhängt.

Literatur

1. Appen, A.A.: Berechnung der optischen Eigenschaften, der Dichte und des Ausdehnungskoeffizienten von Silikatgläsern aus ihrer Zusammensetzung. Akad. der Wiss. Der UdSSR **69** (1949)
2. Coenen, M.: Spezifische Wärme von Schmelzen und Gläsern. Glastechn. Ber. **50** (1977)
3. Greenough, R.D., Dentschuk, P., Palmer, S.B.: Thermal expansion of lead silicate glasses. J. Mater. Sci. **16** (1981)

4. Huggins, M.L., Sun, K.H.: Calculation of density and optical constans of a glass its composition in weight percentage. J. Am. Ceram. Soc. **26** (1943)
5. Ledererova, V.M.: Faktoren zur Berechnung von Eigenschaften von Kalk-Natrongläsern. Sklar Keram. **36** (1986)
6. Ratcliffe, E.H.: A survey of most probable values for the thermal conductivities of glasses between about −150 and 100 °C, including new data on twentytwo glasses and a working formula for the calculation of conductivity from composition. Glass Technol. **4** (1963)
7. Richet, P.: Heat capacity of silicate glasses. Chem. Geol. **62** (1987)
8. Richet, P., Bottinga, Y.: Heat capacity of aluminum-free liquid silicates. Geoch. Cosmoch. Acta. **49** (1985)
9. Richet, P., Bottinga, Y.: Thermochemical properties of silicate glasses and liquid. Rev. Geophys. **24** (1986)
10. Scholze, H.: Glas- Natur, Struktur und Eigenschaften. Springer, Berlin (1988)
11. Sharp, D.E., Ginter, L.B.: Effect of composition and temperature on the specific heat of glass. J. Am. Ceram. Soc. **34** (1951)
12. Sharp, D.E., Moore, J.: Note on calculation of effect of temperature and composition on specific heat of glass. J. Am. Ceram. Soc. **41** (1958)
13. Shartsis, L., Capps, W., Spinner, S.: Density and expansivity of alkali borates and density characteristics of some other binary glasses. J. Am. Ceram. Soc. **36** (1953)
14. Shelby, J.E.: Thermal expansion of mixed-al kali silikate glasses. J. Appl. Phys. **47** (1976)
15. Shults, M.M.: A calorimetric study of alkali borate glasses. Sov. J. Glass Phys. Chem. **11** (1985)
16. Vogel, W.: Glaschemie. Springer, Berlin (1992)
17. Winkelmann, A., Schott, O.: Über thermische Widerstandskoeffizienten verschiedener Gläser in ihrer Abhängigkeit von der chemischen Zusammensetzung. Ann. Phys. **51** (1894)
18. Winkelmann, A.: Über die spezifischen Wärmen verschieden zusammengesetzter Gläser. Ann. Physik **49** (1893)

9 Elektrische Glaseigenschaften

Moderne Gläser finden ihre Anwendung unter anderem in der Elektronik, Optoelektronik und in der Elektrotechnik. In diesen Bereichen insbesondere in der Optoelektronik, die sich mit der wechselseitigen Umwandlung von optischen und elektrischen Signalen befasst, sind die elektrischen Eigenschaften dieser Gläser im Niedrigtemperaturbereich von Bedeutung.

Das E-Glas mit weniger als 2 Ma.-% Alkalioxide (R_2O) und einer Leitfähigkeit von weniger als 100 µS/cm wurde ursprünglich für Elektroisolationszwecke entwickelt.

In einer Elektroschmelze (JMS-C Glas) in der ihrer elektrische Widerstand zur Erwärmung der Schmelze ausgenutzt wird, spielen die elektrischen Glaseigenschaften in höheren Temperaturen eine sehr wichtige Rolle.

Zu den wichtigsten, elektrischen Glaseigenschaften gehören die elektrische Leitfähigkeit und die dielektrischen Eigenschaften.

9.1 Elektrische Leitfähigkeit

Bei Raumtemperatur, unter dem Transformationspunkt weisen die meisten Gläser praktisch keine Leitfähigkeit auf.

Ein Glas kann nur dann den elektrischen Strom leiten, wenn es über bewegliche Alkaliionen verfügt. Die etwaigen im Glasnetzwerk vorhandenen Alkaliionen weisen eine gewisse, temperaturabhängige Beweglichkeit auf, sodass Gläser eine geringe elektrische Leitfähigkeit besitzen.

Die spezifische elektrische Leitfähigkeit κ (S/cm) stellt die Leitfähigkeit eines zylindrischen Körpers mit einem Querschnitt von 1 cm^2 und einer Länge von 1 cm dar.

R. Teschner, *Glasfasern*, https://doi.org/10.1007/978-3-662-64123-1_9

Der reziproke Wert von κ ist der spezifische elektrische Widerstand ρ.

$$\rho = \frac{1}{\kappa}[\Omega\text{cm}]$$

$$\kappa = \frac{\text{S}}{\text{cm}} = \Omega^{-1}\text{cm}^{-1}$$

$$\text{S} = \Omega^{-1} = \text{Siemens}$$

Bezüglich der elektrischen Leitfähigkeit von Gläsern haben Gehlhoff und Thomas [3] den sg. $T_{\kappa 100}$ – Wert eingeführt.

Der $T_{\kappa 100}$ – Wert ist die Temperatur bei der die spezifische elektrische Leitfähigkeit. $\kappa = 100 \cdot 10^{-10}$ S/cm beträgt.

Wie das aus der Formel $\rho = \kappa^{-1}$ hervorgeht beträgt der spezifische elektrische Widerstand bei dieser Temperatur: $\rho = 10^8$ Ωcm.

Bei den normalen Kalzium-Natrium-Silikatgläsern (Fenstergläser) liegt der $T_{\kappa 100}$ – Wert im Bereich 150–200 °C.

Für das JMS-C Glas beträgt der experimentell ermittelte $T_{\kappa 100}$ – Wert: 200 °C.

Bei allen Gläsern nimmt die elektrische Leitfähigkeit mit steigender Temperatur zu.

Die Änderung des spezifischen Widerstandes von einem C-Glas in Temperaturfunktion ist in Abb. 9.1 zu sehen

9.1.1 Abhängigkeit von der chemischen Zusammensetzung

Die spezifische elektrische Leitfähigkeit zugleich der spezifische Widerstand eines Glases ist von der chemischen Zusammensetzung stark abhängig.

Je mehr Alkaliionen als Ladungsträger ein Glas enthält und je größer die Beweglichkeit der Ionen desto höher die Leitfähigkeit, desto kleiner der spezifische Widerstand des Glases. Darüber hinaus weist ein reines Kieselglas bzw. ein reines B_2O_3-Glas einen sehr hohen spezifischen Widerstand auf [7, 8].

Den Einfluss der Alkalioxide auf den spezifischen Widerstand eines Glases lässt sich aus der Reihenfolge des steigenden Widerstandes:

$$Li_2O < Na_2O < K_2O$$

abschätzen [17].

Zwar ist der K^+-Ion im Vergleich mit dem Li^+-Ion schwächer im Glasnetzwerk eingebunden, aber seine Beweglichkeit ist wegen dem wesentlich größeren Radius eingeschränkt [4, 16, 18].

Die Erdalkalioxide (RO) insbesondere CaO wegen seiner strukturverfestigenden Wirkung erhöhen den spezifischen Widerstand [2, 15].

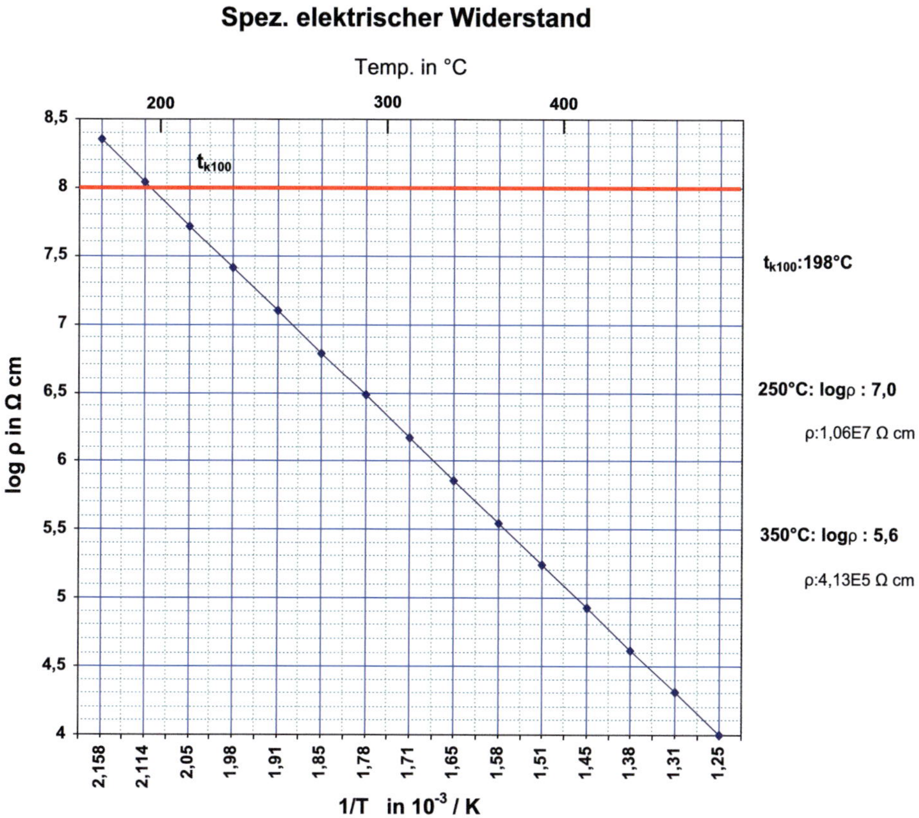

Abb. 9.1 Abhängigkeit des spezifischen elektrischen Widerstandes eines C-Glases von der Temperatur

Mit der Erhöhung des B_2O_3-Gehaltes im Glas ist ein leichter Anstieg des spezifischen Widerstandes zu verzeichnen [5, 6].

Das partielle Ersetzen von SiO_2 durch Al_2O_3 in der chemischen Glaszusammensetzung führt zur geringen Abnahme des spezifischen Widerstandes [5, 6].

Wegen dem hohen elektrischen Widerstand finden die üblichen Gläser einen vielfältigen Einsatz als Isolator.

Zur Verbesserung der elektrischen Isolationseigenschaften der Gläser muss der Anteil an Alkalioxiden möglichst gering gehalten werden.

Man kann aber auch Gläser mit einem sehr hohen Alkaligehalt herstellen, die eine sehr hohe Leitfähigkeit (bis über 10^{-3} S/cm) aufweisen (superionenleitende Gläser).

Durch das Einführen von polyvalenten Elementen (wie z. B. Ti, Co, Mo u. a.) in die Glasstruktur ist es möglich, halbleitende Gläser zu erzeugen.

9.1.2 Berechnung des spezifischen Widerstandes aus der chemischen Zusammensetzung

Für die Berechnung des spezifischen Widerstandes und der sich daraus ergebenden Leitfähigkeit von JMS-C Glas hat sich die modifizierte Beziehung:

$$\begin{aligned}\log \rho_{300} =& 0{,}08\left(75 - pR_2O\right) + 0{,}05\left(38 - pR_2O\right) \cdot pK_2O/pR_2O + \\ &+6{,}4\left[0{,}25 - \left(pK_2O/pR_2O - 0{,}5\right)^2\right] + 0{,}018(pMgO + pZnO) \\ &+1{,}37 \cdot 10^{-4}\left(30 - pR_2O\right)^2 \cdot pCaO + 0{,}05pCaO - 0{,}05pAl_2O_3 + \\ &+1{,}67 \cdot 10^{-4}\left(30 - pR_2O\right)^2 \cdot pB_2O_3 + 0{,}04pB_2O_3 + 0{,}015pRO\end{aligned}$$

p_i Molanteile (Mol%) der Oxide im Glas
ρ Spezifischer Widerstand in Ωcm

von Mazurin [4] bewährt.

Diese Gleichung gilt für den spezifischen elektrischen Widerstand bei 300 °C. Für andere Temperaturen muss dass Ergebnis mittels der Beziehung:

$$\log \rho = -\log A + 573(\log \rho_{300} + \log A)/T$$

T in (K)

umgerechnet werden.
Dabei gilt:

$$\log A = 0{,}03\left(30 + pR_2O\right) + 0{,}22pR_2O \cdot \left[0{,}25 - \left(pK_2O/pR_2O - 0{,}5\right)^2\right] - 0{,}01pAl_2O_3$$

Der aus dieser Formel errechnete spezifische Widerstand einiger Gläser ist aus der Tab. 9.1 zu ersehen.

Tab. 9.1 Leitfähigkeit und spezifischer elektrischer Widerstand einiger Gläser bei 300 °C

Glassorte	Leitfähigkeit, spezfischer Widerstand		
	$\log \rho_{300}$	ρ_{300} [Ωcm]	κ [S/cm]
JMS-C Glas	6,2	$1{,}585 * 10^6$	$6{,}31 * 10^{-7}$
JM 902	5,9	$0{,}79 * 10^6$	$12{,}6 * 10^{-7}$
SP 111	7,0	$10{,}0 * 10^6$	$1{,}0 * 10^{-7}$
E-Glas PPG	13,6	$39{,}8 * 10^{12}$	$2{,}51 * 10^{-14}$

Tab. 9.2 Faktoren zur Berechnung der elektrischen Leitfähigkeit einer Glasschmelze [14]

Temperatur °C	Leitfähigkeits faktoren κ_i der Oxide						
	SiO_2	Al_2O_3	Fe_2O_3	CaO	MgO	Na_2O	K_2O
1200	-0,413	-0,654	-0,311	-0,243	-0,168	+3,610	-0,582
1320	-0,576	-0,908	-0,439	-0,088	-0,100	+4,930	-0,458
1400	-0,701	-1,100	-0,537	-0,087	-0,019	+5,920	-0,282

Tab. 9.3 Leitfähigkeit κ und spezifischer Widerstand ρ ausgewählter Glasschmelzen bei 1200, 1320 und 1400 °C

Glasschmelze	Leitfähigkeit, spezifischer Widerstand					
	1200 °C		1320 °C		1400 °C	
	κ [S/cm]	ρ [Ωcm]	κ [S/cm]	ρ [Ωcm]	κ [S/cm]	ρ [Ωcm]
JM 902	0,255	3,92	0,356	2,81	0,427	2,34
JMS-C Glas	0,185	5,40	0,267	3,74	0,322	3,10
JMS-C Glas (n.Mazurin)	0,03	33,1	0,05	19,9	0,07	14,8

Für die Berechnung der spezifischen elektrischen Leitfähigkeit zugleich des spezifischen elektrischen Widerstandes der Kalk-Natronsilikatglasschmelzen bei hohen Temperaturen lässt sich mit recht gutem Ergebnis der additive Ansatz:

$$\kappa = \Sigma \kappa_i p_i / 100$$

κ_i Leitfähigkeitsfaktoren der Oxide
p_i Massenanteile (%) der Oxide im Glas.

von Šašek und Knotek [14] anwenden.

Die Leitfähigkeitsfaktoren der oxidischen Glaskomponenten wurden in der Tab. 9.2 zusammengestellt.

Die aus dem additiven Ansatz errechneten Werte sind aus der Tab. 9.3 zu ersehen.

Zum Vergleich wurden in der Tab. 9.3 auch die aus der Mazurin-Formel berechneten Werte für das JMS-C Glas zitiert.

Weil sowohl das JM 902 als auch das JMS-C Glas keine typische Kalk-Natron-Silikatschmelzen sind, liegen die nach der Mazurin- und nach der Šašek-Formel errechneten Werte ziemlich weit auseinander.

9.2 Dielektrische Eigenschaften der Gläser

Wenn man zwischen die Platten eines Kondensators ein Dielektrikum (wie z. B. Glas) einführt, dann erhöht sich seine Kapazität C gegenüber der (C_v), die im Vakuum gemessen wird um den Faktor-ε.

$$C = \varepsilon\, C_v \qquad \varepsilon > 1$$

Den Proportionalitätsfaktor ε in dieser Gleichung bezeichnet man als Permittivitätszahl oder als Dielektrizitätskonstante.

Das Einbringen eines Glases zwischen die Platten eines Kondensators ändert nicht nur seine Kapazität sondern verursacht auch eine Verschiebung des Phasenwinkels δ. zwischen Strom und Spannung.

Dabei geht ein kleiner Teil der elektrischen Energie verloren. Diesen Teil des Energieverlusts bezeichnet man als dielektrische Verluste, die durch den Verlustfaktor tan δ charakterisiert werden [10–12, 17].

Die Permittivitätszahl ε und der Verlustfaktor tan δ sind eine Funktion der chemischen Glaszusammensetzung.

Besonders stark hängen sie mit der Polarisierbarkeit und mit der Beweglichkeit der Ionen zusammen. Alle Netzwerkwandler insbesondere die Alkaliionen erhöhen die Permittivitätszahl.

Die Permittivitätszahl bei den Alkalioxiden steigt mit abnehmender Feldstärke der Ionen in der Reihe [1, 9, 13]:

$$Li_2O < Na_2O < K_2O \qquad \text{an.}$$

Für die dielektrischen Verluste gilt die umgekehrte Reihenfolge:

$$Li_2O > Na_2O > K_2O$$

Eine ähnliche Reihenfolge der steigenden Permittivitätszahl lässt sich bei den Erdalkalioxiden bilden:

$$MgO < CaO < SrO < BaO$$

Auch in diesem Fall nehmen die dielektrischen Verluste in der Reihenfolge:

$$MgO > CaO > SrO > BaO \qquad \text{ab.}$$

Die Permittivitätszahl ist auch von der Stromfrequenz abhängig. Im Allgemeinen gilt, dass mit steigender Frequenz die dielektrische Konstante und die dielektrischen Verluste abnehmen. Gläser mit Permittivitätszahl von 4 bis 7 werden als elektrisch hochisolierender Werkstoff u. a. in der Elektrotechnik und Elektronik eingesetzt.

Niedrige Dielektrizitätszahl eines Glases gewährleistet eine hohe elektrische Durchschlagfestigkeit als auch geringe dielektrische Verluste im Mikrowellenbereich. Dies betrifft insbesondere E-Glasfasern, die zu einem hervorragenden Elektroisolationsmaterial prädestiniert sind. Sie besitzen einen hohen spezifischen Widerstand, eine hohe Durchschlagfestigkeit, geringe dielektrische Verluste und eine niedrige Permittivitätszahl. Elektroisolationsmaterialien auf der Basis von E-Glasfasern (z. B. GFK), gewährleisten eine sehr gute Wärmebeständigkeit des Werkstoffes.

9.2.1 Berechnung der Permittivitätszahl aus der chemischen Zusammensetzung

Die Permittivitätszahl lässt sich im Voraus mit zufriedenstellender Genauigkeit aus der Beziehung:

$$\varepsilon = \frac{1}{100} \Sigma \varepsilon_i p_i$$

p_i Molanteile (Mol %) der Oxide im Glas
ε_i Permittivitätsfaktoren der Oxide

von Appen und Bresker [1] berechnen.

Die Permittivitätsfaktoren der Oxide zur Berechnung von ε bei einer Frequenz von $f = 4{,}5 \cdot 10^8$ Hz wurden in der Tab. 9.4 zusammengestellt.

Die aus dem additiven Ansatz von Appen und Bresker errechneten Permittivitätszahlen ausgewählter Gläser wurden in der Tab. 9.5 zusammengestellt.

Die in der Tab. 9.5 enthaltenen Werte zeigen wie stark die Permittivitätszahl vom Anteil an Netzwerkwandler im Glas abhängig ist. Auffallend ist ein ziemlich großer Unterschied zwischen den berechneten und den gemessenen Werten in Gläsern mit einem hohen Anteil an Netzwerkwandler (E-Glas, C-Glas).

Tab. 9.4 Permittivitätsfaktoren der Glasoxide [7]

Permittivitäts faktoren ε_i der Oxide									
SiO_2	TiO_2	Al_2O_3	B_2O_3	CaO	MgO	BaO	Li_2O	Na_2O	K_2O
3,8	25,5	9,2	6,0	17,4	15,4	20,5	14,0	17,6	16,0

Tab. 9.5 Permittivitätszahlen einiger Gläser

Glassorte	Permittivitätszahl	
	Errechnet (450 MHz)	Gemessen (1 MHz)
JMS-C Glas	7,7	6,6
JM 902	7,4	–
SP 111	5,4	5,7
Schott DURAN 8330	4,5	4,6
E-Glas PPG	8,1	6,5

Literatur

1. Appen, A.A., Bresker, R.I.: Abhängigkeit der Dielektrizitätskonstante und des Verlustwinkels von Silikatgläsern von ihrer Zusammensetzung. J. Techn. Phys. UdSSR **22** (1952)
2. Fulda, M.: Über das elektrische Leitvermögen der Gläser. Sprechsaal **60** (1927)
3. Gehlhoff, G, Thomas, M.: Die physikalischen Eigenschaften der Gläser in Abhängigkeit von der Zusammensetzung. Z. techn. Physik **6**, **7** (1925 u. 1926)
4. Mazurin, O.V.: Glass in a direct electric field. Structure of glass. Vol. 4: Electrical properties and structure of glass S. 5–55. New York (1965)
5. Moore, H., de Silva, R.C.: A study of the electrical properties of alkali-lime-silica glasses, some containing boric oxide or alumina, in relation to glass structure. J. Soc.Glass Technol. **36** (1952)
6. Nikulin, V. M.: Dependence of the electrical resistivity of low-alkali borosilikate glasses on their composition. Sov. J. Glass Phys. Chem. **12**, 19–23 (1986)
7. Owen, A.E., Douglas, R.W.: The electrical properties of vitreous silica. J. Soc. Glass Techn. **43** (1959)
8. Owen, A.E.: The electrical properties of glasses. J. Non-Cryst. Solids **25**, 372–423 (1977)
9. Praca zbiorowa: Technologia szkła. Arkady-Verlag. Warszawa (1972)
10. Rinehart, D.W.: Dielectric loss and the states of glass. J. Am. Ceram. Soc. **41**, 470–475 (1958)
11. Rinehart, D.W., Bonino, J.J.: Dielectric losses of some simple ternary silicate glasses. J. Am. Ceram. Soc. **42**, 107–112 (1959)
12. Stevels, J.M.: Dielektrische Verluste des Glases. Glastechn. Ber. **26** (1953)
13. Stevels, J.M.: Progress in the theory of the physical properties of glass. Elsevier, New York (1948)
14. Šašek, L., Knotek, M.: Determination of factors for the calculation of electric conductivity of silicate glass melts. Sb. Vys. Sk. Chem.-Technol. Praze Chem. Techn. Silik. L.13, 91–106 (1985)
15. Šašek, L., Meissnerová, H.: Electrical conduktivity of silicate glasses and melts. Silikaty. **25** (1981)
16. Ticke, R.E.: The electrical conductanse of molten alkali silicates. Phys. Chem. Glasses **8** (1967)
17. Tomozawa, M., Takata, M.: Electrical resistivity of glass surface reacted with water. J. Non-Cryst. Solids **45**, 141–144 (1981)
18. Wakabayashi, H., Terai, R., Watanabe, H.: Alkali ion mobility in mixed cation glasses. J. Ceram. Soc. Japan **94**, 677–953 (1986)

Mechanische Glaseigenschaften 10

Zu den wichtigsten mechanischen Eigenschaften eines Glases gehören Festigkeit, Elastizität, Brüchigkeit und Härte. Die mechanischen Eigenschaften hängen nicht nur mit der chemischen Glaszusammensetzung, sondern auch mit dem technologischen Prozess zusammen [1, 2].

Die Festigkeit und die elastischen Eigenschaften sind besonders bei der Glasfaserherstellung von sehr großer Bedeutung.

Darüber hinaus werden in diesem Kapitel nur die Festigkeit und die elastischen Glaseigenschaften erörtert.

10.1 Elastische Eigenschaften

Bei einem Festkörper mit einem Querschnitt A verursacht eine Zugkraft F eine Längeänderung Δl. Die Größe der Längeänderung hängt von der Geometrie des Körpers, von der deformierenden Kraft und vom Material ab.

Die Zusammenhänge beschreibt das allgemein bekannte, Hookesche Gesetz:

$$\frac{F}{A} = E\frac{\Delta l}{l_o}$$

l_o Anfangslänge
E Elastizitätsmodul

$$\sigma = E\varepsilon$$

$$\varepsilon = \Delta l / l_o \text{–Dehnung}$$

$$\sigma = F/A \text{–Spannung}$$

R. Teschner, *Glasfasern*, https://doi.org/10.1007/978-3-662-64123-1_10

Wie das aus dem Hookeschen Gesetz hervorgeht sind Spannung und Dehnung zueinander proportional.

Der Elastizitätsmodul ist das Verhältnis der Spannung σ zur erzielten relativen Längeänderung ε.

$$E = \frac{\sigma}{\varepsilon} \quad ; \quad \alpha = \frac{1}{E}$$

Den Kehrwert des Elastizitätsmoduls bezeichnet man auch als spannungsbedingte Dehnungsgröße α. Das Verhältnis der relativen Querkontraktion zur Dehnung wird als Poissonsche Zahl ν definiert.

Auch Gläser (bis zu einer bestimmten Temperatur) stellen einen elastischen Körper dar und erfüllen das Hookesche Gesetz [2, 3].

Demzufolge können sie durch den Elastizitätsmodul charakterisiert werden. Der Elastizitätsmodul (Dehnungsmodul) ist von der Zusammensetzung insbesondere von der Anzahl der „steifen", kovalenten Bindungen im Glas abhängig [4, 5]. Die Alkalioxide wie z. B. K_2O und Na_2O erniedrigen den Elastizitätsmodul [6]. Ähnlich verhalten sich die Erdalkalioxide mit hoher Feldstärke (s. Tab. 2.1) und mit einer großen Polarisierbarkeit wie zB. CaO.

Das Li_2O mit seiner hohen Feldstärke und niedriger Polarisierbarkeit hat kaum Einfluss auf die Zu- bzw. Abnahme des Dehnungsmoduls [7].

Die steigenden Anteile an SiO_2, Al_2O_3 und B_2O_3 in den Alkalisilikatgläsern erhöhen den Elastizitätsmodul, da die Zahl der Trennstellensauerstoffe verringert wird [8].

10.1.1 Berechnung des E-Moduls aus der chemischen Zusammensetzung

Ähnlich wie bei dem linearen Ausdehnungskoeffizienten haben Winkelmann und Schott für die Berechnung des E-Moduls den additiven Ansatz [9]:

$$E = \Sigma E_{\mathrm{i}} p_{\mathrm{i}}$$

E_i Elastizitätsfaktoren der Glasoxide
P_i Massenanteile (Ma.-%) der Oxide im Glas

angewandt.

Die E_i – Faktoren zur Berechnung der elastischen Konstante wurden in der Tab. 10.1 zusammengestellt.

Tab. 10.1 Faktoren E_i zur Berechnung des Dehnungsmoduls (GPa) [9]

Faktoren E_i der Oxide								
SiO_2	Al_2O_3	B_2O_3	Fe_2O_3	CaO	MgO	BaO	Na_2O	K_2O
0,7	1,5	0,6	0,2	0,7	0,4	0,7	1,0	0,7

Tab. 10.2 Elastische Konstante einiger Gläser

Dehnungsmodul in GPa				
JMS C-Glas	JM 902	JMS SP 111	E-Glas PPG	R-Glas
76,6	74,3	75,9	79,7	82,9

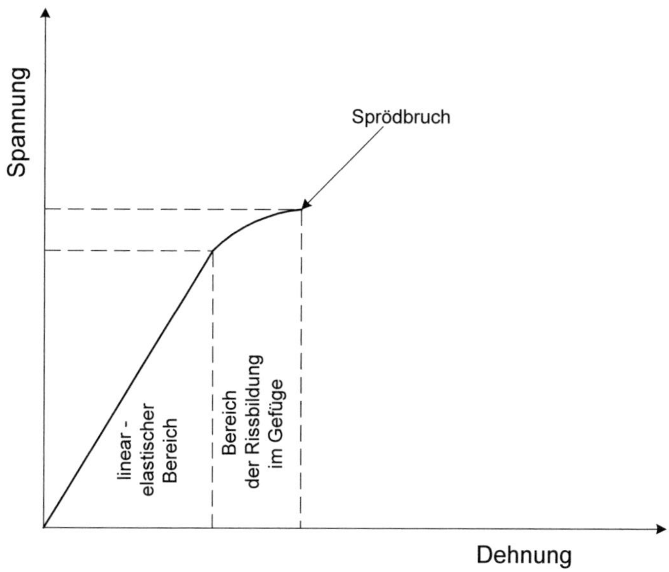

Abb. 10.1 Diagramm: Spannung-Dehnung für das Glas

Die aus der o/a Formel errechnete elastische Konstante [in GPa] ausgewählter Gläser ist aus der Tab. 10.2 zu ersehen.

Aus der Tab. 10.2 ist sichtbar, wie stark die Alkalioxide den Elastizitätsmodul beeinflussen. Mit steigender Temperatur nimmt der Dehnungsmodul ab. Dies ist auf die Schwächung der Bindekräfte mit steigender Temperatur zurückzuführen [1, 10].

10.2 Bruchmechanik

Im Gegenteil zu Metallen und Kunststoffen, zeigen Gläser ganz anders Bruchverhalten an. Im Spannungsdehnungsdiagramm von Gläsern (s. Abb. 10.1) ist der Übergang von geringer elastischer Verformung (mit kaum plastischer Deformation) zum Bruch kennzeichnend.

Ein verformungsarmer bzw. verformungsloser Sprödbruch ist in der Praxis besonders gefährlich, weil er plötzlich, ohne Vorwarnung durch plastische Verformung, einsetzt.

Interessant ist, dass 99 % aller Sprödbrüche durch Zugbeanspruchung entsteht.

Wie allgemein bekannt, werden drei Beanspruchungsarten unterschieden:

- einfache Rissöffnung (Opening Mode)
- Längsscherung (Sliding Mode)
- Querscherung (Tearing Mode)

Jeder Rissöffnungsart ist ein Spannungsintensitätsfaktor zugeordnet.

Im Spannungsdehnungsverhalten der Gläser spielen der Spannungsintensitätsfaktor (K_I), die spezifische Bruchenergie (G_I) und der E-Modul (E) eine sehr wichtige Rolle.

Dabei gilt:

$$K_{\mathrm{I}} = \sigma\sqrt{\pi \cdot a}$$

σ angelegte Spannung
a Risstiefe

$$G_{\mathrm{I}} = \frac{K_I^2}{E} \quad \text{daraus} \quad K_{\mathrm{I}} = \sqrt{E \cdot G_I}$$

Wird bei einer Beanspruchung, die Spannung so hoch, dass der Bruch eintritt, dann bezeichnet man sie als kritische Spannung (σ_C).

Der dazugehörige K_{IC} wird als kritischer Spannungsintensitätsfaktor genannt.

Dabei gilt [11]:

$$K_{\mathrm{IC}} = \sigma_C\sqrt{\pi \cdot a} \quad \text{und} \quad G_{\mathrm{IC}} = \frac{K_{IC}^2}{E} \quad \text{daraus} \quad \sigma_C\sqrt{\pi \cdot a} = \sqrt{E \cdot G_{IC}} \qquad (10.1)$$

Wenn der kritische Wert der Spannung überschritten wird, dann erfolgt die instabile Rissausbreitung mit obigem K_{IC}-Wert und einem analogen G_{IC}- Wert, der hierbei die kritische spezifische Bruchenergie oder Rissverlängerungskraft darstellt.

Aus der Gleichung 1 geht auch hervor, dass bei einem spröden Material wie Glas mit Rissgröße „a" nur dann zum Bruch kommt, wenn eine Spannung σ_C angelegt wird.

Die rechte Seite der Gleichung 1 erfasst nur spezifische Materialkenngrößen.

Einige K_{IC}- und G_{IC}-Werte ausgewählter Werkstoffe wurden in der Tab. 10.3 zusammengestellt.

Es ist bekannt, dass faserverstärkte Polymere (Komposite) zeigen eine höhere Bruchfestigkeit als Polymere ohne Bewährung (s. G_{IC}- und K_{IC}-Werte von Epoxidharzen und von glasfaserverstärkten Epoxidharzen).

Die Zugabe von Verstärkungsfasern bzw. von Füllstoffen erhöht die Bruchfestigkeit von Polymeren, obwohl der Zuschlag selber keine höhere Bruchfestigkeit aufweist.

Die Kenntnis der spezifischen Bruchenergie und der kritischen Spannungsintensitätsfaktoren von Materialien, ermöglicht Entwicklung von Werkstoffen mit zufriedenstellender Bruchfestigkeit.

Tab. 10.3 K_{IC}-, G_{IC}-, ρ- und E-Werte ausgewählter Werkstoffe [11]

Material	Dichte(ρ) kg/m³	E-Modul GN/m²	G_{IC}kJ/m²	K_{IC} $MN/\sqrt{m^3}$
Kupfer	8900	124	200	200
Weichstahl	7800	196	100	140
Titanlegierung (Ti6Al14V)	4500	100	70	80
Siliciumcarbid SiC	3200	450	0,05	3
Glasfaserverst. Epoxidharze	1700	36	70	50
Epoxidharze (EP)	1300	21,5	0,2	0,4
Polypropylen (PP)	0,9	1,2	8	3
Acryl-Butadien-Styrol (ABS)	1,05	2,3	5	4
Polystyrol (PS)	1,05	3,2	2	2
Polycarbonat (PC)	1250	2,6	0,7	1,8
Beton (ohne Bewährung)	2450	48	0,03	0,2
Borosilicatglas	2650	70	0,01	0,75
Kalk-Natronsilicatglas	2500	75	0,01	0,8

10.3 Festigkeit von Glas

Glas als ein spröder Körper weist eine geringe Festigkeit auf. Die theoretische Festigkeit des Glases F_t lässt sich am besten aus der Beziehung:

$$F_t = \sqrt{\frac{\sigma E}{a}}$$

σ Auf die Raumtemperatur extrapolierte. Oberflächenspannung ≈ 0,001 N/m

a Molekülabstand ≈ $3{,}6 \cdot 10^{-10}$ m.

E Elastizitätsmodul (MPa).

von Orowan [12] berechnen.

Der im Labor gemessene Zug-E-Modul der 14-µm –Rovingfasern aus dem C-Glas liegt bei 51.000 MPa. Die aus der Orowan-Formel errechnete theoretische Zugfestigkeit der Roving-Filamente müsste dann 14.000 MPa betragen.

Dabei liegt die experimentell ermittelte Zugfestigkeit bei „nur" 1950 MPa. Dies ist ca. 1/7 der theoretischen Festigkeit. Noch gravierender ist der Unterschied bei den industriellen massiven Gläsern (Bulk-Glas), die eine praktische Festigkeit von ca. 60 MPa aufweisen (E-Modul ca. 68.000 MPa). Der große Unterschied zwischen der theoretischen und der effektiven Festigkeit des Glases liegt an der Anwesenheit der glastechnischen Fabrikationsfehler, insbesondere Oberflächenfehlern [13]. Außerdem in der Glasstruktur fehlen die Korngrenzen, die bekanntlich als „Rißstoper" wirken.

Laut Griffith [14] ist die Glasoberfläche mit zahlreichen mikroskopisch kleinen Rissen übersät, die eine halbelliptische Form besitzen (die sog. Grffithschen Taschen).

Vogel [3] konnte experimentell die Griffithschen Taschen sichtbar machen und identifizieren. Sie stellen tröpfchenförmige Entmischungsbereiche dar, die die Glasfestigkeit sehr stark beeinträchtigen. Nach Eliminierung der Oberflächenfehler durch eine Feuerpolitur oder durch Flusssäureätzung steigt die Festigkeit von 60 MPa auf ca. 200 MPa. Die wesentlich höhere Festigkeit der Glasfilamente im Vergleich mit massivem Glas (2000 gegenüber 60 MPa) ist auf die enormen Unterkühlungsraten bei der Glasfaserherstellung zurückzuführen. Die Abkühlgeschwindigkeit bei der Glasfaserproduktion liegt bei über 200 K/cm bzw. über 1000 K/ms.

Durch die enorm hohe Abkühlgeschwindigkeit beim Faserziehen können sich die Griffithschen Taschen nicht so deutlich ausbilden wie bei einem Bulk-Glas.

Der Unterschied zwischen der theoretischen und der realen Festigkeit der Glasfasern weist darauf hin, dass die Oberflächendefekte auch bei den Glasfasern vorhanden sind. Die Glasfestigkeit ändert sich mit der Temperatur ähnlich wie das E-Modul [15].

Dabei ist die Abnahme der Festigkeit mit steigender Temperatur stärker ausgeprägt als bei dem temperaturabhängigen Dehnungsmodul.

Dies ist auf die mit steigender Temperatur fortschreitende Spannungskorrosion (Ausbreitung, Fortpflanzung der Risse), in der der Zeitfaktor keine untergeordnete Rolle spielt, zurückzuführen.

Die Glasfestigkeit (Druck-, Biege-, Zugfestigkeit) hängt unter anderem von der chemischen Zusammensetzung ab. Zu den Oxiden die die Zugfestigkeit der Alkalisilikatgläser am stärksten erhöhen, gehören CaO, B_2O_3 und Al_2O_3 [16].

Na_2O und MgO beeinflussen nur wenig die Zugfestigkeit des Glases. Bei vorgegebener Glaszusammensetzung ist die Intensität und Effektivität der Kühlung im Faserbildungsbereich eine wichtige Voraussetzung für eine hohe Faserfestigkeit. Darüber hinaus ist die Auswahl einer Kühlvorrichtung im Düsenziehverfahren von sehr großer Bedeutung.

Einen wesentlichen Einfluss auf die Festigkeit, insbesondere auf die Zugfestigkeit, hat die relative Feuchte bei der Glas- bzw. Glasfaserherstellung.

Bei einer hohen Luftfeuchte kommt es nicht nur zum Einbau der OH-Gruppen in die Glasstruktur, sondern auch zur beschleunigten Spannungskorrosion [17, 18].

Dies führt zur Abnahme der Glas- bzw. Glasfaserfestigkeit.

Die Festigkeit kann durch folgende Maßnahmen verbessert werden:

- Schutz der „jungfräulichen" Oberfläche (bei den Glasfasern: Präparation, Sizing)
- Härtung (Versetzung der Oberfläche unter Druckspannung)
- Chemische Beseitigung der Oberflächenfehler (z. B. Ätzung)
- Reduzierung des Ausdehnungskoeffizienten durch Schwefeln oder Ionenaustausch

Für die Glasfaserfestigkeit stellt die Oberflächenmodifizierung einen wichtigen Aspekt dar. Die Glasfasern sind unabhängig von ihrer chemischen Zusammensetzung knick- und scheuerempfindlich. Fasern mit einem hohen R_2O-Gehalt sind infolge der Auslaugung (Ionenaustausch) feuchtenempfindlich.

Tab. 10.4 Faktoren zur Berechnung der Zugfestigkeit eines Glases in MPa [19]

Faktoren σ_i derOxide							
SiO_2	Al_2O_3	B_2O_3	CaO	MgO	BaO	Na_2O	K_2O
90	50	65	200	10	50	20	10

Tab. 10.5 Zugfestigkeit einiger Gläser

Zugfestigkeit σ_z in Mpa				
JMS C-Glas	JM 902	JMS SP 111	E-Glas PPG	R-Glas
78,9	78,4	79,8	105,5	90,0

Schon während des Faserziehprozesses muss deswegen Vorsorge getroffen werden (Schlichtenauftrag) um die Glasfilamente gegen die Scheuerwirkung Glas auf Glas zu schützen.

Außerdem muss die Schlichte einen Feuchtigkeitsschutz gewährleisten, um die Korrosionsprozesse, die die Faserfestigkeit beeinträchtigen, zu reduzieren.

Die wässrigen Schlichten, die z. B. für die Rovingherstellung eingesetzt werden, bestehen vorwiegend aus einem oder mehreren Filmbildnern, einem Gleitmittel, einem Netzmittel und einem oder mehreren Haftvermittlern.

Für die Glasstapelfasererzeugung (Vorgarne, Garne, Zwirne) kommen Präparationen auf der Basis von Alkylpolyglykolethern, Fettsäureestern und von synthetischen Ölen zum Einsatz. Die Faserbandpräparationen enthalten keinen Haftvermittler.

Deswegen sind die C-Glasstapelfasern „wetteranfällig" und reagieren empfindlich (Abnahmeder Haftkraft, Versprödung) bei Feuchteeinwirkung.

10.3.1 Berechnung der Zugfestigkeit aus der chemischen Zusammensetzung

Ähnlich wie beim Ausdehnungskoeffizient bzw. beim E-Modul lässt sich die Zugfestigkeit eines Glases aus dem additiven Ansatz:

$$\delta = \frac{1}{100} \sum \sigma_i p_i$$

σ_i Zugfestigkeitsfaktoren der Glasoxide
p_i Massenanteile (%) der Oxide im Glas

von Winkelmann und Schott [19] errechnen.

Die σ_i – Faktoren zur Berechnung der Zugfestigkeit sind aus der Tab. 10.4 zu ersehen.

Die aus der Winkelmann-Schott-Formel errechneten Zugfestigkeiten ausgewählter Gläser wurden in der Tab. 10.5 zusammengestellt.

Die festigkeitserhöhende Wirkung von CaO, B_2O_3 und Al_2O_3 ist aus der Tab. 10.5 deutlich zu erkennen. Es fällt auch auf, dass die errechneten Zugfestigkeitswerte wesentlich niedriger sind als die, die im Labor an den 14 µm-Rovingfilamenten ($\sigma_z = 1950$ MPa) ermittelt wurden. Die Ursache dafür liegt darin, dass die errechneten Werte ein Bulk-Glas betreffen. Die 10-µm Faserzugfestigkeit ist ca. 30-mal höher als die, aus der Winkelmann/Schott-Formel errechnete Bulk-Glaszugfestigkeit. Bei 14-µm Fasern ist sie noch ca. 25-mal höher als die, die für das Bulk-Glas berechnet wurde. Es ist auch verständlich, dass mit dem zunehmenden Faserdurchmesser, die Zugfestigkeit sinkt. Wie schon erörtert, die Zugfestigkeit der Glasfaser liegt wesentlich höher als die des massiven Glases.

Die Glasfasern bieten ein sehr günstiges Verhältnis von mechanischer Festigkeit zu ihrer Dichte. Deswegen werden die Glasfaserprodukte gerne für die Herstellung von Composits eingesetzt.

Literatur

1. Coenen, M.: Temperaturkoeffizient des Elastizitätsmoduls von Gläsern. Glastechn. Ber. **56** (1983)
2. Uhlmann, D.R.: Kreidl, N.J.: Glass: Science and Technology, Vol. 1; 1983, Vol. 2; 1984, Vol. 3; 1986, Vol. 5,: New York. Academic Press, London (1980)
3. Vogel, W.: Zur mechanischen Festigkeit des Glases. Z. Chemie **4** (1964)
4. Appen, A.A. u. M.: Untersuchungen der elastischen und akustischen Eigenschaften von Silikatgläsern. J. Angew. Chem. UdSSR **34** (1961)
5. Williams, M.L., Scott, G.E.: Young¢s modulus of alkali-free glass. Glass Technol. **11** (1970)
6. Deeg, E.: Zusammenhang zwischen Feinbau und mechanisch akustischen Eigenschaften einfacher Silikatgläser. Glastechn. Ber. **31** (1958)
7. DeGuire, M.R., Brown, S.D.: Dependence of Young¢s modulus on volume and structure in alkali silicate and alkali aluminosilicate glasses. Journ. Am. Ceram. Soc **67** (1984)
8. Makishima, A., Mackenzie, J.D.: Direct calculation of Young¢s modulus of Glass. Journ. Non-Cryst. Solids. **12** (1973)
9. Winkelmann, A., Schott, O.: Über thermische Widerstandskoeffizienten verschiedener Gläser in ihrer Abhängigkeit von der chemischen Zusammensetzung. Ann. Phys. **51** (1894)
10. Galyant, V.I., Primenko, V.I.: Effect of metal oxides on temperature changes in the elastic modulus of silicate glasses. Glass. Ceram. UdSSR **35** (1978)
11. Ashby, M.F., Jones, D.R.H.: Ingenieurwerkstoffe. Springer, Berlin/Heidelberg (1986)
12. Orowan, E.: Zeitschrift Kristallographie A89. 327–343. New York (1934)
13. Griscom, D.L.: Defect structure of glasses. J.Non-Cryst. Solids **73** (1985)
14. Griffith, A.A.: The phenomena of rupture and flow in solids. Trans. Roy. Soc. A **221** (1920)
15. Bartenev, G.M., Sanditov, D.S.: The strength and some mechanical and thermal characteristics of high- strength glasses. Journ. Non-Cryst. Solids **48** (1982)
16. Thomas, W.F.: An investigation of the strength of borosilicate glass in the form of fibre and rods. Glass Technol. **12** (1971)
17. Hench, L.L., Clark, D.E.: Physical chemistry of glass surface. Journ. Non-Cryst. Solids **28** (1978)

18. Scholze, H., Franz, H., Merker, L.: Der Einbau des Wassers in Gläsern. Glastechn. Ber. **32** (1959)
19. Winkelmann, A., Schott, O.: Über die Elastizität und über die Zug- und Druckfestigkeit verschiedener neuer Gläser in ihrer Abhängigkeit von der chemischen Zusammensetzung. Ann. Physik. **51** (1894)

11 Optische Eigenschaften

Zu den wichtigsten optischen Eigenschaften gehören die Lichtbrechung und die Lichtdurchlässigkeit. Wegen der Weiterverarbeitung des JMS-C Glases zu Fasern und dann zu Faserendprodukten wie z. B. Garne, Zwirne, Gewebe, Vliese u. a. spielen die optischen Eigenschaften eine nicht so große Rolle. Dies ist auch darauf zurückzuführen, dass die Endprodukte außer Glasfasern auch Präparationen, Bindemittel bzw. eine Polymer-Matrix enthalten. Weil die Lichtbrechung des C-Glases für einige Anwendungen von Bedeutung ist, wird nur diese optische Eigenschaft kurz erörtert.

11.1 Lichtbrechung

Bei einem schrägen Lichteinfall ins Glas ändert sich durch die Lichtgeschwindigkeitsreduzierung (von c_o auf c) der Strahlengang.

Dies wird durch das Brechungsgesetz:

$$n = \frac{c_o}{c} = \frac{\sin\alpha}{\sin\beta}$$

c_o Einfallgeschwindigkeit des Lichtstrahls
c Austrittsgeschwindigkeit des Lichtstrahls
α Winkel des Lichtstrahls zur Normalen in Luft
β Winkel des Lichtstrahls zur Normalen im Glas
n Brechzahl (Brechungsindex)

bestimmt.

Da das Glas im Vergleich mit Luft ein optisch dichteres Medium ist wird der Winkel zur Normalen geringer.

R. Teschner, *Glasfasern*, https://doi.org/10.1007/978-3-662-64123-1_11

Nicht das ganze, senkrecht einfallende Licht dringt ins Glas ein. Die Glasoberfläche weist ein gewisses Reflexionsvermögen auf. Bei einem senkrechten Lichteinfall gilt:

$$R = \left(\frac{n-1}{n+1}\right)^2$$

R Reflexionsvermögen
n Brechzahl

Bei einem schrägen Einfall ist die Reflexion R vom Einfallswinkel abhängig.

Am genauesten lässt sich die Brechzahl mittels eines Prismas mit einem Kantenwinkel von 60^0 bestimmen. Für die Bestimmung der Brechzahldifferenzen verschiedener Gläser wird gewöhnlich ein Interferenzmikroskop eingesetzt.

Früher hat man die Brechzahl (Brechungsindex) für Lichtwellenlänge von 587,6 nm bestimmt. Heute wird sie meistens für eine Wellenlänge von 546,1 nm weil diese Wellenlänge dem Empfindlichkcitsmaximum des menschlichen Auges entspricht.

Im Vakuum ist die Lichtgeschwindigkeit wellenlängenunabhängig und die Brechzahl ändert sich nicht. In einem Medium hängt die Brechzahl von der Wellenlänge ab. Die Abhängigkeit der Brechzahl von der Wellenlänge bezeichnet man als Dispersion. Mit steigender Wellenlänge nimmt die Brechzahl ab.

Die optische Dichte, zugleich die Lichtbrechung hängt eng mit der Glasdichte zusammen [1]. Ein einfallender Lichtstrahl wird durch alle oxidischen und nichtoxidischen Glaskomponenten beeinflusst. Dies haben u. a. Appen, Lorentz, Lorenz, Young, Finn und Huggins [2–6] in ihren additiven Ansätzen zugrunde gelegt.

Nach Appen [2] lässt sich die Brechzahl aus der Gleichung:

$$n_D = \frac{1}{100} \sum n_i p_i$$

P_i Molanteile (Mol %) der Oxide im Glas
n_i Brechzahlfaktoren der Oxide

errechnen.

Die Brechzahlfaktoren von Appen wurden in der Tab. 11.1 zusammengestellt.

Für das Duran-Glas gilt n_{SiO2}-1,467 und n_{B2O3}-1,470. Für´s SP 111 gilt n_{B2O3}-1,529.

Die aus dem additiven Ansatz errechneten Brechzahlen ausgewählter Gläser als auch die experimentell ermittelten Werte sind in der Tab. 11.2 zusammengestellt.

Tab. 11.1 Faktoren zur Berechnung der Brechzahlen [5]

Faktoren n_i der Oxide									
SiO_2	TiO_2	Al_2O_3	B_2O_3	CaO	MgO	BaO	Li_2O	Na_2O	K_2O
1,475	2,159	1,520	1,710	1,730	1,610	1,880	1,695	1,590	1,575

Tab. 11.2 Berechnete und experimentell ermittelte Brechzahlen einiger bekannten Gläser

Ermittlungs methode	n_D – Index d e r G l ä s e r			
	JMS C Glas	JMS SP 111	Owens-Corn ADVANTEX	Schott DURAN 8330
Berechnet	1,531	1,493	1,545	1,473
Gemessen	1,524	1,505	1,561	1,473

Wie das aus der Tab. 11.2 hervorgeht, sind die Abweichungen der berechneten und der experimentell ermittelten Werte noch zu akzeptieren.

Literatur

1. Hunold, K., Brückner, R.: Physikalische Eigenschaften und struktureller Feinbau von Natrium-Alumosilicatgläsern und –schmelzen. Glastechn. Ber. **53** (1980)
2. Appen, A. A.: Berechnung der optischen Eigenschaften, der Dichte und des Ausdehnungskoeffizienten von Silikatgläsern aus ihrer Zusammensetzung. Akad. Der Wiss. Der UdSSR **69** (1949)
3. Appen, A.A.: Chemie des Glases. Verlag Chemie, Leningrad (1974)
4. Huggins, M.L., Sun, K.H.: Calculation of density and optical constans of a glass its composition in weight percentage. Journ. Am. Ceram. Soc. **26** (1943)
5. Young, J.C., Finn, A.N.: Effect of composition and other factors on specific refraction and dispersion of glasses. J. Res. Nat. Bur. Stand. **25** (1940)
6. Scholze, H.: Glas- Natur, Struktur und Eigenschaften. Springer, Berlin-Heidelberg-New York (1988)

12 Chemische Beständigkeit

Eine der wichtigsten Eigenschaften eines Glases ist seine chemische Beständigkeit.

Glas ist nur scheinbar resistent gegenüber wässrigen Lösungen.

Gläser in Abhängigkeit vom Milieu und von ihrer chemischen Zusammensetzung unterliegen Korrosionsprozessen, die ihre physikalisch-chemische Eigenschaften beeinträchtigen [1–3].

Dies betrifft besonders Glasfasern, die eine sehr große Oberfläche ($F_{8\mu m} \approx 200\ m^2/kg$) besitzen.

12.1 Wasser- und Säurebeständigkeit

Die Mechanismen des Wasser- und Säureangriffes sind sich sehr ähnlich und beruhen auf der Auslaugung der Alkaliionen. Die Ionenaustauschvorgänge können mit folgenden chemischen Reaktionen beschrieben werden:

$$\equiv \text{Si}-\text{O}-\text{Na} + \text{H}_2\text{O} \rightarrow \equiv \text{Si}-\text{O}-\text{H} + \text{Na}^+ + \text{OH}^-$$

$$\equiv \text{Si}-\text{O}-\text{K} + \text{H}_2\text{O} \rightarrow \equiv \text{Si}-\text{O}-\text{H} + \text{K}^+ + \text{OH}^-$$

$$\equiv \text{Si}-\text{O}-\text{Na} + \text{HCl} \rightarrow \equiv \text{Si}-\text{O}-\text{H} + \text{Na}^+ + \text{Cl}^-$$

Der Wasserangriff führt zur Anreicherung der OH^- -Ionen in der Lösung und zur langsamen Auflösung des Glases. Infolge des Wasser- bzw. Säureangriffes entsteht auf der Glasoberfläche durch die Kondensation der Si–OH – Gruppen eine Gelschicht, die eine Diffusionszone bildet [3–6].

R. Teschner, *Glasfasern*, https://doi.org/10.1007/978-3-662-64123-1_12

In der ersten Phase, bei kurzen Zeiten und in niedrigeren Temperaturen ist der Ionenaustausch der dominierende Mechanismus. Erst danach spielt die Netzwerkauflösung eine entscheidende Rolle [5, 7–9]. Die sg. Netzwerkauflösungskorrosionsrate ist proportional der Wurzel der Zeit $\sqrt{t}$ [10, 11].

Die Wasser- und Säurebeständigkeit eines Glases hängt sehr von seiner chemischen Zusammensetzung ab. Ein Kieselglas mit seinen starken Si – O – Si Bindungen weist eine hervorragende Wasser- und Säurebeständigkeit auf. Durch das Einführen von R_2O und RO ins SiO_2- Glas werden die Sauerstoffbrücken gesprengt und die Wasser- und Säurebeständigkeit beeinträchtigt [12, 15].

Die Wasser- und Säurebeständigkeit der Alkalisilikatgläser steigt beim komplementären Ersetzen der R_2O-Oxide in der Reihenfolge [10, 13]

$$Na_2O < K_2O < Li_2O$$

Das Li^+-Ion ist in der Glasstruktur wesentlich stärker eingebunden als Na^+ bzw. K^+-Ion. Durch den partiellen Austausch Na_2O gegen Li_2O im Glas wird die Wasser- und Säurebeständigkeit erhöht. Zusätzlich wirkt sich der Mischalkalieffekt positiv auf die chemische Beständigkeit aus.

Um die Wasser- und insbesondere die Säurebeständigkeit eines C-Glases zu verbessern wurde der Na_2O-Gehalt um 0,6 Ma.-% reduziert.

Die Reduzierung des Na_2O-Gehaltes wurde mit 0,2 Ma.-% von Li_2O kompensiert [14, 16].

Als Lithiumträger wurde ein Spodumen (Lithiumaluminiummethasilikat) eingesetzt.

Die Wasserbeständigkeit (hydrolytische Beständigkeit) stieg dabei von 0,37 auf 0,30 cm^3 0,01 N HCl/g und die Säurebeständigkeit von 16,2 auf 13,0 mg/dm^2. (Oberflächenabtragung). Auch bei den E-Gläsern gibt es die Möglichkeit ihre Säurebeständigkeit zu erhöhen indem man Li_2O ins Glas einführt. Dabei muss darauf geachtet werden, dass der R_2O-Anteil nicht über 2 Ma.-% liegt.

Beim Austauschen der RO-Oxide steigt die Waser- und Säurebeständigkeit in der Reihenfolge [10, 11].

$$ZnO < MgO < CaO$$

Bei einem komplementären Austausch von SiO_2, Al_2O_3 und B_2O_3 steigt die Wasser- und Säurebeständigkeit in der Reihe [10, 17].

$$B_2O_3 < Al_2O_3 < SiO_2$$

Eine besonders gute Wasserbeständigkeit weisen E-Gläser, die für die Glasfaserherstellung eingesetzt werden, auf. Ihre sehr gute Wasserbeständigkeit ist auf den minimalen Anteil an R_2O ($\ll$2,0 Ma.-%) und auf den hohen B_2O_3+Al_2O_3 ($\geq$ 20 Ma.-%)- Gehalt zurückzuführen. Die Wasserbeständigkeit der E-Gläser liegt in der Klasse 2.

Der Säureverbrauch, der die hydrolytische Klasse kennzeichnet beträgt 0,1–0,2 cm^3. 0,01 N HCl pro 1 g Glas. Die Wasserbeständigkeit wird nach DIN 12 111 bzw. ISO 719 und die Säurebeständigkeit nach DIN 12 116 bestimmt.

In der Wasserbeständigkeitsprüfung werden 2 g Glasgries der Korngruppe 0,315 bis 0,50 mm 1 h lang bei 98°C in 50 cm^3 dest. H_2O „gekocht". Danach wird 25 cm^3 der. Lösung mit 0,01 N HCl gegen Methylrot als Indikator titriert. Nach dem Säureverbrauch wird die hydrolytische Beständigkeit (hydrolytische Klasse) bzw. das Basenäquivalent in µg Na_2O/g bestimmt. Das JMS-C Glas liegt in der hydrolytischen Klasse 3 (Säureverbrauch– 0,30 cm^3/g Glas) und sein Basen-Äquivalent beträgt.

92 µg Na_2O/g.

Bei der Säurebeständigkeitsbestimmung werden aus den JMS-Glaspellets Glasplättchen mit den Abmessungen: 53 × 33 × 6 mm hergestellt. Dieser Plättchen werden sowohl der Säurebeständigkeit- als auch der Laugenbeständigkeitsprüfung unterzogen.

Acht dieser Plättchen mit einer Gesamtfläche von ca. 360 cm^2 (8 × 45 cm^2) werden 6 h lang in 20 %-iger HCl „gekocht". Der halbe Gewichtsverlust in mg/dm^2 bestimmt die. Säurebeständigkeit (Säureklasse) des Glases. Von der Säurebeständigkeit liegt das JMS-C Glas in der Klasse 3. Die Abtragung im Säurebeständigkeitstest beträgt 13 mg/dm^2.

12.1.1 Berechnung der hydrolytischen Beständigkeit aus der Zusammensetzung

Die Wasserbeständigkeit eines Glases hängt eng mit seiner Vorgeschichte zusammen. Schon eine Änderung der „gefahrenen Tonnage" wirkt sich sehr stark auf die hydrolytische Beständigkeit aus. Die in der Literatur existierende Formel dürfen nur begrenzt, für bestimmte Glastypen angewendet werden.

Für das Flach- und Behälterglas kann die Wasserbeständigkeit mit recht guter Übereinstimmung mit den gemessenen Werten aus dem Ansatz:

$$B = -0{,}998 + 0{,}1347X_{Na_2O} + 0{,}164X_{K_2O} - 0{,}023X_{MgO} - 0{,}0213X_{CaO} \\ -0{,}0992X_{Al_2O_3} - 0{,}0018X_{Fe_2O_3}$$

B Beständigkeit in mg Na_2O
X Massenanteile (%) der Oxide

von Šašek und Meissnerová [18] errechnet werden.

Für das JMS-C Glas erreicht man gute Übereinstimmung der berechneten und experimentell ermittelten Werte indem man die vom Autor modifizierte Formel:

$$\lg(10D) = -6{,}427 + 5{,}89\,\lg(A + N) - 0{,}654\,\lg A$$

N Massenanteil (Ma.-%) an Na_2O
A Massenanteil (Ma.-%) an Al_2O_3
D Hydr. Beständigkeit als Verbrauch (cm^3) an 0,01 N HCl

anwendet.

Tab. 12.1 Wasserbeständigkeit ausgewählter Gläser

Ermittlungs methode	Wasserbeständigkeit [cm^3 0,01 N HCl]	
	JMS-C Glas	JM 902
Berechnet	0,29	0,52
Gemessen	0,30	0,67

Tab. 12.2 l_i – Faktoren der Oxide zur Berechnung der Wasserlöslichkeit eines Glases

Faktoren l_i der Oxide										
SiO_2	Al_2O_3	B_2O_3	CaO	MgO	BaO	SrO	ZnO	Fe_2O_3	Na_2O	K_2O
12	350	2360	151	0,89	2850	580	0,13	-146	65.800	76.700

Tab. 12.3 Wasserbeständigkeitsklasse in Abhängigkeit von Löslichkeit L

Wasserbeständigkeits klasse	Errechnete Löslichkeit „L“
1	bis 4,5
2	>4,5–9,0
3	>9,0–12,0
4	>12,0–15,0
5	über 15,0

Die errechneten und experimentell ermittelten Werte der hydrolytischen Beständigkeit. von JMS-C Glas und von JM 902-Glas sind aus der Tab. 12.1 zu ersehen.

Die Wasserbeständigkeit eines Glases lässt sich mit einem guten Resultat aus der Beziehung:

$$L = \frac{\Sigma l_i p_i}{10^5}$$

L Löslichkeit im Wasser

l_i Löslichkeitsfaktoren der Oxide

p_i Massenanteile (%) der Oxide im Glas

bestimmen.

Die l_i – Faktoren zur Berechnung der Wasserlöslichkeit sind in der Tab. 12.2 zu sehen.

Den Zusammenhang zwischen der errechneten Glaslöslichkeit und der Wasserbeständigkeitsklasse eines Glases zeigt die Tab. 12.3.

12.2 Laugenbeständigkeit

Der Alkaliangriff ist über 100-mal stärker als ein Säureangriff. Im alkalischen Millieu werden durch den Laugenangriff die Sauerstoffbrücken gespalten und das Glasnetzwerk aufgelöst. Die Vorgänge der alkalischen Netzwerkauflösung können mit folgenden chemischen Reaktionen beschrieben werden:

$$\equiv \mathrm{Si{-}O{-}Si} \equiv +\mathrm{OH}^- \rightarrow \equiv \mathrm{Si{-}O}^- + \equiv \mathrm{Si{-}OH}$$

$$\equiv \mathrm{Si{-}O}^- + \mathrm{H_2O} \quad \rightarrow \equiv \mathrm{Si{-}OH} + \mathrm{OH}^-$$

Der basische Angriff ist stark von der Art des alkalischen Millieu und vom pH-Wert. abhängig. Mit steigendem pH-Wert nimmt der alkalische Angriff zu [19, 20].

Die Alkalibeständigkeit ist im Vergleich zur Wasser- bzw. Säurebeständigkeit sehr. gering. Durch die Entwicklung der Gläser des Systems Na_2O – ZrO_2 – SiO_2, die eine gute Alkalibeständigkeit besitzen, konnte man Glasfasern herstellen, die im Faserbeton und im Estrichbereich ihre Anwendung fanden.

Die chemische Zusammensetzung dieser Glasfasern ist wie folgt:

- SiO_2 – 62,0 Ma.-%
- Al_2O_3 – 0,8 Ma.-%
- ZrO_2 – 16,7 Ma.-%
- CaO – 5,6 Ma.-%
- TiO_2 – 0,1 Ma.-%
- Na_2O – 14,8 Ma.-%

Die gute Laugenbeständigkeit dieser Gläser bzw. daraus hergestellten Glasfasern lässt sich damit erklären, dass auf der Glasoberfläche eine schwer lösliche, dichte Schicht aus Zirkonhydroxid bzw. aus hydratisiertem ZrO_2 entsteht [20]. Die passivierende Schicht bildet eine Barriere, die die Diffusionsprozesse stark erschwert. Die Alkalibeständigkeit des Glases und der Glasprodukte wird nach DIN 52 322 bzw. ISO 695 bestimmt.

Bei der Bestimmung der Laugenbeständigkeit des JMS-C Glases nach DIN 52 322 werden aus den hergestellten Glasplättchen Probekörper mit den Abmessungen: $33 \times 13 \times 6$ mm herausgeschnitten. Zwei dieser Plättchen mit einer Gesamtfläche von ca. 28 cm^2 (2×14 cm^2) werden 3 h lang in einer kochenden Lösung von 1 m NaOH + 0,5 m Na_2CO_3 behandelt. Der Gewichtsverlust in mg/dm^2 kennzeichnet die Laugenbeständigkeit des Glases und dient zur Festlegung seiner Laugenklasse.

Von der Laugenbeständigkeit liegt das JMS-C Glas in der Klasse 2. Die Abtragung im Laugenbeständigkeitstest beträgt 80 mg/dm^2.

Die Klassen der chemischen Beständigkeit von Glas sind aus der Tab. 12.4 zu ersehen.

Tab. 12.4 Klassen der chemischen Beständigkeit von Glas

Wasserbeständigkeit		Säurebeständigkeit		Laugenbeständigkeit	
Hydrol Klasse	Verbrauch an 0,01 N HCl	Säure klasse	Oberflächenge wichtsverlust	Laugen klasse	Oberflächenge wichtsverlust
1	$\leq 0,1$	1	$\leq 0,7$ mg/dm^2	1	≤ 75 mg/dm^2
2	>0,1–0,2	2	0,7–1,5 „	2	>75–175 „
3	>0,2–0,85	3	>1,5–15 „	3	>175 „
4	>0,85–2,0	4	>15 „		
5	>2,0–3,5				

Tab. 12.5 Chemische Resistenz ausgewählter Glassorten

Borosilikatglas erdalkalifrei (Duran 3.3)	Erdalkali-Alumino Silikatglas (Glas 8253)	Bleiglas (BCR 126 A)	Alkali Zirkonsilikatglas (CemFil)
SiO_2–80,6 % B_2O_3–12,5 % Al_2O_3–2,2 % Na_2O – 4,0 % K_2O – 0,4 %	SiO_2–61,0 % ZrO_2–1,0 % B_2O_3–0,5 % Al_2O_3–16,5 % CaO – 13,0 % BaO – 8,0 %	SiO_2–57,8 % PbO – 24,0 % K_2O – 10,0 % Na_2O – 3,6 % CaO+MgO – 1,5 % BaO – 1,0 % Li_2O – 0,5 %	SiO_2–62,0 % ZrO_2–16,7 % Al_2O_3–0,8 % CaO – 5,5 % Na_2O –15,0 %
Wasserbeständigkeit HGB 1 (sehr gut)	Wasserbeständigkeit HGB 1 (sehr gut)	Wasserbeständigkeit HGB 3 (mäßig)	Wasserbeständigkeit HGB 3 (mäßig)
Säurebeständigkeit S. 1 (sehr gut)	Säurebeständigkeit S. 2 (gut)	Säurebeständigkeit S. 3 (schwach)	Säurebeständigkeit S. 2 (gut)
Laugenbeständigkeit A 2 (gut)	Laugenbeständigkeit A 2 (gut)	Laugenbeständigkeit A 2 (gut)	Laugenbeständigkeit A 1 (sehr gut)
Hauptanwendung: Apparatebau	Hauptanwendung: Beleuchtungsglas	Hauptanwendung: Kristallglas	Hauptanwendung: Fasern für Beton

Bei jeder Änderung der chemischen Glaszusammensetzung sollte unbedingt die chemische Beständigkeit des Glases bestimmt werden.

Die chemische Beständigkeit ausgewählter Glassorten zeigt die Tab. 12.5.

Die Alkalibeständigkeit der Glasfasern wird im sg. Strand-in-Cement (SIC)-Test und die des Glasfasergewebes nach EN-13496 ermittelt [21].

In einem SIC-Test werden Glasstapelfasern (Rovings) zentrisch in einen Zementmörtelblock mit den Abmessungen $10 \times 10 \times 30$ mm eingeformt, dass sich eine beanspruchte Fadenlänge von 20 mm ergibt. Die Probe für den SIC-Test ist aus der Abb. 12.1 zu ersehen.

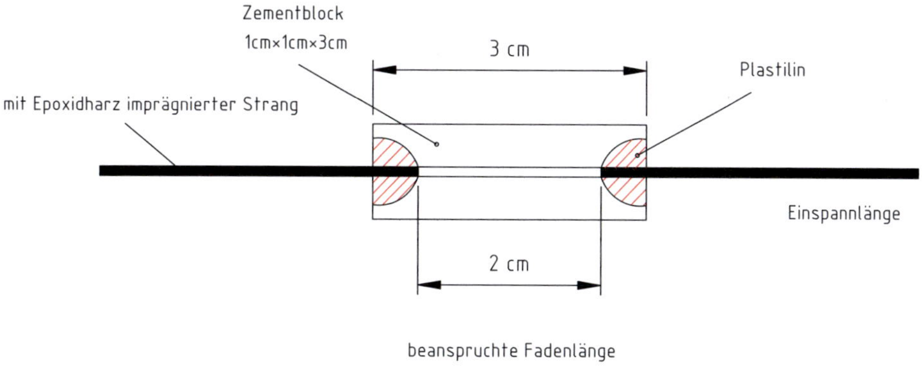

Abb. 12.1 Probe für den SIC-Test [21]

Die Zementmörtelprismen erhärten anfänglich 24 h an der Luft (20°C/100 % relative Luftfeuchte). Danach werden sie bis 96 h in einem Wasserbad (entionisiertes Wasser) bei 80 °C bzw. bis 84 Tage bei 50 °C gelagert. Nach der Lagerung wird die Zugfestigkeit (sg. SIC-Festigkeit) der Proben ermittelt.

Üblicherweise wird der 96h-Test bei Wasserbadtemperatur von 80°C bevorzugt.

Es wird auch eine Referenzprobe aus dem Roving entnommen. Nach Lagerung der Referenzprüflinge im Normalklima (20°C/65 % rel. Feuchte) bestimmt man ihre Zugfestigkeit. Die Endzugfestigkeit und der Zugfestigkeitsabfall im Vergleich mit der Referenzprobe stellen Kriterien zur Beurteilung der Laugenbeständigkeit der Glasfasern dar. Fasern mit einer sehr guten Laugenbeständigkeit weisen eine. SIC-Festigkeit von mindestens 500 Mpa auf. Zur Beurteilung der Laugenbeständigkeit des Putzträgergewebes wird die EN 13.496 [22] angewendet. In dieser Prüfung werden aus dem Gewebe in Kett- und Schussrichtung Probekörper mit der Abmessung. 300 × 50 mm herausgeschnitten und 24 h bei 23°C/50 % rel. Luftfeuchte konditioniert. Danach werden die Proben 24 h bei 60°C in einer alkalischen Lösung gelagert. Das alkalische Millieu hat folgende Zusammensetzung:

- NaOH – 1,0 g
- KOH – 4,0 g
- $Ca(OH)_2$–0,5 g.
- dest. H_2O – 1,0 dm^3.

Nach der Lagerung in der alkalischen Lösung, werden die Bruchlast und die Dehnung sowohl in Kett- als auch in Schussrichtung ermittelt.

Beim Gewebe mit einer guten Alkalibeständigkeit beträgt die Bruchlast nach der Alkalieinwirkung mindestens 1200 N/5 cm in Schussrichtung und 600 N/5 cm in Kettrichtung. Die Dehnung soll in beiden Richtungen bei höchstens 3,5 % liegen.

Literatur

1. Besborodov, M.A.: Chemische Beständigkeit der Silicatgläser. Verlag Wissenschaft und Technik, Minsk (1972)
2. Clark, D.E., Pantano, C.G., Hench, L.L.: Corrosion of glass. Books for the industry and the glass industry, New York (1979)
3. Schmidt, G. : Ergebnisse der Modellierung der chemischen Beständigkeit optischer Gläser und Realwerte der Gläser. Silikattechnik **37**, (1986)
4. Boksay, Z., Bouquet, G., Dobos, S. : The kinetics of the formation of leached layers on glass surface. Phys. Chem. Glasses **9**, (1968)
5. Scholze, H. : An interesting effect in the leaching of glasses. Glas Technol. **16**, (1975)
6. Scholze, H. : Bedeutung der ausgelaugten Schicht für die chemische Beständigkeit: Untersuchungen an einem Kalk-Natronsilicatglas. Glastechn. Ber. **58**, (1985)
7. Doremus, R.H. : Diffusion-controlled reaction of water with glass. J. Non-Cryst. Solids **55**, (1983)
8. Scholze, H. : Evidence of control of dessolution rates of glasses bei H^+ mobility. J. Am. Cer. Soc. **60**, (1977)
9. Scholze, H., Helmreich, D., Bakardijev, I. : Untersuchungen über das Verhalten von Kalk-Natrongläsern in verdünnten Säuren. Glastechn. Ber. **48**, (1975)
10. Scholze, H.: Glas- Natur, Struktur und Eigenschaften. Springer-Verlag, Berlin-Heidelberg-New York (1988)
11. Scholze, H. : Chemical durability of glasses. Journ. Non-Cryst. Solids **52**, (1982)
12. Conradt, R., Krämer, F., et al.: Grundlagen des industriellen Glasschmelzprozesses. Hüttentechnische Vereinigung der Deutschen Glasindustrie. Verlag der DGG, Frankfurt/Main (1999)
13. Yastrebova, L.S., Antonova, N.I. : Nature of the two alkali effect in silicate glass. Inorg. Mat. **3**, (1967)
14. Hahmann, P., Teschner, R. : Gläser zur Herstellung von Glasfasern. Patent : DE 197 31 607 B4
15. Holland, L.: The properties of glass surfaces. Chapman & Hall, London (1964)
16. Teschner, R. : C-Glas und C-Glasfasern. Gebrauchsmuster DE 200 16 261 U1
17. Praca zbiorowa : Technologia szkła. Arkady-Verlag. (1972)
18. Šašek, L., Meissnerová, H. : Application of mathematical-statistical methods in silicate research. 4. Determination of mathematical relations for computing chemical resistance and composition in the field of sheet and container glass. Sb. Vys. Sk. Chem.-Technol. Praze Chem. Technol. Silik. L **5**, 49–84 (1974)
19. Peters, A. : Über das chemische Verhalten eines Borosilicatglases gegenüber alkalischen Lösungen bei Temperaturen über 150°C. Glastechn. Ber. **50**, 276–280 (1977)
20. Scheffler, C., Förster, T., Mäder, E.: Beschleunigte Alterung von Glasfasern in alkalischen Lösungen: Einflüsse auf die mechanischen Eigenschaften. 4th Colloquium on Textile Reinforced Structures. S. 63–74, Dresden (2009)
21. GRCA- Broschüre S 0104/0184 : A method of test for strength retention of glass fibre in cements and mortars. (1984)
22. EN 13496 : Wärmedämmstoffe für das Bauwesen. Bestimmung der mechanischen Eigenschaften von Glasfasergewebe. Brüssel (1999)

Einige Aspekte der Kanzerogenität von Fasern

13

In den letzten Jahren wurde eine lebhafte Debatte über die kanzerogene Wirkung der Mineralfasern durchgeführt.

Die kanzerogene Wirkung von Asbest ist allgemein bekannt, obwohl der genaue Mechanismus der Tumorentstehung bis heute ungeklärt blieb.

Nach Pott [1–4] besitzen künstliche Mineralfasern schon aufgrund ihrer faserigen Struktur ein bestimmtes krebserzeugendes Potenzial, wobei das höchste Gefährdungspotential einer Mesotheliominduktion bei Fasern mit einem Durchmesser von < 0,25 µm und einer Länge von ca. 20 µm liegt.

Laut Beck [5, 6] ist ein starkes Ansteigen der kanzerogenen Potenz bei einem Faserdurchmesser < 0,5 µm zu erwarten. Stanton [7] sieht die höchste kanzerogene Potenz in Fasern mit einem Durchmesser < 1,5 µm und einer Länge über 8 µm. Viele Forscher [2, 6, 8] vertreten die Ansicht, dass die kanzerogene Potenz der Mineralfasern stärker mit der Fasergeometrie und mit der Fasermorphologie als mit ihrer chemischen Zusammensetzung zusammenhängt.

Künstliche Mineralfasern wie z. B. Basalt- und Schlackenwolle, Glasfasern können verursachen:

- Hautreizungen
- Reizung der Augenbindehaut
- Reizungen der Schleimhaut des oberen Respirationstraktes
- Chronische Erkrankungen der tiefen Atemwege wie z. B. Bronchitis
- Staublungenerkrankungen wie z. B. Pneumokoniose

Die Reizerscheinungen der Haut, der Schleimhaut und der Augen werden durch Fasern mit einem Durchmesser von über 5 µm verursacht.

Diesen Reizerscheinungen begleitende etwaige allergische Reaktionen sind auf die

R. Teschner, *Glasfasern*, https://doi.org/10.1007/978-3-662-64123-1_13

Verwendung von Präparationen, Bindemittel u. ä. zurückzuführen [9].

Entzündungen der Binde- und Hornhaut bzw. Abszessbildungen wurden selten beobachtet [9].

Luftgetragene Mineralfasern lagern sich in Abhängigkeit von ihrer Geometrie in verschiedenen Etagen des Respirationstrachtes ab und können dort eventuell akute Irritationen wie z. B. Rhinitis, Laringitis, Bronchitis bzw. Tracheitis auslösen [9].

Bronchiektasen, Pneumonien, chronische Bronchitiden als Folge der Mineralfaser-exposition sind diskutabel und umstritten [10–13].

Die Belastung der Atemwege durch faserige Stäube in Abhängigkeit vom Durchmesser ist aus der Abb. 13.1 zu ersehen [14].

Durch die physiologischen Reinigungsmechanismen wie z. B. Mukoziliärsystem,

Peristaltik der terminalen Bronchioli, Phagozytose und Auflösung werden die meisten Fasern aus dem Körper entfernt [9].

Lange Fasern mit einer Filamentstärke von über 10 µm werden schon in den oberen

Etagen des Respirationstraktes (Nasopharynx) zurückgehalten.

Nur Fasern mit einem Durchmesser unter 10 µm und mit einer Länge bis ca. 100 µm

können in den Trachea-, Bronchien- und Alveolarbereich gelangen, wobei mit abnehmendem Faserdurchmesser die dort abgelarte Fasermenge steigt [14]. Die meisten abgelagerten Fasern infolge der Selbstreinigungsmechanismen wandern binnen 24h

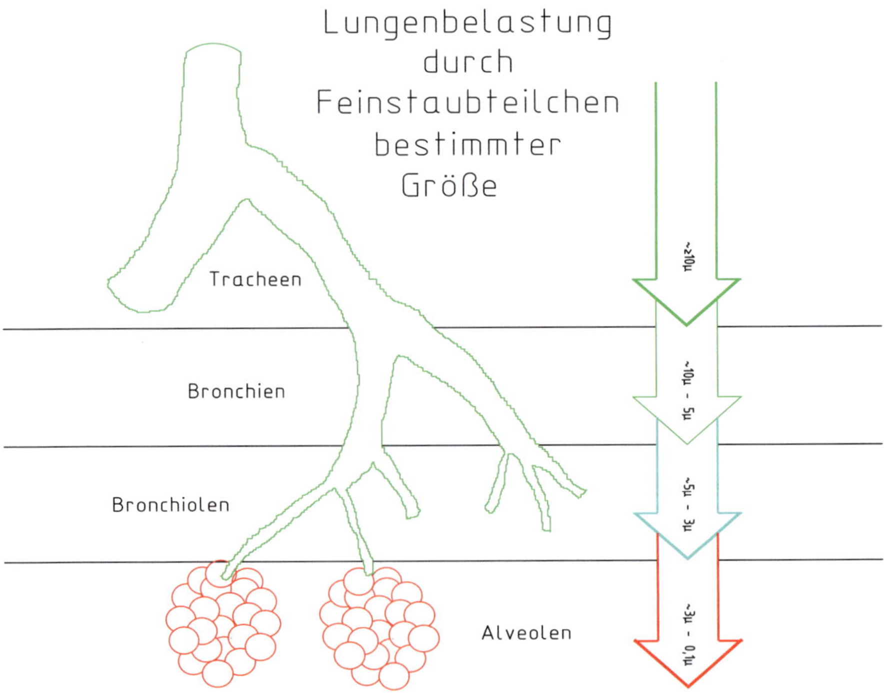

Abb. 13.1 Penetrationstiefe der künstlichen Mineralfasern

in die Kehlkopfregion, wo sie durch Verschlucken in den Verdauungstrakt gelangen. und letztendlich aus dem Organismus entfernt werden. Nur ein sehr geringer Anteil der Fasern penetriert ins tracheabronchiale Ephitel. Die Elimination dieser Fasern erfolgt langsam auf dem Wege der Querfragmentierung, des Abtransportes zu den Bronchien bzw. sie werden über die Lymphwege abgeleitet [9].

Diesen Prozess begleiten solche Vorgänge wie Hydratation, Ionenaustausch, Auslaugung, Gel- und Porenbildung [15]. Der Anteil der inhalierten Fasern, die bis in die Lunge (Alveolen) gelangen, ist sehr gering und betrifft praktisch nur Mikrofasern, d. h. Fasern mit einem Durchmesser unter 3 µm und mit einer Länge über 5 µm.

Die krebserzeugende Wirkung der inhalierten, amorphen Glasfasern wurde in der Fachliteratur [16–22] nicht belegt bzw. bestätigt. Es ist aber intuitiv verständlich, dass unter Umgehung der Atemwege und damit der natürlichen körpereigenen Abwehrmechanismen die Wahrscheinlichkeit einer Mesotheliominduktion sehr hoch ist (Einspritzversuche an Tieren-mit extrem hohen Faserkonzentrationen).

Sowohl kristalline als auch amorphe, künstliche Mineralfasern (KMF) mit einem Durchmesser (d) < 3 µm, einer Länge (l) > 5 µm und dem Verhältnis l/d > 3 (WHO-Fasern) werden in Deutschland als potenziell kanzerogen betrachtet. Für die Bewertung der kanzerogenen Potenz von amorphen, künstlichen Mineralfasern (WHO-Fasern) wurde eine empirische Formel, die einen Kanzerogenitätsindex K_i definiert, eingeführt.

wobei C_x – Massenanteile der bestimmten Glasoxide in Ma. – %.

$$Ki = (Cna_2O + CK_2O + CB_2O_3 + CcaO + CmgO + CbaO) - 2\ Cal_2O_3$$

Diese empirische Formel [23] wurde aus den Untersuchungsergebnissen von Potter und Mattson abgeleitet.

Die Bewertung der kanzerogenen Potenz der glasigen WHO-Fasern richtet sich nach der Größe ihres Kanzerogenitätsindexes [24]. Dabei gilt:

Kategorie 2 (krebserzeugend) bei $K_i \leq 30$

Kategorie 3 (krebsverdächtig) bei $30 < K_i < 40$

Kategorie 0 (kein begründeter Verdacht auf ein krebserzeugendes Potential) bei $K_i \geq 40$

WHO-Fasern für die positive Befunde aus Tierversuchen vorliegen, wie z. B.

- Attapulgitfasern
- Palygorskitfasern
- Dawsonitfasern
- kristalline Fasern aus Al_2O_3, K_2TiO_3, SiC

werden automatisch in die Kat. 2 (kanzerogen) eingestuft.

Laut der EU-Richtlinien 67/69/EG, 96/56/EG und 97/69/EG [25] werden künstlich hergestellte, glasige (Silikat-) Fasern ähnlich wie in der TRGS 905 in die Kategorie 0, 2 oder 3 eingestuft. Als Kriterium zur Beurteilung ihrer kanzerogenen Potenz (Einstufung in die Kat. 0, 2 oder 3) dient der mittlere geometrische Faserdurchmesser abzüglich der zweifachen Standardabweichung und der KNB-Faktor.

Der KNB-Faktor wird als Summe (in Ma.-%) aller Alkali- und Erdalkalioxiden in den Glasfasern errechnet:

$$\mathrm{KNB} = \mathrm{Cna_2O} + \mathrm{CK_2O} + \mathrm{Cli_2O} + \mathrm{CcaO} + \mathrm{CmgO} + \mathrm{CsrO} + \mathrm{CbaO}$$

$$\text{wobei } C_x\text{−Massenanteile der } R_2O - \text{ und } RO - \text{ Oxide in Ma.} - \%.$$

Alle künstlich hergestellte, ungerichtete (Filtrierfasern, Nadelmatten u. ä.), glasige (Silikat-) Fasern mit einem mittleren geometrischen Durchmesser (minus zweifache Standardabweichung) von d<6 µm und mit einem KNB-Index von>18 Ma.-% werden als krebsverdächtig (possibly carcinogenic) eingestuft (Kat. 3).

Alle künstlich hergestellte, ungerichtete, glasige (Silikat-) Fasern mit einem mittleren geometrischen Durchmesser (abzüglich zweifache Standardabweichung) von<6 µm und mit einem KNB-Index von ≤ 18 MA% werden als kanzerogen (probably carcinogenic) eingestuft (Kat. 2). Künstlich hergestellte, ungerichtete, glasige (Silikat-) Fasern mit einem mittleren geometrischen Durchmesser (minus zweifache Standardabweichung) von d>6 µm werden als nicht krebserregend (Kat. 0) eingestuft.

Die als krebsverdächtig (Kat. 3) bzw. krebserzeugend (Kat. 2) eingestuften Fasern können von der krebserzeugenden Wirkung freigesprochen werden, wenn folgende Voraussetzungen erfüllt sind:

1. In einem Kurzzeitinhalationsbiopersistenztest wurde nachgewiesen, dass die gewichtete Halbwertszeit von Fasern mit einer Länge l>20 µm weniger als 10 Tage beträgt.
2. In einem Kurzzeitintratrachealbiopersistenztest wurde nachgewiesen, dass die gewichtete Halbwertszeit von Fasern mit einer Länge>20 µm weniger als 40 Tage beträgt.
3. Ein geeigneter Intraperitonealtest hat keine Anzeichen von übermäßiger Kanzerogenität zum Ausdruck gebracht.
4. Abwesenheit von relevanter Pathogenität oder von neoplasmischen Veränderungen bei einem geeigneten Langzeitinhalationstest.

In der dritten Verordnung zur Änderung der Gefahrstoffverordnung G 5702 [26] ist der deutsche Gesetzgeber im Gegenteil zur EG-Richtlinie bei WHO-Kriterien (d<3 µm, l>5µm, l/d>3) und dem K_i-Faktor geblieben. Es wurden lediglich zwei Testkriterien eingeführt, wodurch eine Freisprechung möglich ist:

1. Ein geeigneter Intraperitonealtest hat keine Anzeichen von übermäßiger Kanzerogenität zum Ausdruck gebracht (wie in der EG-Richtlinie s. Pkt. 3).
2. Die Halbwertszeit nach intratrachealer Instillition von 2 mg einer Fasersuspension (l>5 µm, d<3 µm, l/d>3) beträgt nicht mehr als 40 Tage.

Die internationale Krebsforschungsagentur IARC bei der Weltgesundheitsorganisation (WHO) hat in ihrer Studie die kanzerogene Wirkung der künstlichen Mineralfasern neu bewertet [27]. Die IARC stuft die Stoffe in vier verschiedene Gruppen ein:

Gruppe 1. Der Stoff ist **krebserzeugend** für den Menschen (Asbest).
Gruppe 2 A. Der Stoff ist **wahrscheinlich krebserzeugend** für den Menschen.
Gruppe 2B. Der Stoff ist **möglicherweise krebserzeugend** für den Menschen.
Gruppe 3. Der Stoff ist hinsichtlich der Kanzerogenität für den Menschen **nicht einstufbar.**
Gruppe 4. Der Stoff ist wahrscheinlich **nicht krebserzeugend** für den Menschen.

Laut der Klassifikation von IARC werden künstliche Mineralfasern wie folgt eingestuft:

- Glaswolle – Gruppe 3
- Textilglasfasern – Gruppe 3
- Steinwolle –– Gruppe 3
- Schlackenwolle – Gruppe 3
- Keramische Fasern – Gruppe 2B
- Spezialglasfasern – Gruppe 2B

Die Glasfasern aus dem JM 902-Glas wurden vom Research and Consulting Institutin Genf einem Biobeständigkeitstest unterzogen. In Rahmen dieser Untersuchung wurde sowohl der Kurzzeitinhalationsbiopersistenztest als auch der Kurzzeitintratrachealbiop ersistenztest durchgeführt. In dem Kurzzeitinhalationsbiopersistenztest mit Laborratten betrug die gewichtete Halbwertszeit 6,8 Tage (soll < 10 Tage).

Im Kurzzeitintratrachealbiopersistenztest (mit Laborratten) betrug die gewichtete Halbwertszeit 20,2 Tage (soll < 40 Tage).

Aufgrund der durchgeführten Untersuchungen und der Testergebnisse sind die

Glasfasern aus dem JM 902-Glas von der kanzerogenen Wirkung freigesprochen worden. Sie müssen aber als „reizend" deklariert und gekennzeichnet werden. Zur Beurteilung der biologischen Auflösbarkeit eines Faserglases als auch seiner zu erwartenden Wasser- und Säurebeständigkeit wurden Faktoren eingeführt, die es erlauben, die chemische bzw. biologische Resistenz der Gläser abzuschätzen [28].

Der Faktor der biologischen Auflösbarkeit wird wie folgt definiert:

$$\mathrm{C_{bio}} = \frac{C_{SiO2} + C_{Al2O3}}{C_{B2O3} + C_{R2O} + C_{RO}}$$

Der Faktor der Wasserbeständigkeit lässt sich aus der Beziehung:

$$\mathrm{C_{moist}} = \frac{C_{SiO2} + C_{Al2O3} + C_{B2O3}}{C_{R2O} + C_{RO}} \quad \text{ermitteln.}$$

Tab. 13.1 Faktoren C_{bio}, C_{moist} und C_{acid} des JMS- und JM 902-Glases

Glasart	Faktoren		
	C_{bio}	C_{moist}	C_{acid}
JMS	2,05	2,66	1,79
JM 902	2,17	2,92	2,07
E-Glas	2,04	2,56	1,42
R-Glas	3,52	2,12	3,52

Der Faktor der Säurebeständigkeit wird aus dem Ansatz:

$$C_{acid} = \frac{C_{SiO2}}{C_{Al2O3} + C_{B2O3} + C_{R2O} + C_{RO}} \quad \text{errechnet}$$

[C_x – Anteile der bestimmten Oxide im Glas in Mol%]

Ein Faserglas mit guter biologischer Auflösbarkeit und mit zufriedenstellender chemischer Resistenz muss folgende Anforderungen erfüllen:

$$C_{bio} \leq 2,3 \qquad C_{moist} \geq 2,40 \qquad C_{acid} \geq 1,95$$

Die errechneten Faktoren des JMS- und des JM 902-Glases wurden in der Tab. 13.1 zusammengestellt:

Wegen dem günstigeren Faktor der biologischen Auflösbarkeit (C_{bio}) des JMS-Glases im Vergleich mit JM 902 (2,05 gegenüber 2,17) ist bei den JMS C-Glasfasern eine niedrigere kanzerogene Potenz zu erwarten. Die niedrige biologische Auflösbarkeit der

R-Glasmikrofasern lässt eine hohe kanzerogene Wirkung vermuten.

Literatur

1. Pott F., Friedrichs, K.H. : Tumore der Ratten nach intraperitonealer Injektion faserförmiger Stäube. Die Naturwissenschaften **59**, 318–320 (1972)
2. Pott, F., Friedrichs, K.H. : Ergebnisse aus Tierversuchen zur kanzerogenen Wirkung faserförmiger Stäube und ihre Deutung im Hinblick auf die Tumorentstehung beim Menschen. Zbl. Bakt. Hyg. 1, Abt. **170**, 467–505 (1976)
3. Pott, F.; Ziem, U. : Zur Bedeutung von Länge und Durchmesser einer Faser für ihre kanzerogene Potenz. VDI-Berichte **475** (1983)
4. Pott, F. : Krebserzeugende faserige Feinstäube. Arb.med. Soz.med. Präv.med. **8**, 172–176 (1977)
5. Beck, E.G. : Biologische Wirkung von faserförmigen Stäuben. Arb. med. Soz. med. Präv. med. **9**, 178–182 (1975)
6. Beck, E.G. : Studies of MMMF in vitro. In Biological effect of man-made mineral fibres. Report on WHO/IARC meeting Copenhagen (1982)
7. Stanton, J.C., Wrench, C. : Mechanism of Mesothelioma, Induktion with Asbestos an Fibrous Glass. J. Nat. Cancer Inst. **48**, 797–821 (1972)

8. Aalto, M., Heppelston, A.G. : Fibrogenesis by mineral fibres an in vitro study of the roles of the makrophage and fibre length. Br. J. Exp. Path. **65**, 91 (1984)
9. Waga, N.C., Ruppe, K., Lorenz,G. : Gesundheitliche Risiken durch Mineralfasern. Zbl. Arb. Med. **40**, 101–111 (1990)
10. Sarazzi, R., Simonato, L. et al. : The IARC mortality and cancer incidence of MMMF production workers. WHO Copenhagen. Vol. 1, 279–310 (1984)
11. Simonato, L., Fletcher, A.C. et al. :The International Agency for Research on Cancer Historical Cohort Study of MMMF Production Workers in 7 European Countries. Extension of the Follow-Up. Ann. Occup. Hyg. **31**, 603–623 (1987)
12. Spinner, S. : Elastic moduli of Glasses at elevated temperatures by a dynamic method. Journ. Am. Ceram. Soc. **39**, 113–118 (1956)
13. Teschner, R.: Wirken künstliche Mineralfasern krebserzeugend ? Unpubl, Johns Manville Europe (2002)
14. Claus, D. : Berufserkrankungen der Atemwege. Keramik und Glas **1**, 5–7 (1996)
15. Scholze, H., Conradt, R. : An in vitro study of the chemical durability of siliceous fibres. Ann. Occup. Hyg. **31**, 683–692 (1987)
16. Bertazzi, P.A., Zocchetti, C. Et al. : Cancer mortality of an Italian cohort of workers in man-made glass fiber production. Scand J. Work Environ Health 12. Suppl. 1. (1986)
17. Claude, J. : Follow-up Studie zur Krebsgefährdung bei Exposition gegenüber künstlichen Mineralfasern. Methoden der Statistik u. Informatik in Epidemiologie u. Diagnostik. 27. Jahrestagung der GMDS. Hamburg Proceedings. Springer : Berlin-Heidelberg (1983)
18. Claude, J., Frentzel-Beyme, R. : A mortality study of workers employed in German rockwool factory. Scand J. Work Environ Health. **10**, 151–157 (1984)
19. Claude, J., Frentzel-Beyme, R. : A mortality study of workers employed in German rockwool factory- second look with extended follow up. Scand J. Work Environ Health. **12**, 53–60 (1986)
20. Löffler, F-W. : Mögliche Gesundheitsgefährdung bei der Verwendung künstlicher organischer und anorganischer Fasern. Glastech. Berichte **64** 11. (1991)
21. Simonato, L., Fletcher, A.C. et al. :The Man-Made Mineral Fiber. European Historical Cohort Study. Extension of the Follow-Up. Scand J. Work Environ Health. **12**, 34–47 (1986)
22. Wagner, J.C., Berry, G.B., Hill, R.J. : Animal experiments with MMM(V)F. Effect of inhalation and intrapleural inoculation in rats. In Biological effect of man-made mineral fibres. WHO/IARC. **2**, 20–22 Copenhagen (1984)
23. Potter, R.M., Mattson S.M. : Glass fiber dissolution in a physiological saline solution. Glastechn. Berichte. **64**, 16–28 (1991)
24. TRGS 905. : Verzeichnis krebserzeugender, erbgutverändernder oder fortpflanzungsgefährdender Stoffe. Ausgabe (Juni 1994)
25. Richtlinie.: 97/69/EG der EG-Kommision vom 5.12.1997. Amtsblatt der Europäischen Gemeinschaft L.343 vom13.12.97
26. Bundesgesetzblatt G 5702, Jahrgang 1998, Teil 1, Nr. 35, ausgegeben zu Bonn am 18, 1286–1287. (Juni 1998)
27. Draeger, U., Löffler, F-W. : WHO-Expertenkonferenz bewertet Glas- und Steinwollfasern neu: Eine Einstufung als möglicherweise krebserzeugend ist nicht mehr gerechtfertigt. Keramik und Glas **2** (2002)
28. Harding, F., Bauer, J., Russel, H.: Biosoluble pot and marble (flame attenuated)-derived fiberglass. US-Pat. WO 98/43923. PCT/US98/05636

14 Rohstoffe für C-und E-Glasherstellung

Voraussetzung für den Erfolg im technologischen Prozess der Glasherstellung ist unter anderem die Konstanz der physikalisch-chemischen Eigenschaften der Glasrohstoffe. Außerdem für die Glasqualität sind der Transport, die Lagerung, das Abwiegen, die Mischung der Rohstoffe und das Einlegen des Gemenges von sehr großer Bedeutung.

Ähnlich der Aufteilung, der am Glasaufbau beteiligten Oxide, werden Glasrohstoffe aufgeteilt [1, 3, 4].

Die Glasrohstoffsystematik umfasst:

- Netzwerkbildner (z. B. Quarzsand, Borax, Borsäure)
- Netzwerkwandler (z. B. Soda, Pottasche, Kalziumkarbonat)
- Zwischenoxidträger (z. B. Feldspat, Nephelin-Syenit)
- Läuterungsmittel und Schmelzbeschleuniger (Natriumsulfat, Sb_2O_3)
- Entfärbungsmittel (z. B. Natriumnitrat, Natriumselenit)
- Farbrohstoffe (z. B.CoO, NiO, Mn_2O_3, Fe_2O_3, CuO, CdO, Ag_2O)
- Trübungsrohstoffe (z. B. $CaHPO_4 \cdot 2H_2O$, Na_3AlF_6, Na_2SiF_6)
- Glasscherben (z. B. Eigenscherben, Fremdscherben)

Zur Beurteilung der Rohstoffqualität werden folgende Rohstoffeigenschaften in Betracht gezogen:

- Chemische Zusammensetzung – Toleranzen der chemischen und
- Korngröße und Kornverteilung physikalischen Eigenschaften
- Schüttdichte – Anteil an unerwünschten
- Feuchte Komponenten

R. Teschner, *Glasfasern*, https://doi.org/10.1007/978-3-662-64123-1_14

Für die Herstellung von hochwertigen Gläsern wie z. B. optische Gläser werden hochwertige Glasrohstoffe eingesetzt.

14.1 Quarzsand

Quarzsand als SiO_2-Träger ist der wichtigste Glasrohstoff. In den meisten Gläsern bildet er über 50 Ma.-% des Gemenges.

Glassande sind durch mechanische und chemische Verwitterungsprozesse von tiefen Magmagesteinen und metamorphischen Gesteinen entstanden.

Sie wurden durch Wasser weggeschlämmt und als Sekundärsande durch Sedimentation abgelagert. Auf dem Transportwege unterlagen sie einem natürlichen Aufbereitungs- und Kornklassifizierungsprozess. Darüber hinaus weisen die Glassande eine hohe Reinheit und Kornhomogenität auf. Besonders hohe Anforderungen werden an Quarzsand für die Herstellung von optischen Gläsern gestellt. Der Anteil an Fe_2O_3 darf nicht höher als 0,001 Ma.-% und der Gehalt an Schwermetallverunreinigungen (wie z. B. Ni, Cr, Cu) nicht höher als 0,0001 Ma.-% betragen. Für die Glasfaserherstellung sollte der Quarzsand mindestens 99,0 Ma.-% SiO_2 und weniger als 0,1 Ma.-% Fe_2O_3 enthalten. Die Summe der Alkalioxide R_2O sollte nicht höher als bei 0,1 Ma.-% liegen.

Für das Einschmelzverhalten vom Gemenge, insbesondere in einer Elektroschmelze ist ist die Korngrößenverteilung des Sandes von wesentlicher Bedeutung.

Bei einem feinkörnigen Quarzsand schmelzen die SiO_2-Körner sehr schnell und verursachen eine starke Zunahme der Viskosität. Dies kann zu Homogenisierungs- und Läuterungsproblemen der Glasschmelze führen. Bei einem grobkörnigen Sand besteht die Gefahr von Steinchenbildung.

Ein guter Quarzsand für die Glasherstellung enthält mehr als 90 Ma.-% der Korngruppe 0,125–0,355 mm, wobei den Hauptanteil die Kornfraktion 0,1–0,2 mm bildet. Sandkörner mit einem Durchmesser von über 0,5 mm sind in der Schmelze als Störungsfaktor anzusehen.

Für eine Elektroschmelze ist auch die Feuchte des Quarzsandes von Bedeutung.

Bei erhöhtem Wassergehalt im Gemenge besteht die Gefahr des Wassereinbaus im Glas (s. 5.2) als auch die Gefahr einer Verkrustung des Gemenges.

Beim Schmelzen unter Cold-Top-Bedingungen sollte man getrocknete Sande mit nicht mehr als 0,25 Ma.-% Feuchte einsetzen.

Für die Faserglasherstellung (C-Glas) kann auch ein Feldspatsand, mit dem man zugleich Al_2O_3, K_2O und anteilweise Na_2O einführt, eingesetzt werden. Dabei sollte der Fe_2O_3-Gehalt nicht mehr als 0,2 Ma.-% betragen.

Beim Erschmelzen von Fasergläsern, insbesondere von Hochtemperaturgläsern in einer Querbrennerwanne wird oft Quarzmehl anstatt Sand eingesetzt. Dadurch werden die Glasbildungsreaktionen in der Schmelze beschleunigt und die Schmelzdauer verkürzt.

14.2 Borax

Zu den wichtigsten, natürlichen Bormineralien gehören Kernit ($Na_2O{\cdot}2B_2O_3{\cdot}4H_2O$), Borazit ($6MgO{\cdot}MgCl_2{\cdot}8\,B_2O_3$) und Colemanit ($2CaO{\cdot}3\,B_2O_3{\cdot}5\,H_2O$).

Die größten Vorkommen der Bormineralien liegen in Russland, USA und in der Türkei.

Um Borax bzw. Borsäure herzustellen werden die Bormineralien chemischen Prozessen unterzogen. Die Herstellung der Borsäure aus einem Natriumborat kann mit folgender chemischen Reaktion beschrieben werden:

$$Na_2B_4O_7 + 5H_2O + H_2SO_4 \rightarrow 4\,H_3BO_3 + Na_2SO_4$$

Kernit mit seinem hohen Reinheitsgrad wird meistens im Wasser aufgelöst, die Lösung wird filtriert und danach einem Kristallisationsprozess unterzogen.

Das entstandene Borax-Dekahydrat $Na_2B_4O_7{\cdot}10H_2O$ kann durch thermische Behandlung zu Borax-Pentahydrat $Na_2B_4O_7{\cdot}5H_2O$, Borax-Dihydrat $Na_2B_4O_7{\cdot}2H_2O$, Borax-Monohydrat $Na_2B_4O_7{\cdot}H_2O$ und zum Dehybor $Na_2B_4O_7$ verarbeitet werden.

Die Dehydratation des Borax und die Temperaturen sind aus der nachfolgenden.

Reaktion zu ersehen:

$$Na_2B_4O_7 \cdot 10H_2O \xrightarrow{62^\circ C} Na_2B_4O_7 \cdot 5H_2O \xrightarrow{130^\circ C} Na_2B_4O_7 \cdot 3H_2O$$
$$\xrightarrow{150^\circ C} Na_2B_4O_7 \cdot 2H_2O \xrightarrow{180^\circ C} Na_2B_4O_7 \cdot 5H_2O \xrightarrow{320^\circ C} Na_2B_4O_7$$

Wegen der Neigung zur Schaumbildung und der Gefahr der Gemengeverkrustung ist der Einsatz von Borax-Dekahydrat in einer Elektroschmelze nicht vorteilhaft.

Der theoretische Anteil an Na_2O, B_2O_3 und H_2O in Borsäure, Borax-Pentahydrat Borax-Dekahydrat und im Colemanit ist aus der Tab. 14.1 zu ersehen.

Für die Auswahl von B_2O_3-Träger für die Glasherstellung sind die technologischen und die wirtschaftlichen Aspekte entscheidend.

In einer Elektroschmelze hat sich der Einsatz von Borax-Pentahydrat bewährt.

Der ca. 31 %-iger Anteil an Wasser in dem Rohstoff beeinflusst positiv das Einschmelzverhalten des Gemenges ohne eine Verkrustung in der Schmelzwanne herbeizuführen. Die Abdampfverluste an B_2O_3 unter Cold-Top-Bedingungen spielen kaum eine Rolle. Der Einsatz vom kalzinierten Borax (Dehybor) für eine Elektroschmelze ist aus

Tab. 14.1 Gehalt an B_2O_3, Na_2O und H_2O in einigen Borrohstoffen

Rohst off	Oxidgehalt Ma.-%		
	B_2O_3	Na_2O	H_2O
Borsäure	56,3	-	43,7
Borax-Pentahydrat	47,8	21,3	30,9
Borax-Dekahydrat	36,5	16,3	47,2
Colemanit	50,8	-	21,9

Kostengründen nicht zu empfehlen. Außerdem schmilzt der kalzinierte Borax schwerer als ein Borax-Pentahydrat. Für die Glasschmelze in der das schwankende Verhältnis CaO (MgO, Na_2O):B_2O_3:H_2O akzeptiert werden, kann nimmt man ein Colemanit als B_2O_3-Träger. Durch die chemische Aufbereitung von Borax ist er praktisch verunreinigungsfrei und enthält ungefähr den stöchiometrischen Anteil an B_2O_3, Na_2O und H_2O.

14.3 Soda

Soda wird nach dem Solvay-Verfahren aus einer gesättigten Kochsalzlösung hergestellt.

Der chemische Prozess kann mit folgenden chemischen Reaktionen beschrieben werden:

$$NaCl + NH_3 + CO_2 + H_2O \rightarrow NaHCO_3 + NH_4Cl$$

Das entstandene Zwischenprodukt Natriumhydrogenkarbonat wird einem Kalzinierungsprozess unterzogen, den folgende chemische Reaktion beschreibt:

$$2NaHCO_3 \xrightarrow{180^\circ C} Na_2CO_3 + H_2O + CO_2 \uparrow$$

In der Glasindustrie wird überwiegend Schwersoda, mit einer Schüttdichte von 1,0–1,2 kg/dm^3 eingesetzt (Die Schüttdichte von „Leichtsoda" beträgt 0,5–0,6 kg/dm^3). Dabei spielt der ökonomische Aspekt (Transportkosten) und die Verstaubungsgefahr bei Leichtsoda eine wichtige Rolle. Durch den chemischen Herstellprozess enthält Soda kaum Verunreinigungen. Der geringfügige Gehalt an NaCl ist für den Läuterprozess von Vorteil. Der prozentuale Anteil an Na_2O in Soda, der ins Gemenge eingeführt wird, beträgt 58,5 Ma.-%. Der Anteil an CO_2 in Soda liegt bei 41,5 Ma.-%.

Die thermische Dissoziation von Soda laut Reaktion:

$$Na_2CO_3 \rightarrow Na_2O + CO_2 \uparrow$$

Beginnt bei ca. 800°C. In Anwesenheit von SiO_2 erfolgt die Zersetzung der Karbonate schon bei niedrigeren Temperaturen.

14.4 Spodumen

Die Li_2O-Träger werden in der Glasindustrie überwiegend in Form von Silikaten eingesetzt. Seltener kommt in der Glasherstellung ein Lithiumkarbonat (Li_2CO_3) zum Einsatz.

Über die größten Vorkommen von Lithiumsilikaten verfügt Russland, Kanada Australien und Simbabwe.

Die meistgenutzten Lithium-Minerale mit ihrer chemischen Zusammensetzung und dem Anteil an Li_2O wurden in der Tab. 14.2 zusammengestellt.

Tab. 14.2 Mineralische Lithium-Rohstoffe

Bezeichnung	Chemische Zusammensetzung	Li_2O-Gehalt [Ma.-%]
Eukripit	$Li_2O·Al_2O_3·2SiO_2$	10,0–12,0
Spodumen-Konzentrat	$Li_2O·Al_2O_3·4SiO_2$	6,8–7,8
Spodumen GGS	$Li_2O·Al_2O_3·4SiO_2$	4,8–5,3
Petalit	$Li_2O·Al_2O_3·8SiO_2$	4,0–5,0
Amblygonit	$2LiF · Al_2O_3·P_2O_5$	7,0–10,0
Lepidolith	$LiF·KF· Al_2O_3 ·3SiO_2$	2,2–6,2
Triphylin	$Li(Fe,Mn)PO_4$	7,0–9,5

Die Anwesenheit von P_2O_5 und Fluor im Amblygonit wird zur Herstellung von Trübgläsern ausgenutzt.

Für den Einsatz der mineralischen Li_2O-Träger in der Glasindustrie sind die begleitenden Komponenten wie z. B. Quarz und Verunreinigungen wie z. B. Fe_2O_3, Mn_2O_3 von wesentlicher Bedeutung. Für die Glasherstellung wird entweder GGS-Spodumen mit ca. 5,1 Ma.-% Li_2O oder Spodumen-Konzentrat mit ca. 5,1 Ma.-% Li_2O eingesetzt. Mineralogisch ist es der GGS-Spodumen ein Pegmatitgestein mit ca. 60 Ma.-% Spodumen ($LiAlSi_2O_6$) und ca. 40 Ma.-% Quarz. Der Fe_2O_3-Gehalt in diesem Rohstoff liegt unter 0,2 Ma.-% und der (Na_2O + K_2O) -Anteil überschreitet nicht 1,6 Ma.-%.

Von der Korngrößenverteilung soll die Korngruppe 0,125–0,50 mm den Hauptanteil (über 90 Ma.-%) im Rohstoff bilden.

14.5 Kalk

Kalke sind Sedimentgesteine, die überwiegend eine biogene Herkunft aufweisen.

Es gibt auch Kalke die durch chemische Prozesse und auf dem Wege der Evaporation entstehen (z. B. Kalksinterterrassen in Pamukkale oder in Yellowstone-Nationalpark).

Die mineralische Hauptkomponente des Kalksteins bildet Calcit ($CaCO_3$).

Bei einem biogenen Ursprung wird Kalk von Mikroorganismen bzw. von gesteinsbildenden Muscheln, Schnecken, Schwämmen und Korallen aufgenommen und zu Hartteilen (Muschelschalen) verarbeitet. Nach dem Absterben der Organismen, sinken ihre Skelette zu Boden und bilden Kalksteinablagerungen.

Für Kalke, die auf dem chemischen Wege entstehen, spielt das Auflösen von $Ca(HCO_3)_2$ im Meer- oder im Süßwasser und die Evaporation eine entscheidende Rolle.

Die Fällung des Calciumcarbonats findet ohne Beteiligung von Mikroorganismen statt.

CaO als Netzwerkwandler und Glasstabilisator kann in Form von $CaCO_3$ (Kalksteinmehl) oder von CaO ins Gemenge eingeführt werden.

CaO wird in einem Kalzinationsprozess (thermische Dissoziation) von Kalkstein bei ca. 1100°C produziert und in Form von Branntkalk oder Weißfeinkalk als Glasrohstoff angeboten. Ein Kalkstein soll nicht weniger als 96,0 Ma.-% $CaCO_3$, nicht mehr als 0,2 Ma.-% Fe_2O_3 enthalten und eine Korngröße von unter 0,2 mm aufweisen.

Ein Weißfeinkalk muss mindestens 94 Ma.-% CaO, weniger als 0,5 Ma.-% Fe_2O_3 enthalten und eine Körnung unter 0,1 mm aufweisen. Bei einer Korngröße von unter 0,06 mm kann eine intensive Verstaubung als Störungsfaktor eintreten.

14.6 Dolomit

In der Glasherstellung wird oft ein weichgebrannter Dolomit eingesetzt.

Der Weichbranntdolomit, der CaO- und MgO-Träger ist, wird durch Zerkleinerung und thermische Dissoziation des Dolomitgesteines produziert.

Die thermische Zersetzung von Dolomit kann mit folgender Reaktion beschrieben werden:

$$CaCO_3 \cdot MgCO_3 \rightarrow^{1000^\circ C} CaO \cdot MgO + 2CO_2 \uparrow$$

Für eine Elektroschmelze ist wegen der Entgasung des Gemenges und des Glasbades wichtig „gasarme" Rohstoffe zu verwenden.

Bei einer eventuellen Verkrustung und Versiegelung der einschmelzenden Gemengeschicht steigt der Partialdruck von CO_2 und H_2O was zur Blasen- bzw. Gispenbildung führt. Ein guter Weichbranntdolomit enthält ca. 56 Ma.-% CaO; 39,6 Ma.-% MgO; weniger als 0,5 Ma.-% Al_2O_3 und nicht mehr als 0,5 Ma.-% Fe_2O_3.

Die Korngröße von Dolomit liegt unter 2,0 mm. Bei einer Korngröße von unter 0,06 mm kann eine intensive Verstaubung und Entmischung eintreten.

14.7 Nephelin-Syenit

Als Aluminiumoxid-Träger kommt oft zur C-Glasherstellung ein Nephelin-Syenit zum Einsatz.

Das Nephelin-Syenit ist ein plutonisches Magmagestein, das überwiegend aus Orthoklas und Plagioklasen (Albit und Oligoklas) besteht. Die Hauptkomponente bildet also $KAlSi_3O_8 \cdot 3NaAlSi_3O_8$.

Das Nephelin-Syenit ist in soweit als Glasrohstoff interessant, weil es dreimal mehr Albit ($NaAlSi_3O_8$) als Orthoklas ($KAlSi_3O_8$) enthält, wodurch sich die teurere Soda einsparen lässt. Nephelin-Syenit aber auch Phonolith und Feldspatsand enthalten ein sehr günstiges R_2O: SiO_2 –Verhältnis. Daraus resultiert ein hervorragendes Einschmelzverhalten dieser Rohstoffe. Wegen Magnetabscheidung im Aufbereitungsprozess von Nephelin-Syenit enthält dieser Rohstoff nur wenig (meistens nicht mehr als 0,12 Ma.-%) Fe_2O_3.

Tab. 14.3 Chemische Zusammensetzung von einigen Al_2O_3-Trägern

Oxide	Zusammensetzung der Al_2O_3-Träger [Ma.-%]				
	Nephelin Syenit	Feldspatsand	Phonolith	Pyrophyllit	Kaolin MEKA
SiO_2	60,9	85,7	54,2	78,2	55,8
Al_2O_3	22,9	7,46	21,7	13,5	31,3
Fe_2O_3	0,10	0,18	3,1	1,7	0,31
CaO	0,40	0,09	1,0	0,3	0,17
MgO	0,05	0,20	0,6	0,4	0,21
Na_2O	10,40	0,25	7,2	-	0,01
K_2O	5,20	5,19	8,7	2,8	0,22

Die Zusammensetzung der für die C-Glaserzeugung interessanten Al_2O_3-Träger ist aus der Tab. 14.3 zu ersehen.

Die Qualitätskriterien für den glastechnischen Einsatz von Nephelin-Syenit bzw. von Feldspatsand erfaßen die Tolerierung aller in der Tab. 37 angegebenen Oxide.

Wie bei allen mineralischen Rohstoffen ist die Konstanz der chemischen Zusammensetzung mit den angegebenen Toleranzen von sehr großer Bedeutung.

Wegen dem sehr guten Einschmelzverhalten des Nephelin-Syenits bzw. des Feldspatsandes reicht es, wenn der Hauptkornanteil (> 90 Ma.-%) unter 0,315 mm liegt.

14.8 Kaolin

Kaolin ist ein natürlicher Rohstoff mit der chemischen Formel: $Al_2O_3 \cdot 2SiO_2 \cdot 2H_2O$. Der Aluminiumträger enthält ca. 39,5 Ma.-% Al_2O_3, 46,5 Ma.-% SiO_2 und 14 Ma.-% H_2O und wird unter anderem für die E-Glasfaserproduktion und für die Herstellung der Hochtemperaturfasern eingesetzt. Die mineralische Hauptkomponente des Kaolins bildet der trikline Kaolinit ($Al_2O_3 \cdot 2SiO_2 \cdot 2H_2O$) mit seinem typischen 1:1-Schichtpaket.

Das Rohkaolin stellt ein Endprodukt der physikalischen und chemischen Verwitterung der „sauren" Feldspäte wie z. B. Orthoklas dar. Durch das Schlämmen des Rohkaolins mit Wasser und durch Filtrieren, entsteht ein für die Glas-, Keramik- und Papierindustrie, hochwertiger Rohstoff. Zu den bekanntesten Kaolinen gehören: Meka, Sedlec Osmoza, Grolleg, Oka, Standard u. a. Der Rohstoff mit der blättrigen Struktur weist eine Korngröße der Aggregate, die unter 20 µm liegt, auf. Als Glasrohstoff für die Faserherstellung muss das Kaolin eine gleichmäßige chemische Zusammensetzung und eine gleichmäßige Korngrößenverteilung haben. Die für die Glasfaserherstellung bevorzugten Kaoline enthalten 55 bis 57 Ma.-% SiO_2 und nicht weniger als 30 Ma.-% Al_2O_3. Das Kaolin muss frei von Fremdstoffen sein, die die Glasqualität beeinträchtigen. Ein Vergleich der natürlichen Al_2O_3 – Träger zeigt die Tab. 14.3

14.9 Flussspat

Der Flussspat wird im Glasgemenge als Schmelzbeschleuniger eingesetzt.

Er wirkt als Flussmittel indem er die Glasviskosität stark herabsetzt. Obwohl sein Anteil im Gemenge nur 1,1 Ma.-% beträgt, weist er eine intensive einschmelzbeschleunigende Wirkung auf. Dies ist in einer Elektroschmelze mit relativ kurzer Verweilzeit der Glasschmelze in der Wanne von wesentlicher Bedeutung.

Außerdem wirkt Flussspat zusammen mit Natriumsulfat und Natriumnitrat als Läutermittel. Der Läuterprozess hat die Aufgabe, die Glasmasse zu homogenisieren und die Glasblasen und Gispen aus der Glasschmelze zu entfernen. Die aus den Läuterkomponenten freigesetzten Gase vergrößern die kleinen, vom Schmelzprozess gebliebenen Gasbläschen und ermöglichen dadurch ihr Aufsteigen.

Durch das Aufsteigen der vergrößerten Gasbläschen wird die Glasschmelze vermischt und die Inhomogenitäten reduziert bzw. beseitigt.

Flussspat zersetzt sich und reagiert mit SiO_2 nach der Reaktion:

$$2CaF_2 + SiO_2 \rightarrow 2CaO + SiF_4 \uparrow$$

Das entweichende gasförmige Siliziumtetrafluorid trägt zur Glasläuterung bei. Außerdem mit zunehmendem Fluorgehalt in der Glasschmelze erniedrigt sich ihr Wassergehalt. Dies verbessert auch den Läuterungsprozess der Schmelze.

Diese chemische Reaktion von Flussspat führt zur Reduzierung des SiO_2-Gehaltes im Glas und muss in der Gemengeberechnung unbedingt berücksichtigt werden.

Bei einem höheren CaF_2-Gehalt im Gemenge (über 5 %) kann eine Zusammenwirkung mit Na_2SO_4 zur Gallebildung führen (Sulfatgalle).

Flussspat muss die Anforderungen der Spezifikation mit ihren Toleranzen im Oxidgehalt und im Kornspektrum erfüllen.

Der Anteil an CaF_2 muss mindestens 97,0 Ma.-% betragen. Der Gehalt an Fe_2O_3 sollte nicht höher als bei 0,1 Ma.-% liegen.

Flussspat muss feingemahlen sein. Dabei sollte die Korngruppe unter 0,1 mm. mindestens 90,0 Ma.-% des Gesamtkornspektrums betragen.

Bei der Anwendung von Fluoriden als Läutermittel und Schmelzbeschleuniger ist es unbedingt notwendig darauf zu achten, dass die Emission von F_2 die Grenzwerte von „TA-Luft“ nicht überschreitet.

14.10 Natriumsulfat und Natriumnitrat

Natriumsulfat und Natriumnitrat stellen die typischen Läutermittel dar.

Die chemische Läuterung, die auf der Zersetzung der Läuterrohstoffen beruht, ist ein sehr wichtiger Vorgang bei der Glasherstellung.

Die thermische Dissoziation (Zersetzung) von Natriumsulfat und Natriumnitrat stellen folgende chemische Reaktionen dar:

$$2\,Na_2SO_4 \rightarrow 2\,Na_2O + 2\,SO_2\uparrow + O_2\uparrow$$
$$4\,NaNO_3 \rightarrow 2\,Na_2O + 4\,NO\uparrow + 3\,O_2\uparrow$$
$$\text{oder } 4\,NaNO_3 \rightarrow 2\,Na_2O + 2\,N_2\uparrow + 5\,O_2\uparrow$$

Das im Herstellprozess eingesetzte Natriumnitrat als sehr starkes Oxidationsmittel oxidiert die organischen Verunreinigungen, die die mineralischen Rohstoffe immer begleiten. Der kleine Anteil an Natriumnitrat (Natronsalpeter) im C- Glasgemenge beeinflusst auch die Redox-Zahl der Glasschmelze und das Verhältnis Fe^{+2}/ Fe^{+2} + Fe^{+3}.

Der prozentuale Anteil an Fe^{+2} zur Fe^{+2} + Fe^{+3} in der C- Glasschmelze beträgt 25,5 Ma.-%. Daraus resultiert ein SO_3-Gehalt (Gesamtschwefelgehalt) von 0,14 Ma.-%.

Die Zersetzung von Na_2SO_4, das thermisch sehr stabil ist (bis ca. 1500°C) erfolgt in Anwesenheit von SiO_2 bei niedrigeren Temperaturen (1100–1200°C).

Dabei ist zu erwähnen, dass die Löslichkeit von SO_3 in der Schmelze mit der steigenden Basizität des Glases zunimmt.

Für die Fertigung der Fasergläser wird überwiegend eine Sulfatläuterung (mit Na_2SO_4) angewandt. Die in der Glasschmelze verlaufenden chemischen Reaktionen können vereinfacht wie folgt dargestellt werden:

$$2\,Na_2SO_4(\text{Schmelze}) \rightleftarrows 2\,Na_2O(\text{Schmelze}) + 2\,SO_2\uparrow + O_2\uparrow$$
$$\text{bzw. } 2\,SO_3 \rightleftarrows 2\,SO_2\uparrow + O_2\uparrow$$

Die Auflösung von SO_3 in der Glasschmelze (Die Bildung und Zerfall von Na_2SO_4) hängt mit Partialdrücken von SO_2 und O_2 zusammen. Eine Reduzierung des O_2 -Gehaltes in der Ofenatmosphäre bewirkt eine Abnahme des SO_3 -Anteils in der Schmelze. Mit steigendem SO_2 + O_2 -Partialdruck sind nicht beliebig hohe SO_3–Mengen in der Schmelze löslich.

Bei höheren Na_2SO_4–Konzentrationen tritt eine Phasentrennung auf, die als Sulfatgallebildung bezeichnet wird. Der Partialdruck, bei dem die Sättigung erreicht wird, ist von der Glaszusammensetzung abhängig und nimmt mit abnehmendem Na_2O–Anteil bzw. mit steigendem SiO_2–Gehalt zu. Zu hohe Na_2SO_4–Anteile im Gemenge damit in der Schmelze werden sich in Tröpfchenform als Galle ausscheiden. Dies führt unter anderem zur verstärkten Korrosion der feuerfesten Steine, CaO–Anreicherung in der Galle und zur Schlierenbildung. Zu wenig Sulfat verursacht Gispenbildung.

Für Hochtemperaturgläser sind Natriumsulfat und Natriumnitrat als Läutermittel ungeeignet. Sie verursachen eine starke Schaumbildung in der Schmelze.

Beim Erschmelzen von Hochtemperaturgläser wird CeO_2 (in einer Menge von 0,2 bis 0,4 Ma.-%) als Läutermittel empfohlen. Das Ceriumdioxid zersetzt sich im Temperaturbereich 1100–1400°C nach der Reaktion:

$$4\,CeO_2 \rightarrow 2\,Ce_2O_3 + O_2\uparrow$$

Die Zugabe von Reduktionsmittel ins Gemenge erleichtert die Zersetzung.

14.11 Titandioxid

Titan(IV)-oxid wird in der Glasindustrie in mineralogischer Form von Rutil und Anatas als Rohstoff eingesetzt. Das Rutil-TiO_2 hat eine Dichte von 4,26 g/cm3. Die Dichte von Anatas beträgt 3,88 g/cm^3. Anatas wandelt sich bei 700°C irreversibel in Rutil um. TiO_2 hat eine Molmasse von 79,87 und einen Schmelzpunkt von 1855°C. Titandioxid wird überwiegend aus Ilmenit, nach dem Sulfatverfahren hergestellt. Das Verfahren kann mit den folgenden chemischen Reaktionen dargestellt werden:

$$FeTiO_3 + H_2SO_4 \rightarrow TiO(SO_4) + 2\ H_2O + FeSO_4$$

$$TiO(SO_4) + 2\ H_2O \rightarrow TiO_2 \cdot xH_2O + H_2SO_4$$

$$TiO_2 \cdot xH_2O \rightarrow TiO_2 + H_2O$$

Der Brechungsindex von Titanoxid, der mit der Kristallmodifikation zusammenhängt und die Dispersion von TiO_2 sind sehr hoch. Titandioxid ist doppelbrechend. Reine TiO_2 -Schmelze erstarrt nicht als Glas. Titan kann im Glas in mehreren Koordinationen auftreten. Dabei sind die $[TiO_4]$ -Tetraeder für die Glasbildung von entscheidender Bedeutung. Neben den $[TiO_4]$ - Gruppen sind im Glas auch $[TiO_6]$- Koordinationen vorhanden. Titandioxid hat eine vergleichsweise hohe Permittivitätszahl (Dielektrizitätskonstante). TiO_2 erhöht die UV-Absorption, das Elastizitätsmodul und die chemische Beständigkeit des Glases. Es wirkt im Glas als Keimförderer. TiO_2 ist ein Bestandteil von Gläsern mit hohen thermischen und mechanischen Eigenschaften (ECR-, R- und M-Faserglas) [6–8]. Die TiO_2 -Produktspezifikation für Fasergläser ist wie folgt:

Chemische Zusammensetzung:

Spezifikation

1) $TiO_2 \geq 98{,}5$ Ma.-%
2) Fe_2O_3 <0,12 Ma.-%
3) NaCl <0,05 Ma.-%
4) SO_3 <0,20 Ma.-%
5) $P_2O_5 \leq 0{,}05$ Ma.-%
6) Zr <0,10 Ma.-%
7) Cu, Cr, Ni <0,01 Ma.-%
8) Korngrößenverteilung Spezifikation:
9) Rückstand: Sieb0,045 mm $\leq 0{,}50$ %
10) Feuchtigkeit [Ma.-%] $\leq 0{,}5$

Titandioxid in Pulverform (d $\leq 10\ \mu m$) wird als vermutlich krebserzeugend bei Inhalation (probably carcinogenic- Kategorie 2) eingestuft. Der MAK-Wert von TiO_2 liegt bei 3 mg/m^3 und es ist nicht wassergefährdend.

14.12 Zinkoxid

Zinkoxid wird überwiegend im Oxidationsprozess von ZnS [Sphalerit (kubisch) und Wurtzit (hexagonal)], die ca. 65 % Zink enthalten, hergestellt.

$$2\,ZnS + 3\,O_2 \rightarrow 2\,ZnO + 2\,SO_2 \uparrow$$

Zinkoxid bilden hexagonale Kristalle mit einer Molmasse vom 81,83, einer Dichte von 5610 kg/m^3 und mit einem Schmelzpunkt von 1975°C. Die Schüttdichte von ZnO beträgt ca. 650 kg/dm^3 Es verdunstet intensiv ab ca. 1300°C wobei schon bei niedrigeren Temperaturen die Abdampfung zu beobachten ist. ZnO erhöht sowohl die Oberflächenspannung der Glasschmelze als auch die technologische Länge des Glases, beeinflusst positiv die Einschmelzbarkeit des Gemenges, erniedrigt im Hochtemperaturbereich die Viskosität der Schmelze, erhöht merklich die Oberflächenhärte und die Lichtbrechung, verringert die Wärmedehnung und verbessert die Wärmeleitfähigkeit als auch die Wasser- und Säurebeständigkeit der Gläser. Es ist eine oxidische Komponente, die in Gläsern mit hohen thermischen und mechanischen Eigenschaften (ECR-, R- und M-Faserglas), zu finden ist. [6–8] Die ZnO-Produktspezifikation für Fasergläser ist wie folgt:

Chemische Zusammensetzung:

Spezifikation:

1) ZnO >99,5 Ma.-%
2) Fe <0,002 Ma.-%
3) Pb <0,20 Ma.-%
4) Cd <0,06 Ma.-%
5) S $\leq$0,05 Ma.-%
6) Korngröße:Spezifikation:
7) Rückstand Sieb 0,045 mm $\leq$0,05 %
8) Feuchtigkeit [Ma.-%] $\leq$0,5

ZnO ist umweltgefährlich (MAK-1 mg/m^3) und wassergefährdend (WGK-2).

14.13 Glasscherben

In der Glastechnologie ist es üblich, dem Gemenge einen Anteil an Scherben (insbesondere Eigenscherben) zuzusetzen. Scherben werden in der Glasindustrie aus wirtschaftlichen Gründen (Rohstoff-, Energieeinsparung) und um die Umwelt zu schützen (Abfallvermeidung, Ressourcenschonung) eingesetzt. In einigen Bereichen (Grünhohlglas) kommen Glasscherben in einem Anteil von über 80 Ma.-% zum Einsatz.

Der Einsatz von Scherben verringert den Energieverbrauch der Glasschmelze und erleichtet das Einschmelzen von Gemenge. Bei einer Zugabe von 1 Ma.-% Scherben reduziert sich der Energieverbrauch um etwa 9,5 kJ/kgGlas [2].

Pro 10 Ma.-% Glasscherben ist eine Energieersparnis von ca. 3 % zu erwarten.

Der spezifische Energieverbrauch q für verschiedene Scherbenanteile als auch die prozentuale Energieersparnis ΔE lässt sich aus den folgenden Gleichungen berechnen:

$$q = q_o - 9,5\ b$$

$$\Delta E = \frac{\Delta q}{q} \cdot 100\%$$

dabei ist:

q_o – spez. Energieverbrauch der Gemengeschmelze [C-Glas: ca. 3700 kJ/kgGlas]
b – prozentualer Scherbenanteil [Ma.-%]

9,5 kJ/kgGlas – Energieverbrauchreduzierung bei 1 %-igem Scherbenanteil Die schmelzbeschleunigende Wirkung von Glasscherben, die sich aus der besseren Benetzung der Gemengekomponenten ergibt, ist allgemein bekannt.

Je kleiner die Scherbenkorngröße, desto schneller verläuft der Übergang von der Phase der offenen Porosität des Gemenges in die Phase der geschlossenen Porosität und letztendlich ins Stadium, in dem die Schmelze die Poren auffüllt.

Für den Zeitbedarf zum Zusammensintern und Aufschmelzen von Scherben gilt die Beziehung:

$$t \approx \frac{2d\ \eta}{\sigma}$$

d – Scherbenkorngröße (m)
η – Viskosität (Pas = Ns/m^2)
σ – Oberflächenspannung (N/m)
t – Zeitbedarf (s)

Im Schmelzprozess ist das erste Auftreten einer Schmelzphase im Gemenge ein Schlüsselereignis. Es ist der Startpunkt für die chemischen Reaktionen im Gemenge [5]. Erst ab diesem Zeitpunkt werden auch durch Scherben eingetragene Verunreinigungen (Keramik, Porzellan) angegriffen. Für den Schmelzverlauf spielt der Scherbenanteil als auch die Korngröße der Scherben eine wichtige Rolle. Je höher der Scherbenanteil und je feiner die Scherbenfraktion, desto schneller erreicht die Schmelze das Stadium der geschlossenen Porosität. Der negatine Effekt bei Feinscherben, insbesondere in Form von Glasfasern ist, dass sie die Gemengegase in der Schmelze, ziemlich lang eingeschlossen halten.

Nicht in allen Bereichen dürfen hohe Scherbenanteile eingesetzt werden. Dies betrifft auch den Glasfasersektor, der die Glasfaserabfälle wiederverwenden muss.

An den Glasfaserabfällen mit ihrer großen Oberfläche (s. Kap. 12) adsorbieren Gase (Wasserdampf, CO_2, SO_2), die zur Blasen- und Gispenbildung in der Glasschmelze führen. Aus den faserigen Produktionsabfällen, bevor sie dem Gemenge zugesetzt werden, sollte erst eine Fritte hergestellt werden. Dadurch wird, die an den Abfallfasern vorhandene Schlichte oder Präparation ausgebrannt und Läuterungsprobleme der Glasschmelze vermieden. Auch der Einsatz der Fremdscherben mit ihrer unterschiedlichen Vorgeschichte (unterschiedlicher Sulfat- und Sulfidgehalt) können die Elektroschmelze beeinträchtigen. Bei einem hohen Scherbenanteil muss die Menge des Läutermittels erhöht werden. Bei C-Glafaserherstellung werden Scherben in Faserform und als Glassplitter eingesetzt. Die faserigen Abfälle werden einem Aufbereitungsprozess (Waschen, Zerkleinern, Trocknen) unterzogen. Die Glassplitter werden direkt dem Gemenge zugeführt. Die Gesamtscherbenmenge (Fasern und Splitter), die im C-Glasschmelzprozess eingesetzt wird, beträgt ca. 10 Ma.-%.

Literatur

1. Jakob, U. Stötzel, E. et al.: Rohstoffe für die Glasindustrie. HVG-DGG, Fortbildungskurs (2004)
2. Glastechnische Fabrikationsfehler. Berlin-Heidelberg-New York, Springer (1980)
3. Lange, J.: Rohstoffe in der Glasindustrie. Deutscher Verlag für Grundstoffindustrie, Leipzig (1980)
4. Rzechuła, J., Teszner, R.: Surowce i technologia materiałów budowlanych-Laboratorium. Skrypt Politechniki Gdańskiej. Gdańsk (1980)
5. Conradt, R.: Einschmelzen von Gemenge und Glasscherben. Grundlagen des industriellen Glasschmelzprozesses. Hüttentechnische Vereinigung der Deutschen Glasindustrie. Verlag der DGG. Frankfurt/Main, S. 1–23 (1999)
6. US. Pat. 3484259 A
7. US. Pat. 3402055A
8. DE 102007036774 B4- Thermischbeständige Glasfasern, Verfahren zu deren Beschlichtung und Verwendung. EP 000002028166 B1 -Thermischbeständige Glasfasern.

15 Gemengeaufbereitung

Ein präzises, nach vorgegebener Rezeptur zusammengestelltes, homogenes Gemenge ist die erste Voraussetzung für einen Erfolg im technologischen Prozess.

Nur wenn ein einwandfreies Gemenge für die Beschickung der Elektroschmelzwanne zur Verfügung steht ist ein optimaler Produktionsprozess und optimale Glasqualität zu erwarten. Viele Glasfehler wie z. B. Steinchen, Schlieren sind oft auf ein fehlerhaftes Gemenge zurückzuführen. Dabei spielen die Korngrößenverteilung (Anteil an Korngröße über 0,5 mm) der verwendeten Rohstoffe, die Homogenisierung (Komponentenverteilung) des Gemenges, der „gefahrene" Durchsatz und die Feuchtigkeit des Gemenges eine entscheidende Rolle.

Das Rohstoffgemisch muss ohne Entmischung aufgelegt werden.

Die Rohstoff-Vorrat-Silos werden meistens pneumatisch befüllt. Die Dosierung der einzelnen Rohstoffe zum Verwiegen erfolgt über Vibrationsförderer.

Das Verwiegen der Rohstoffe und Scherben wird überwiegend mittels halbautomatischer bzw. elektronischer Behälterwaagen durchgeführt.

Die Waagenbehälter sind meistens mit Klopfer versehen, die ein Ausfließen von anbackendem Material gewährleisten.

Die abgewogenen Komponenten werden über einen Bandförderer, dem Mischer, zugeführt. Beim Mischen werden die Ausgangsstoffe des Gemenge in einem Prozessraum homogenisiert mit dem Ziel, weitgehend gleichmäßige Verteilung.

Der Mischungskomponenten zu erreichen (s. g. vollständige Zufallsmischung bzw. stochastische Homogenität).

In der ersten Phase geschieht ein grober Konzentrationsausgleich (Grobmischen), der in einem fließenden Vorgang letztendlich ins Feinmischen übergeht.

Das Feinmischen basiert überwiegend auf Kollisionsvorgängen und bestimmt am Ende den erreichbaren Zustand des Mischguts. Beim Mischen ist es sehr wichtig,

R. Teschner, *Glasfasern*, https://doi.org/10.1007/978-3-662-64123-1_15

dass durch die Unterschiede in der Partikelgröße bzw. Partikelgrößenverteilung und in der Dichte der Bestandteile zu keiner Entmischung kommt. Bei einer breiten Korngrößenverteilung der Gemengekomponenten besteht eine größere Gefahr der Entmischung. Es gilt auch, je gröber das Gemenge, desto stärker die Neigung zur Entmischung. Es ist allgemein bekannt, dass mit feineren Pulvern wesentlich bessere Mischgutqualität zu erreichen ist. Zu geringe Korngröße hat aber den Nachteil einer Verstaubung, schlechter Mischbarkeit und bereitet oft Läuterprobleme [3]. Für Borosilikatgläser (E-Glas) ist es von Vorteil, wenn die Korngröße von Quarzmehl und Feldspat unter 0,2 mm liegt. Dies verkürzt wesentlich die Schmelz- und Läuterzeit.

Beim diskontinuierlichen Mischprozess ist darauf zu achten, dass die Mischkomponenten der Prozesseinheit schon vorgemischt zugeführt werden.

Dadurch lässt sich die Mischzeit erheblich reduzieren. Um der Entmischung und der Verstaubung des Gemenges vorzubeugen ist es vorteilhaft, dass das Gemenge einen Feuchteanteil von 4 bis 5 % aufweist. Beim kontinuierlichen Mischen ist anzustreben, dass die Bestandteile gleichmäßig dosiert und kontinuierlich dem Prozessraum zugeführt werden [1]. Die Hochleistungsmischer zur Herstellung von homogenen Gemengen sind oft mit Wasserzugabe-Vorrichtungen ausgerüstet [2].

Nach der Homogenisierung wird das Rohstoffgemisch pneumatisch in die Gemenge-Silos befördert.

An allen dafür relevanten Stellen der Gemengeanlage wird der sich entwickelnde Staub abgesaugt und als Rohstoff dem Prozess wieder zugeführt [2].

Die Geometrie der Vorrat-Silos und ihre innere Auskleidung hängen mit den Rohstoffbeschaffenheiten zusammen. Beim Entwerfen und Konstruieren der Gemengeaufbereitungsanlagen müssen folgende Rohstoffeigenschaften unbedingt berücksichtigt werden:

- Rohstofffeuchte
- Korngröße
- Chemische Aggressivität
- Neigung zur Agglomeration
- Härte und Reibungsverhalten
- Schüttwinkel und Schüttdichte

Gemengehäuser auf einem sehr hohen technischen Niveau bietet die Firma ZIPPE an.

Ein vereinfachtes Schema der Gemengeaufbereitung (Gemengehaus) ist aus der Abb. 15.1 zu ersehen.

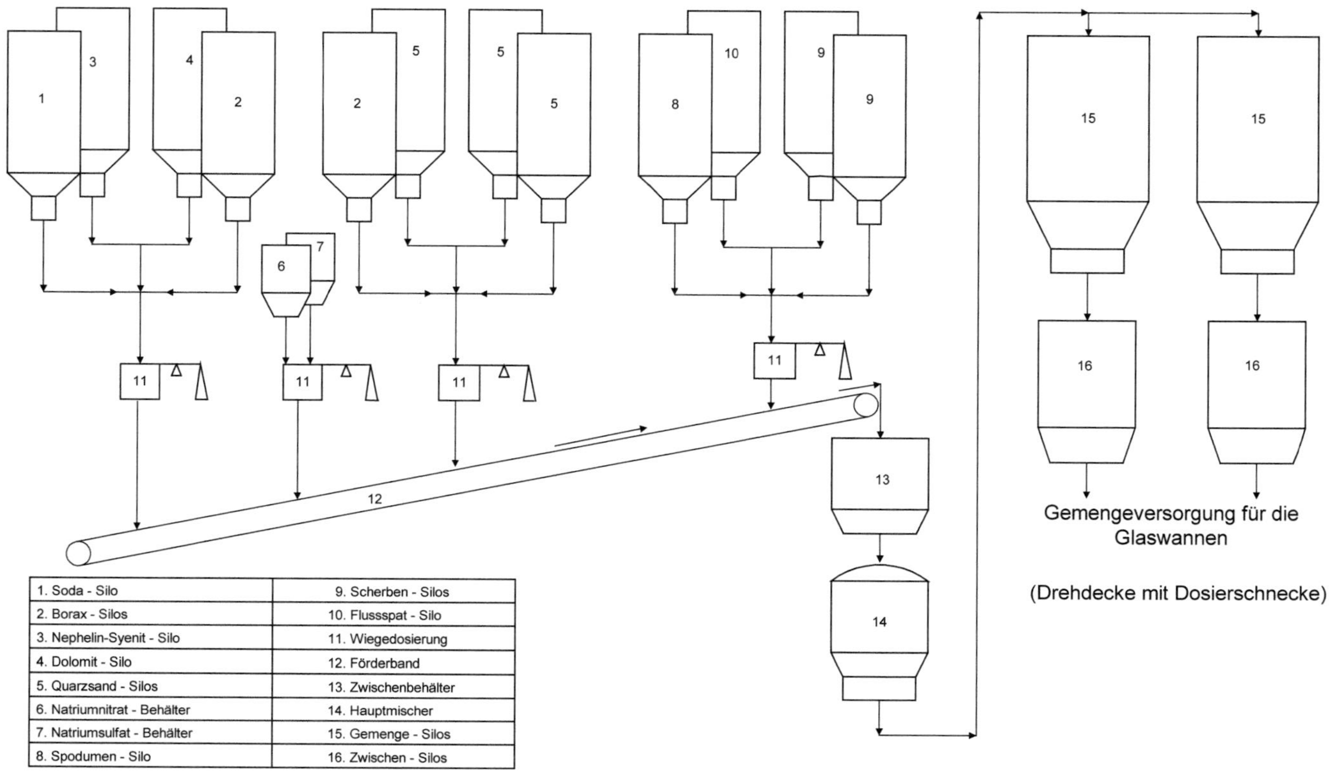

Abb. 15.1 Vereinfachtes Schema eines Gemengehauses

Literatur

1. Schubert, H., Liepe, F.: Handbuch der mechanischen Verfahrenstechnik. Wiley-VCH, Weinheim (2005)
2. Moser, H.: Vollautomatische Gemengeanlage für eine Hohlglashütte in England. Glas. Ing. **1** (2000)
3. Glastechnische Fabrikationsfehler. Springer, New York, (1980)

16 Schmelzen des Gemenges

Beim Erschmelzen des Gemenges, unabhängig von der Ofenkonstruktion, unterscheidet man folgende Etappen:

1. Silikatbildung
2. Glasbildung
3. Läuterung
4. Konditionierung

In den zwei ersten Etappen finden folgende Prozesse statt:

- Abgabe der Feuchte
- Abgabe des Kristallwassers
- Schmelzen der Gemengekomponenten
- Polymorphische Phasenumwandlungen und chemische Reaktionen

Das wichtigste Stadium im Schmelzprozess stellen die chemischen Reaktionen und polymorphischen Phasenumwandlungen dar.

Entgegen der alten Regel „corpora non agunt nisi liquida" reagieren die Gemengekomponenten schon im Niedrigtemperaturbereich (<500 °C) miteinander. Dabei ist die Reaktionsgeschwindigkeit noch sehr gering. Die ausgewählten, zu erwartenden Reaktionen und polymorphischen Phasenumwandlungen im Schmelzprozess von C Glas-Gemenge sind aus der Tab. 16.1 zu ersehen

Die chemischen Reaktionen in dem Mehrerkomponentensystem sind viel komplizierter als die in der Tab. 16.1 dargestellten Beispiele.

R. Teschner, *Glasfasern*, https://doi.org/10.1007/978-3-662-64123-1_16

Tab 16.1 Ausgewählte chemische Reaktionen und polymorphische Phasenumwandlungen beim Schmelzen eines C Glas-Gemenges [1]

Chemische Reaktionen und polymorphische Phasenumwandlungen	Temperat. °C
$CaO{\bullet}MgO + 2Na_2CO_3 \leftrightarrows CaO{\bullet}Na_2CO_3 + MgO{\bullet}Na_2CO_3$	<500
$\beta\ SiO_2$ (Quarz) $\leftrightarrows \alpha\ SiO_2$ (Quarz)	573
$MgO{\bullet}Na_2CO_3 + 2SiO_2 \leftrightarrows MgSiO_3 + Na_2SiO_3 + CO_2$	450–700
$4NaNO_3 \leftrightarrows 2Na_2O + 4NO_2 + O_2$	500–900
$CaO{\bullet}Na_2CO_3 + 2SiO_2 \leftrightarrows CaSiO_3 + Na_2SiO_3 + CO_2$	600–900
$5[CaO{\bullet}Na_2CO_3] + 12SiO_2 \leftrightarrows Na_2O{\bullet}3CaO{\bullet}6SiO_2 + 2[2Na_2O{\bullet}CaO{\bullet}3SiO_2] + 5CO_2$	650–900
$5[Na_2O{\bullet}2CaO{\bullet}3SiO_2] + 6\ SiO_2 \leftrightarrows 2Na_2O{\bullet}CaO{\bullet}3SiO_2 + 3[Na_2O{\bullet}3CaO{\bullet}6SiO_2]$	650–900
$Na_2CO_3 + SiO_2 \leftrightarrows Na_2SiO_3 + CO_2$	700–900
$Na_2CO_3 + 2SiO_2 \leftrightarrows Na_2O{\bullet}2SiO_2 + CO_2$	700–900
$\alpha\ SiO_2$ (Quarz) $\rightarrow \alpha\ SiO_2$ (Tridymit)	870
$MgO + SiO_2 \leftrightarrows MgSiO_3$	1000–1150
$CaO + SiO_2 \leftrightarrows CaSiO_3$	1000–1150
$CaSiO_3 + MgSiO_3 \leftrightarrows CaMg(SiO_3)_2$	1000–1200
$Na_2SO_4 + SiO_2 \leftrightarrows Na_2SiO_3 + SO_3$	1080
$\beta\ CaO{\bullet}SiO_2 \leftrightarrows \alpha\ CaO{\bullet}SiO_2$ (Wollastonit)	1180
$2Na_2SO_4 \leftrightarrows 2Na_2O + 2SO_2 + O_2$	1200

Wie allgemein bekannt, kann der Schmelzprozess in folgende Phasen unterteilt werden:

- Rauhschmelze
- Feinschmelze
- Läuterung
- Homogenisierung

In den fossilbefeuerten Anlagen (mit oder ohne EZH) sind die Phasen waagerecht nebeneinander angeordnet. Es ist von wesentlicher Bedeutung, dass die einzelnen Phasen des Schmelzprozesses voneinander getrennt bleiben und sauber ablaufen.

Damit verhindert man, dass ein fertiggeläutertes und homogenisiertes Glas sich mit frisch aufgeschmolzenem Glas oder sogar mit nicht aufgeschmolzenen Gemengekomponenten vermischt. Die auf diese Weise entstandenen glastechnischen Fabrikationsfehler (Blasen, Gispen, Gemengesteinchen, u. a.) beeinflussen negativ den Spinnprozess. Für ein einwandfreies Arbeiten einer kontinuierlich betriebenen Glasschmelzwanne ist eine örtliche Trennung der o. g. Einzelphasen notwendig [2–4].

Die Trennung zwischen dem Schmelzteil der Wanne (Rauhschmelze + Feinschmelze) und dem Läuterteil erfolgt u. a. mithilfe der zwei großen Strömungswalzen (erzwungener Konvektionsstrom und freie Konvektionsströmung). Die höchste Temperatur in einer Schmelzwanne liegt im s. g. Quellpunkt, in der Mitte der Läuterzone, wo die Zersetzung des Läutermittels und die Gasentbindung stattfindet. Die Strömungswalzen, Bubbling und Läuterung sorgen für gute Durchmischung und

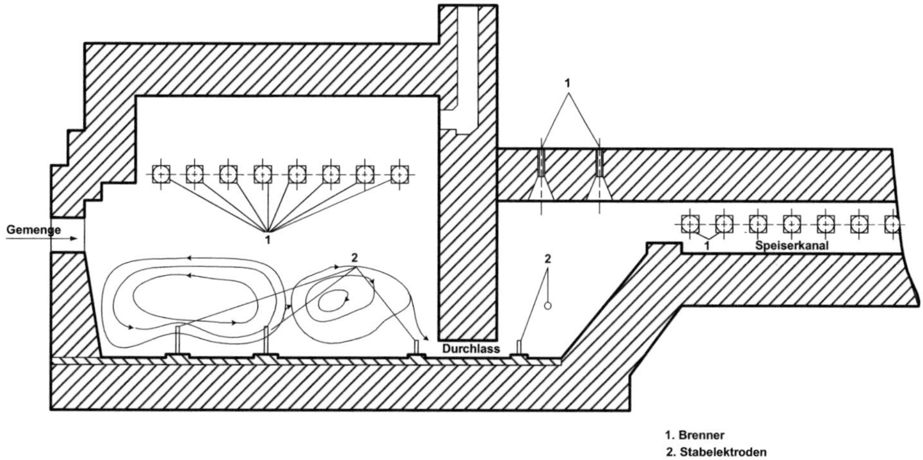

Abb. 16.1 Schematische Darstellung der Hauptströmungswalzen

Homogenisierung der Glasschmelze. Bei Schmezwannen mit EZH muss die elektrische Leistung so angepasst werden, dass die Gemengedecke nicht in die Durchlassrichtung abdriftet. Die schematische Darstellung der Hauptströmungswalzen ist aus der Abb. 16.1 zu ersehen.

Es ist allgemein bekannt, dass bei wenig ausgeprägten Strömungswalzen, insbesondere bei kaum existierender Rückströmung vom Quellpunkt zum Einlegebereich, die Gefahr besteht, dass unaufgeschmolzene Anteile in den Entnahmestrom gelangen. Bei vollelektrisch beheizten Schmelzaggregaten, die überwiegend als s. g. Schachtöfen (wie z. B. VSM-Melter) konstruiert sind, befinden sich die Zonen, in denen die Einzelphasen verlaufen, übereinander. Dabei spielt die vertikale Temperaturverteilung eine wichtige Rolle. Der Schmelzverlauf in vertikalen Schichten ist auf der Abb. 18.3 zu sehen.

Beim Schmelzprozess unter Cold-Top-Bedingungen ist darauf zu achten, dass die Gemengedecke, insbesondere die sog. „Lederhaut" als Reaktionsschicht weich bleibt ohne zu verkrusten, damit die Läuterung nicht beeinträchtigt wird. Eine Verkrustung des Gemengeteppichs führt zur Blasen- und Gispenbildung [5–7].

16.1 Läuterung von Glasschmelzen

Eine der wichtigsten Phasen der Glasherstellung ist die Läuterung. Das Ziel der Läuterung ist die in der Glasschmelze eingeschlossene Reaktions- und Gemengegasen zu entfernen. Wie das aus der Tab. 16.1 hervorgeht, viele von den in der Glasschmelze verlaufenden, chemischen Reaktionen, sind mit einer Gasfreisetzung verbunden. Die Blasen und Gispen als technologischer Störungsfaktor, müssen aus der Schmelze entfernt werden. Das Grundprinzip ist das Mitreißen der kleinen Blasen durch schnell aufsteigende größere Blasen. Es kommt überwiegend chemische Läuterung (auch mit physikalischen Methoden unterstützt, wie z. B. Bubbling) zum Einsatz. Dem Gemenge werden Läutermittel zugesetzt, die in einer Zersetzungsreaktion, Gase abspalten. Als Läuterungsrohstoffe werden meistens folgende chemische Verbindungen eingesetzt:

- Halogene ($NaCl$, KCl, CaF_2)
- Nitrate (KNO_3, $NaNO_3$)
- Oxide (As_2O_3, Sb_2O_3, CeO_2)
- Sulfate (Na_2SO_4)

Hochtemperaturgläser, wie z. B. ECR-, R-Gläser werden mit NaCl geläutert, das bei hohen Läutertemperaturen aufgrund seines Dampfdruckes flüchtig ist. Alkalifreie hochschmelzende Gläser, z. B. für LCD-Displays, verwenden SnO_2 als Läutermittel. Ausgewählte Läutermittel wurden im Kap. 14 (14.9 und 14.10) beschrieben. Die Fremdgase aus dem Läutermittel diffundieren in eine Glasschmelzblase, erhöhen ihren Partialdruck, vergrößern sie und beschleunigen das Aufsteigen der Blasen. Dabei spielt die Temperatur im Läuterbereich eine wichtige Rolle. Die Blasen müssen entsprechende Größe erreichen, damit sie nicht von der Glasschmelze resorbiert werden können. Blasenwachstum und Blasenbewegung verbessern die Homogenisierung der Glasschmelze, indem sie entsprechende Strömungen hervorrufen. Um technologische Probleme zu vermeiden und optimale Läuterung zu gewährleisten, muss die Menge an Läutermittel präzise ermittelt werden.

Die Aufstiegsgeschwindigkeit „V" einer Blase mit dem Radius „R" in einer Schmelze mit der Dichte ρ und Viskosität η kann man aus der Stokes-Formel berechnen:

$$\mathrm{V} = \frac{R^2 \cdot \rho \cdot g}{3\eta}$$

g Gravitationskonstante.

Die Aufstiegsgeschwindigkeit ist in der Praxis höher als die, die sich aus der Stokes-Formel ergibt [9].

Ein wesentlicher Störungsfaktor bei der Glasherstellung, insbesondere während der Läuterung, ist die Schaumbildung. Es ist der sogenannte Läuterschaum auch Sekundärschaum genannt. Die Schaumbildung hängt von der Temperatur vom Läutermittelgehalt als auch vom Wassergehalt im Ofenraum und vom Redoxzustand der Schmelze ab [8]. Bei einer Sulfatläuterung entstehen SO_2 und O_2 nach den chemischen Reaktionen:

$$2Na_2SO_4 \rightarrow 2Na_2O + 2SO_2 \uparrow + O_2 \uparrow$$

$$2Na_2SO_4 + xSiO_2 \rightarrow 2Na_2O \cdot xSiO_2 + 2SO_2 \uparrow + O_2 \uparrow$$

Bei dieser Läuterung bilden den Läuterschaum überwiegend SO_2 und O_2. Bei der Läuterung mit As_2O_3, Sb_2O_3 oder CeO_2 wurde das plötzliche Aufschäumen im

Quellpunkt des Ofens selten beobachtet. Die Art und die Menge des Läutermittels muss so gewählt werden, dass sie einen optimalen Verlauf des Schmelzprozesses und die optimale Qualität des Glases damit auch die Qualität der Glasprodukte, gewährleistet.

Eine homogene Schmelze ist eine der wichtigsten Voraussetzungen für einen Erfolg im Produktionsprozess der Glasfasern.

16.2 Wärmebedarf für den Schmelzprozess

Erwärmt man das Rohstoffgemenge j von der Temperatur T_1 auf die Temperatur T_R, bei der Umwandlungen oder Reaktionen l mit der Enthalpieänderung $R_l(T_R)$ ablaufen und erwärmt man die Reaktionsprodukte weiter auf die Temperatur T_2, lässt sich die Enthalpieänderung ΔH_{12} mit folgender Gleichung beschreiben [10]:

$$\Delta H_{12} = \sum_j m_j \int_{T_1}^{T_R} c_{pj} dT + \sum_l R_l(T_R) + \sum_k m_k \int_{T_R}^{T_2} c_{pk} dT$$

C_{pj} spezifische Wärmekapazität der einzelnen Rohstoffe
C_{pk} spezifische Wärmekapazität der Reaktionsprodukte

Dabei spielt es keine Rolle ob man die Rohstoffe von T_1 auf T_R erwärmt und reagieren lässt oder ob man die Rohstoffe bei T_1 reagieren lässt und die Reaktionsprodukte anschließend auf T_R erwärmt [10]. Damit vereinfacht sich die Entalpieänderungsformel wie folgt:

$$\Delta H_{12} = \sum_l R_l(T_1) + \sum_l m_k \int_{T_1}^{T_2} c_{pk} dT$$

Nach dem Hessschen Satz lassen sich die Umwandlungs- und Reaktions-Tönungen R_l durch die Bildungsenthalpien der Rohstoffe und der Reaktionsprodukte darstellen.

$$\sum_l R_l(T_1) = \sum_k B_k(T_1) - \sum_j B_j(T_1)$$

Damit beträgt die Enthalpieänderung:

$$\Delta H_{12} = \sum_k B_k(T_1) - \sum_j B_j(T_1) + \sum_k m_k \int_{T_1}^{T_2} c_{pk} dT$$

Bezogen auf die Menge des erschmolzenen Glases „m_0" lässt sich die spezifische Nutzwärme q_N definieren:

$$q_N = \frac{1}{m_0} \left(\sum_k B_k(T_1) - \sum_j B_j(T_1) + m_0 \int_{T_1}^{T_2} c_{pk} dT \right)$$

Oft wird der theoretischer Wärmebedarf „q_T“ aus der Formel:

$$q_T = \frac{1}{m_0}\left(\sum_k B_k(T_1) - \sum_j B_j(T_1) + m_k \int_{T_1}^{T_{max}} c_{pk} dT\right)$$

errechnet [10].

Dabei ist T_{max} die maximale Prozesstemperatur (überwiegend die Temperatur der Durchlaßschmelze), die nicht nur die Reaktionsprodukte, sondern auch die Reaktionsgase erreichen müssen.

Fast alle beim Erschmelzen des Gemenges verlaufende, chemische Reaktionen und Umwandlungen sind endothermisch und bedürfen Wärmezufuhr. Der chemische Wärmebedarf (Enthalpie) ΔH_{chem} beinhaltet die Energiemenge des Umsatzes:

Gemenge (25 °C) → Schmelze + Gemengegase (T_1) [11, 13]

$$\Delta H_{chem} = \Delta H_{roh} + \Delta H_{ref} + \Delta H^{vit}$$

Bei einem Scherbenanteil y_c (bezogen auf die Menge erschmolzenen Glases; $0 < y_c < 1$) gilt:

$$\Delta H_b = (1 - y_c) \cdot [\Delta H_{chem} + \Delta H_T(gas)] + \Delta H_T(gl)$$

ΔH_b Wärmebedarf.
ΔH_{chem} Chemischer Wärmebedarf.
$\Delta H_T(gl)$ Wärmeinhalt der Schmelze.
ΔH_{ref} Bildungswärme der kristallinen Gleichgewichtsphasen.
ΔH^{vit} Glasbildungswärme.

Wenn man berücksichtigt, dass der Scherbenanteil sehr klein ist, dann gilt [11, 13]:

$$H_{ex} = \Delta H_{chem} \cdot \left(1 - y_c\right) + \Delta H_T(gl)$$

H_{ex} theoretischer Wärmebedarf (Nutzwärme)
T_{ex} Temperatur der Durchlaß- bzw. Refinerschmelze
ΔH_T (gas) Wärmemenge zur Erwärmung der Gemengegase auf die Abgastemperatur

Der theoretische Wärmebedarf liegt meistens im Bereich von 2,2 bis 2,8 GJ/t (GJ/Mg). Dabei beträgt die spezifische Nutzwärme ca. 70–80 % des theoretischen Wärmebedarfes.

Für eine Abschätzung des Wärmebedarfes Q_v zum Schmelzen von Glas, kann man sich der Formel [12] bedienen:

$$Q_v = 4{,}1855 \left[(280 + 1400p)\ (1-c) + 0{,}29\ T_{max}\right] \quad \text{in} \quad \left[\text{kJ/kg Glas}\right]$$

Dabei ist:

P Feuchtigkeit des Gemenges (bei 3 %; p = 0,03).
c Scherbenanteil (bei 20 %; c = 0,20).
T_{max} Maximale Schmelztemperatur (Temperatur der Durchlaßschmelze).

Für ein Kalknatronsilikatglas, hergestellt aus einem Gemenge mit 4 % Feuchte und mit einem Scherbenanteil von 20 %, erschmolzen bei T_{max} von 1400 °C, ergibt sich ein Wert von 2825 kJ/kg = 785 kWh/t.

Literatur

1. Praca zbiorowa: Technologia szkła. Arkady. Warszawa, (1972)
2. Konárek, F.: Erkenntnisse über Forschung und Betrieb der vollelektrischen Glasschmelzöfen. IV Konfer. über elektrisches Glasschmelzen in Usti nad Labem/CSSR 1974 Bd.1
3. Reynolds, M.C.: Melting of borosilicate glass in allelectric furnace. Glass Int. **5** (1981)
4. Trier, W.: Glasschmelzöfen. Konstruktion und Betriebsverhalten. Springer, Berlin-Heidelberg-New York (1984)
5. Beyersdorfer, H.: Über die direkte elektrische Beheizung einer Kleinwanne. Silikattechnik **25**, 351–353 (1974)
6. Conradt, R., Krämer, F. et al.: Grundlagen des industriellen Glasschmelzprozesses. Hüttentechnische Vereinigung der Deutschen Glasindustrie. Verlag der DGG. Frankfurt/Main, 3–42 (1999)
7. Fachausschußbericht der DGG Nr. 75: Glasschmelzofenbau. Stand der Technik. Frankfurt (1998)
8. Berkens, R.: Schaumverhalten und Verdampfung. Hüttentechnische Vereinigung der Deutschen Glasindustrie.Verlag der DGG. Frankfurt/Main, 73–125 (1999)
9. Glastechnische Fabrikationsfehler. Springer, Berlin-Heidelberg-New York, Springer (1980)
10. Nölle, G.: Technik der Glasherstellung. 3. Auflage. Deutscher Verlag für Grundstoffindustrie, Stuttgart, 85–87 (1997)
11. Conradt, R.: Einschmelzen von Gemenge und Glasscherben. Hüttentechnische Vereinigung der Deutschen Glasindustrie. Verlag der DGG. Frankfurt/Main, 1–23 (1999)
12. Leveque, M.: Informationstage der Elektroindustrie. Deauville, Juni 1971
13. Conradt, R.: Zusammenhang zwischen dem theoretischen Wärmebedarf der Reaktion Gemenge → Schmelze und dem minimalen Wärmebedarf eines Schmelzaggregates. Vortrag auf der DGG-Jahrestagung am 27. Mai 2003 in Leipzig

Elektrische Glasschmelze 17

Das C- Glas wird meistens in einer Elektrowanne hergestellt [1, 2].

Eine Glasschmelze im direkten Stromdurchgang zu beheizen ist seit dem Jahr 1900 bekannt. Die rasante Entwicklung der Elektroschmelze begann in den 50-gern Jahren mit der Einführung der Molybdänelektroden [3, 4].

Eine elektrische Glasschmelze hat im Vergleich mit flammenbeheizten Anlagen folgende.

Vorteile:

- niedrigere Investitionskosten
- kaum Umweltbelastung durch Staub- und Schadgasemissionen
- höherer Wirkungsgrad
- geringerer Platzbedarf
- geringerer Wartungsaufwand
- höhere spezifische Schmelzleistung (t/m^2h)

Ein großer Nachteil einer Elektroschmelze stellen ihre hohen Betriebskosten dar.

Für eine Elektroschmelze sind nur die Gläser geeignet, die eine erforderliche Leitfähigkeit besitzen. Gläser mit hohem Anteil an Alkaliionen, die eine hohe Bewegungsfreiheit aufweisen um den Ladungstransport (Stromtransport) zu gewährleisten, sind für eine elektrische Schmelze ausgezeichnet geeignet [5]. Gläser mit nur wenig Alkalien wie z. B. E-Glas ($R_2O < 1,0$ Ma.-%) weisen sehr hohen elektrischen Widerstand (niedrige Leitfähigkeit) auf und sind für eine elektrische Schmelze weniger geeignet. Wegen der chemischen Zusammensetzung ist das C-Glas für eine Elektroschmelze besonders prädestiniert. Für eine Elektroschmelze wird nur Wechselstrom verwendet.

R. Teschner, *Glasfasern,* https://doi.org/10.1007/978-3-662-64123-1_17

Beim elektrischen Schmelzen von Glas unter Cold-Top-Bedingungen schirmt die geschlossene Gemengedecke das heiße Glas vom kalten Oberofen ab. Ein Cold-Top-Ofen im Vergleich zu herkömmlichen fossil befeuerten Öfen liefert einen hervorragenden Beitrag zu Umweltschutz und Ressourcenschonung bei gleichzeitig geringen, notwendigen Investitionen für die Emissionskontrolle.

Die Cold-Top-Gemengekruste stellt ein ideales, selbstreinigendes Emissionsbegrenzungsfilter dar. Innerhalb der kalten Gemengeschicht kommt es zu Rückkondensation von zuvor bei höheren Temperaturen verdampften Gemenge- bzw. Glaskomponenten.

Auf diese Weise werden sie im Kreis gefahren, ohne in die Umgebungsatmosphäre zu entweichen. Zusätzlich zum erwähnten Filtereffekt entfallen bei den vollelektrischen Wannen die Emissionen, die bei fossil befeuerten Öfen aus dem Flammenraum kommen. Außer den Vorteilen hinsichtlich Luftreinhaltung und Einsparungen an leichtflüchtigen Gemengebestandteilen gibt es wichtige technologische Vorteile der vollelektrischen Schmelze [6, 7]. Eine elektrische Cold-Top-Schmelze bedarf meistens weniger Läutermittel (insbesondere bei NaCl-Läuterung) als flammenbeheizte Glasschmelzöfen.

Für eine elektrische Schmelze ist es auch wichtig, dass die zu erschmelzenden Gläser keine besonders große Temperaturänderung des spezifischen Widerstandes aufweisen. Dieses Verhalten nennt man thermische Instabilität [4, 8, 9].

Die thermische Instabilität D lässt sich aus der Gleichung:

$$\mathrm{D} = \frac{dP/dT}{dq/dT}$$

$\frac{dP}{dT}$ Änderung der elektrischen Leistungsaufnahme
$\frac{dq}{dT}$ Änderung der Wärmeabgabe mit der Temperatur

abschätzen.

Dabei gilt:

$$\frac{dP}{dT} = \frac{E_\mathrm{a}}{RT^2} \times P$$

E_a Aktivierungsenergie
R Elektrischer Widerstand
P Wirkleistung ($\mathrm{P} = \mathrm{U} \times \mathrm{I} \times \cos\varphi$)
T Temperatur (K)

$$\frac{dP}{dT} = \frac{I^2}{A^2}\frac{d\rho}{dT}$$

$\frac{d\rho}{dT}$ Änderung des spez. Widerst. mit der Temperatur
$\frac{I}{A}$ Elektrische Stromdichte

$$\frac{dq}{dT} = \frac{(\lambda_L + \lambda_{STR}) \cdot \frac{A}{V} + \alpha}{l}$$

λ_L Wärmeleitfähigkeit der Schmelze
λ_{STR} Strahlungsfähigkeit der Schmelze
α Wärmeübergangskoeffizient (Konvektion)
l Lineare Ausdehnung des betrachteten Volumens
V Betrachtetes Volumen
A Oberfläche des betrachteten Volumens

Dabei gilt:

$D>1$ Volumenbereich thermisch instabil
$D<1$ Volumenbereich thermisch stabil

Diese Gleichungen erfassen nicht nur die Energieaufnahme einer Glasschmelze, sondern auch ihre Energieabgabe durch Wärmeleitung, Strahlung und Konvektion.

Außer einer vollelektrischen Glasschmelzwanne, kommen für die Herstellung eines Faserglases, flammenbeheizte Öfen mit einer elektrischen Zusatzheizung (EZH) zum Einsatz. Der Elektroenergieanteil in diesem kombinierten Beheizungssystem (Mixed melting) liegt bei ca. 20 %.

Durch den Einsatz von EZH kann unter anderem folgendes erreicht werden [10]:

- Reduzierung der NO_x und SO_x – Emissionen
- Verbesserung bzw. keine Verschlechterung der Glasqualität
- Steigerung der Schmelzleistung

Der Einbau der Mo-Elektroden wird überwiegend im Vorderofen, im Hinterofen im Durchlass und im Riser realisiert.

Im Schmelzbassin werden meistens Bodenstabelektroden eingebaut.

Die modernsten Elektroschmelzwannen bietet die Firma SORG an.

Eine Variante der Querbrennerwanne mit elektrischer Zusatzheizung ist auf der Abb. 18.5 zu sehen.

17.1 Elektroden

Wie schon erwähnt war die Entwicklung der elektrischen Glasschmelze eng mit der Entwicklung entsprechender Elektrodenmaterialien verbunden.

Die Elektrodenmaterialien müssen folgende Anforderungen erfüllen:

- Gute elektrische Leitfähigkeit
- Beständigkeit gegenüber Glasschmelzen und feuerfesten Materialien
- Oxidationsbeständigkeit an der Luft bis mindestens 800 °C
- Ausreichende mechanische Festigkeit bis 1700 °C
- Gute Temperaturwechselbeständigkeit

Zu den besten Elektrodenmaterialien gehören Platin, Molybdän und Zinnoxid [4].

In den Elektrowannen werden überwiegend Molybdänelektroden eingesetzt.

Die physikalischen Eigenschaften von Elektrodenmolybdän sind aus der Tab. 17.1 zu ersehen.

Wie allgemein bekannt hängen die physikalischen Mo-Eigenschaften mit den Anteilen an Verunreinigungen zusammen.

Gefährlich für Molybdän sind Metalle, die in der Spannungsreihe vor Molybdän stehen wie z. B. Blei, Antimon, Arsen.

Die Oxide dieser Elemente, die auch zu den Glaskomponenten zählen, werden durch Molybdän reduziert. Dabei unterliegt Mo einer starken Oxidation.

Die Red-Ox-Reaktionen zwischen dem Molybdän und einigen Oxid-Verbindungen stellen vereinfacht folgende Beispiele dar:

$$
\begin{aligned}
&3pbO + Mo && \rightarrow MoO_3 + 3Pb \\
&2As_2O_3 + 2Mo && \rightarrow 2MoO_3 + 4As \\
&3Sb_3O_4 + 4Mo && \rightarrow 4MoO_3 + 9Sb \\
&4Na_2SO_4 + Mo && \rightarrow MoS_2 + 4Na_2O + 2SO_2 + 4O_2 \\
&2NaNO_3 + Mo && \rightarrow MoO_3 + Na_2O + 2NO
\end{aligned}
$$

Das Oxidationsprodukt (MoO_3) verleiht der Glasschmelze einen gelben Stich.

Darüber hinaus sollen die Anteile an den stark oxidierenden Glaskomponenten möglichst niedrig gehalten werden [11].

Die maximalen, zulässigen Gehalte an $NaNO_3$, Na_2SO_4 und $As_2O_3+Sb_3O_4$ und ihre Anteile im C Glas-Gemenge sind in der Tab. 17.2 zusammengestellt.

Tab. 17.1 Physikalische Eigenschaften von Elektrodenmolybdän [4]

Physikalische Eigenschaft	Wert
Schmelzpunkt °C	ca. 2650
Dampfdruck bei 1800 °C mbar	$10{,}7 \cdot 10^{-7}$
Spezifische Wärme bei 1400 °C J/gK	0,33
Wärmeleitfähigkeit bei 1000 °C W/mK	103
Wärmeleitfähigkeit bei 1600 °C W/mK	66
Lineare Ausdehnung bei 293 °K K^{-1}	$5{,}3 \cdot 10^{-6}$
Spez. El. Widerstand bei 1000 °C μΩcm	27
Spez. El. Widerstand bei 1500 °C μΩcm	43

Tab. 17.2 Maximal zulässige Gehalte an $NaNO_3$, Na_2SO_4 und $As_2O_3 + Sb_3O_4$ und ihre Anteile im C Glas-Gemenge

Komponente	Max. zulässiger Gehalt pro 1 t Sand (Kg)	Gehalt im C-Glas Gemenge pro 1 t Sand (Kg)
Na_2SO_4	<5,0	4,1
$NaNO_3$	<3,0	0,41
$As_2O_3 + Sb_3O_4$	<0,25	Keine

Wegen ziemlich starker Oxidation von Molybdän an der Luft (ab 400 °C) müssen die nicht von der Glasschmelze umgebenen Bereiche unter 400 °C gekühlt werden.

Dies muss bei der technischen Ausführung der Elektrodenhalter berücksichtigt werden. Die Molybdänelektroden unterliegen in der Glasschmelze Korrosionsprozessen, die zur Abnutzung der Elektroden führen und dabei die Glasqualität beeinträchtigen (Verunreinigung der Schmelze mit Mo-Verbindungen).

Die Korrosionsgeschwindigkeit (Abnutzungsgrad) der Mo-Elektroden ist von der chemischen Zusammensetzung des Glases, von der Schmelztemperatur und von der Stromdichte abhängig.

Von den allgemein bekannten Schutzmethoden der Mo-Elektroden ist nach Erfahrungen des Autors der kathodische Schutz optimal.

In einer vollelektrischen Wanne mit einer Leistung von 60 Tagestonnen und mit einer Durchsatzrate von 2,45 t/m^2d, wurde mit dem kathodischen Schutz der Mo-Abtrag um 45 Ma-% reduziert. Es ist auch verständlich, dass damit auch die Qualität des Glases verbessert wurde. Die technologisch-ökonomische Vorteile, die sich aus dem kathodischen Schutz der Elektroden ergeben, sind unbestritten.

In einer Elektrowanne bzw. in einer Wanne mit elektrischer Zusatzheizung (EZH) ist die Anordnung der Elektroden von wesentlicher Bedeutung.

Die Elektrodenanordnung beeinflusst:

- die Wärmeabgabe
- die Lebensdauer der Elektroden
- die Verteilung der Stromdichte
- die Strömungen in der Wanne
- die Glasqualität

Waagerechte Stabelektroden kommen dort zum Einsatz, wo in einer horizontalen Ebene des Glasbades eine Temperaturerhöhung notwendig ist. Die gegenüberliegenden Elektroden erzeugen eine gleichmäßige Verteilung der Stromdichte und damit auch eine gleichmäßige Verteilung der Wärme im Glasbad. Wichtig sind dabei, die Positionierung der Elektroden und der Abstand, damit die vorderen Bereiche der Elektroden keiner zu hohen Stromdichte ausgesetzt sind. Waagerechte Stabelektroden werden gerne in Schachtöfen und in U-Flammenwannen (mit EZH) eingebaut.

Die senkrechten Stabelektroden ermöglichen in der Schmelze räumlich konzentriert hohe Wärmeleistungen zu erzielen. Der Einbau der Vertikalelektroden ist komplizierter als bei Seitenelektroden und bedarf mehr Erfahrung und Sorgfalt.

Die senkrechten Bodenelektroden werden meistens als elektrische Zusatzheizung (EZH) installiert. Die Glasströmungen bei waagerechter und senkrechter Anordnung der Elektroden zeigt Abb. 17.1 [4].

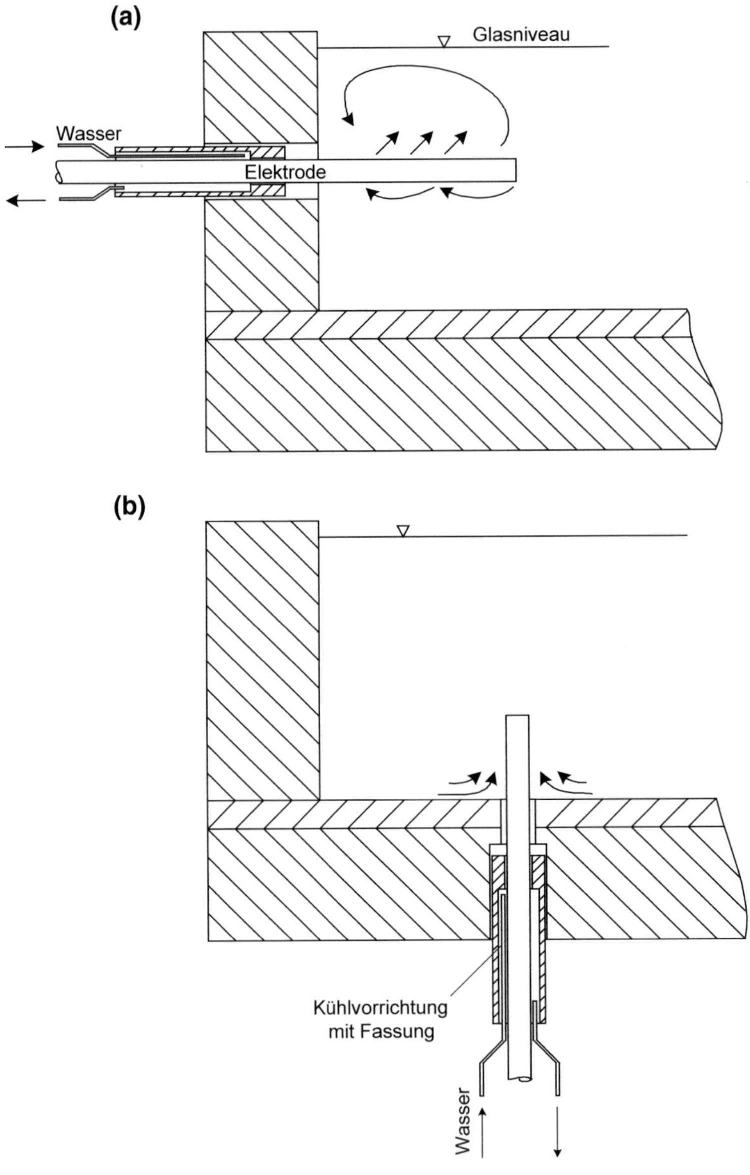

Abb. 17.1 Glasströmungen bei waagerechter und senkrechter Elektrodenanordnung

Die stärkste Glasströmung bei waagerechter Anordnung (s. Variante A) herrscht im Kopfbereich und über der Elektroden. Dies führt zu einer muldenförmigen Abnutzung der Kontaktsteine über den Elektroden.

Bei senkrechten Positionierung (s. Variante B) bildet sich um die Elektroden eine intensive Konvektionsströmung mit einer Reichweite bis zum Wannenboden.

Die Intensität der Strömung hängt mit der Elektrodenlänge zusammen und nimmt mit der Reduzierung der Stablänge in der Wanne, zu.

17.2 Feuerfeste Steine

In einer Elektrowanne sind die feuerfesten Steine (FF-Steine) neben dem Elektrodenmaterial der einzige glasfremde Stoff, mit dem die Schmelze in Berührung kommt.

Sowohl die Qualität des hergestellten Glases als auch die Wannenreise sind von der Type und Qualität der feuerfesten Steine abhängig [9, 12].

Die Qualität der feuerfesten Steine kommt besonders zur Geltung bei hoher Durchsatzrate und hoher Wärmestromdichte einer Elektrowanne. Bei minderwertigen feuerfesten Steinen muss man verkürzte Wannenreisen in Kauf nehmen. Darüber hinaus ist die Auswahl der optimalen Werkstoffe für den Glasschmelzofenbau von wesentlicher Bedeutung [12, 13].

Die Anforderungen ans Feuerfestmaterial für den Glasschmelzkontaktbereich sind wie folgt:

- ausreichende Feuerfestigkeit und Druckfeuerbeständigkeit
- ausreichende Temperaturwechselbeständigkeit
- hohe Korrosionsbeständigkeit
- keine negative Beeinflussung der Glasschmelze (Schlieren-, Blasenbildung u. a.)
- hohe Beständigkeit gegen Metalltropfenbohren (Bodenmaterial)

Die für den Glaskontakt vorgesehene FF-Steine (Palisadensteine) sollte man vorher entsprechendem Test in der Glasschmelze unterziehen. Dies betrifft insbesondere feuerfeste Steine, die in neuentwickelten Gläsern ihren Einsatz finden sollten.

Als Testmethoden werden empfohlen [12, 14]:

- Dynamischer Fingertest
- Test mit rotierender Zylinderfläche
- Statischer Korrosionstest.

Für eine vollelektrische Schmelze bzw. für Schmelze mit elektrischer Zusatzheizung ist die Leitfähigkeit (spezifischer Widerstand) der Glaskontaktsteine von entscheidender Bedeutung. Hierbei müssen die Glaskontaktsteine folgende Anforderungen erfüllen:

- Die elektrische Leitfähigkeit der FF-Steine muss niedriger sein als die der Glasschmelze.
- Die elektrische Leitfähigkeit der Steine darf sich im Laufe der Zeit nicht wesentlich verändern.
- Sie dürfen keine wesentliche Quelle der glastechnischen Fabrikationsfehler sein.

Die in der Glasfaserherstellung durch feuerfeste Werkstoffe bedingten Glasfehler sind wie folgt:

- Primäre Kristallformen in der Schmelze infolge Auflösung bzw. mechanischer Zerstörung (durch thermische Belastung) der Steine.
- Steinchen, primäre und sekundäre Kristallformen entstanden durch Austreten aus schmelzgegossener AZS-Steinen der glasigen SiO_2-Phase (Exudation).
- Blasen- und Gispenbildung in der Glasschmelze (gegen Ende der Wannenreise).

Die fortschreitende Korrosion setzt Poren und Hohlräume frei, deren Gasinhalt an die Schmelze abgegeben wird. Dies betrifft insbesondere vollelektrische Cold-Top-Schmelzwannen in denen keine optimalen Läuterbedingungen herrschen.

Die Anwesenheit der Gispen in der Glasschmelze macht sich beim Faserziehen in Form von „Blitzen" an der Ziehzwiebel bemerkbar. Dasselbe Phänomen tritt auch beim Anfahren einer neuen vollelektrischen Cold-Top-Wanne auf.

Die Blasen- und Gispenbildung in der Schmelze führt zu häufigen Heißbrüchen, die den Wirkungsgrad (Ausbeute) der Glasfaserherstellung stark beeinträchtigen.

Die sich in der Glasschmelze eventuell bildenden Schlieren (ACZS-Steine) stellen (insbesondere im Indirektmelt-Verfahren) keinen Störungsfaktor dar.

Die höchste Korrosionsgeschwindigkeit der feuerfesten Steine ist an den Palisadensteinen(im Spiegelliniebereich), am Durchlass und am Wall zu verzeichnen.

Für die Korrosionsgeschwindigkeit ist die chemische Zusammensetzung des Glases, die chemische und mineralogische Zusammensetzung als auch die Struktur und Gefüge der FF-Steine, die Temperatur der Schmelze, die Diffusionsvorgänge im Grenzflächenbereich, die Strömungen und Konvektion in der Wanne, ausschlaggebend.

Für's Erschmelzen eines C-Glasgemenge werden im Wannenbecken und im Durchlass isostatisch gepresste Chromoxid-Korundsteine bevorzugt. Als Alternative dienen schmelzgegossene oder keramikgebundene ACZS-Steine (ACZS: Al_2O_3-Cr_2O_3-ZrO_2-SiO_2). Schmelzgegossene feuerfeste Steine des AZS-Typs haben den Nachteil, dass die glasige SiO_2-Phase einen Schwachpunkt in der inhomogenen Steintextur darstellt.

Für saure Gläser mit einem sehr niedrigen Anteil an Alkalioxiden, wie z. B. ein R-Glas (Supremax), werden in der Schmelzwanne hochzirkonhaltige FF-Steine eingebaut.

Dabei im Einlegebereich(Vorderofen) werden Zirkonsilikatsteine ($ZrSiO_4$) wie z. B. ZS1300 empfohlen. Für den Hinterofen (Palisade, Boden, Wall) für den Durchlass, Riser und Feeder bevorzugt man Baddeleyit-Material mit einem ZrO_2-Gehalt von 90 % (wie z. B. ZB-X 9540 von ASAHI).

Außer der elektrischen Leitfähigkeit, stellt die Wärmeausdehnung der feuerfesten Steine eine der wichtigsten physikalischen Eigenschaft dar.

Das thermische Dehnungsverhalten der FF- Steine muss beim Erstellen der Aufheizkurve eines neuen Schmelzofens unbedingt berücksichtigt werden. Dabei sollte man insbesondere auf die sog. Ausdehnungsanomalie einiger feuerfesten Steinsorten (z. B. Hochzirkonhaltige Steine) als auch auf die polymorphischen Phasenumwandlungen, die in den FF-Steinen stattfinden, achten.

Um den Verschleiß der Glaskontaktsteine zu minimieren, müssen die FF-Steine auf der Glasspiegellinie (längs der Wanne) mit Luft gekühlt werden. Auch der Wall und der Durchlass wird innen mit Luft gekühlt (SiC-Kühlrohre).

Die Auslegung des Feuerfestmaterials für eine Querbrennerwanne mit elektrischer Zusatzheizung zum Schmelzen von Hochtemperaturgläsern (R-Glas, ECR-Advantex,) ist wie folgt:

1. <u>Einlegebereich- bis vor Bubbling (Vordere Wanne)</u>	
- Glaskontaktsteine für Palisade:	**ZS 1300**
- Glaskontaktsteine für Schmelzwannenboden	**ZS 1300**
2. <u>Bubbling bis Durchlass</u>	
Palisaden und Wannenboden, 2-Schichtaufbau	
- erste Lage	**ASAHI ZBX 9510**
- zweite Lage	**ASAHI ZS (G ZR HD65)**
3. <u>Glaskontaktsteine für Durchlass</u>	**ZS 1300 oder ASAHI ZBX 9510**
4. <u>Glaskontaktsteine für Bodenwall</u>	**ASAHI ZBX 9510**
5. <u>Bubblingblöcke</u>	**ASAHI ZBX 9510**
6. <u>Elektrodenblöcke</u>	**ZS 1300**
7. <u>Vorkanal (Riser), zweilagig</u>	
- erste Lage	**ASAHI ZBX 9510**
- zweite Lage	**ASAHI ZS (G ZR HD65)**
8. <u>Speiserkanal</u>	**ZS 1300**
9. <u>Bushingsblöcke</u>	**ZS 1300**
10. <u>Oberofen (Schmelzwanne, Riser, Speiserkanal)</u>	
- Nasensteine	**ZS 65Al**
- Gewölbe	**ER 1711 oder Mu 75AF**
- Brennerformsteine (Schmelzwanne)	**ER 1681 oder ER 1711**
- Brennerformsteine (Riser)	**ZK 20**
- Brennerformsteine (Speiserkanal)	**ZS 65Al**

Die Nomenklatur und die Zusammensetzung der feuerfesten Steine ist wie folgt:

ZS 1300	Zikonsilikat $ZrSiO_4$ (ZrO_2 – 65,6 %; SiO_2 – 32,5 %; TiO_2 – 1,1 %)
ZB-X 9510	Hochzirkonoxidstein (HZ-Stein) (ZrO_2 – 94,5 %; SiO_2 – 4,0 %)
G ZR HD 65 S	Zirkonsilikatstein (ZS-Stein) (ZrO_2 – 65,7 %; SiO_2 – 31,3 %; TiO_2 – 1,0 %)
ZS 65 Al	Zirkonsilikatstein (ZrO_2 – 65 %; SiO_2 – 33 %; TiO_2 – 1 %)
ER 1681	Aluminiumzirkonsilikat (AZS) (Al_2O_3 – 50,9 %; ZrO_2 – 32,5 %; SiO_2 – 15 %)
ER 1711	Aluminiumzirkonsilikat (AZS) (Al_2O_3 – 46 %; ZrO_2 – 41 %; SiO_2 – 12 %)
Mu 75AF	Mullitstein = MS75 (Al_2O_3 – 75 %)
ZK 20 F	Zirkonkorundstein (ZK) (Al_2O_3 – 75 %; ZrO_2 – 12 %; SiO_2 – 12 %)

Die Auslegung des Feuerfestmaterials (Glaskontaktsteine) für eine runde, vollelektrische Cold-Top-Schmelzwanne zum Schmelzen vom hochalkalihaltigen C-Glas ist wie folgt:

1. Palisade CR60 WB
2. Wannenboden CR60 WB
3. Auslauf (oben) CR95 WB
4. Auslauf (unten) CR60 WB
5. Durchlass CR60 WB
6. Rinne REFEL 1532

Die CR60 WB-Steine sind isostatisch gepresste Chromoxid-Korundsteine mit einem Anteil an Cr_2O_3 von 60 Ma.-%. Die CR95 WB-Steine sind isostatisch gepresste, Chromoxidsteine mit einem Anteil an Cr_2O_3 von über 92 Ma.-%.

REFEL 1532 ist ein AZS-Stein mit folgender, chemischer Zusammensetzung ZrO_2 – 32,7 %, SiO_2 – 15,2 %, Al_2O_3 – 51,0 % und Na_2O – 1,1 %. Mineralogisch enthält der Stein 32 %- Zirkon ($ZrSiO_4$), 48 % – Korund (Al_2O_3) und 20 % – Glasphase.

Die leichte Verfärbung des Glases durch Cr_2O_3 wirkt sich nicht negativ auf die physikalisch-chemische Eigenschaften der Glasfasern aus.

Literatur

1. Schmidt, H.: 9 Jahre Erfahrung mit einer vollelektrischen C-Glaswanne. HVG-Nachrichten. März (1996)
2. Schmidt, H., Woltz, J.: Betriebserfahrungen mit Topelektroden in einer vollelektrisch beheizten Glasschmelzwanne, Typ VSM. Vortrag im DGG-Fachasschuss II (1989)
3. Tatevosyan, K.M. et al.: Electric furnace for melting borosilcate glass. Glass and Ceramics (1989)
4. Trier, W.: Glasschmelzöfen, Konstruktion und Betriebsverhalten. Springer, Berlin (1984)
5. Ravaine, D.: Ionic transport properties in glasses. J. Non-Cryst. Solids **73** (1985)

6. Barton, J.L.: Innovation in glass melting. In XVI Intern. Congress on Glass, Bd. 1, Madrid (1992).
7. Holeysovsky, P. et al.: Vollelektrischer Schmelzofen zur Herstellung eines Borosilikatglases. In: VII Konfer. über elektrische Glasschmelze, Prag. Sammelband (1986)
8. Andrusieczko, A.: Niektóre problemy elektrycznego topienia i podgrzewania masy szklanej. Szkło i Ceramika **16**(31) (1965)
9. Praca zbiorowa: Technologia szkła. Arkady. Warszawa (1972)
10. Pateman, K.H.: Electric boosting and mixed melting. Glass **51** (1974)
11. Lenhart, A., Schaeffer, H.A.: Elektrochemische Messung der Sauerstoffaktivität in Glasschmelzen. Glastechn. Berichte **58** (1985)
12. Gebhardt, T., Dunkl, M., et al.: Feuerfeste Werkstoffe für die Glasindustrie und deren Prüfung. Hüttentechnische Vereinigung der Deutschen Glasindustrie. DGG, Frankfurt, a. M. (1998)
13. Fachausschußbericht der DGG Nr. 75 : Glasschmelzofenbau. Stand der Technik. Frankfurt (1998)
14. Fleischmann, B., Wachter, G. et al.: Glasschmelzofenbau. HVG-DGG, Fortbildungskurs (2005)

Glas- und Glasfaserproduktion 18

Wie schon erwähnt, wird ein C- Glas meistens in vollelektrischen Wannen unter.

Cold-Top-Bedingungen hergestellt [1, 2].

Das vereinfachte Schema der Elektrowanne ist aus der Abb. 18.1 zu ersehen.

Bei Elektrowannen ist das Einlegen des Gemenges wesentlich schwieriger als bei.

flammenbeheizten Öfen, weil die Bedeckung der Badoberfläche ohne Mithilfe der Glasströmungen realisiert werden muss. Für einen Schachtelektroofen hat sich die Drehdecke als Einlege-System sehr gut bewährt. Das Schema der rotierenden Drehdecke ist auf der Abb. 18.2 zu sehen.

Das Gemenge aus dem Vorratsilo 16 (s. Abb. 15.1) gelangt in die Dosierschnecke und wird über das rotierende Einlege-System auf die Badoberfläche verteilt. Das System.

gewährleistet vollständige Abdeckung und Abschirmung des heißen Glasbades (s. Abb. 18.2 und 18.4). Die Gemengekruste stellt ein hervorragendes, selbstreinigendes Emissionsbegrenzungsfilter dar.

Die bei höheren Temperaturen verdampften Gemenge und Glaskomponente wie z. B. F_2, Na_2O, B_2O_3, SO_3 kondensieren in der kalten Gemengedecke und werden stets der Schmelze zugeführt, ohne in die Umgebungsatmosphäre zu entweichen.

Ein sehr wichtiger Aspekt der Konstruktion einer Elektrowanne stellt die Anzahl, die Größe und die Verteilung der Molybdänelektroden dar.

In der JMS-Elektrowanne sind die Molybdänelektroden auf zwei Ebenen positioniert Die Ebene 1 ist mit 12 Top-Elektroden ($l=700$ mm; $\phi=63$ mm) ausgerüstet.

Auf der Ebene 2 wurden 6 Top-Elektroden ($l=1700$ mm; $\phi=63$ mm) installiert. Entsprechend der Positionierung und Anzahl der Elektroden wird die Energie in der Elektroschmelze verteilt.

Durch die o. g. Positionierung und Anzahl der Elektroden wird die Elektroenergie zu zwei Drittel auf die obere Ebene und zu einem Drittel auf die untere Elektrodenebene verteilt. Dies gewährleistet eine sehr gleichmäßige Verteilung der Stromdichte und der

R. Teschner, *Glasfasern*, https://doi.org/10.1007/978-3-662-64123-1_18

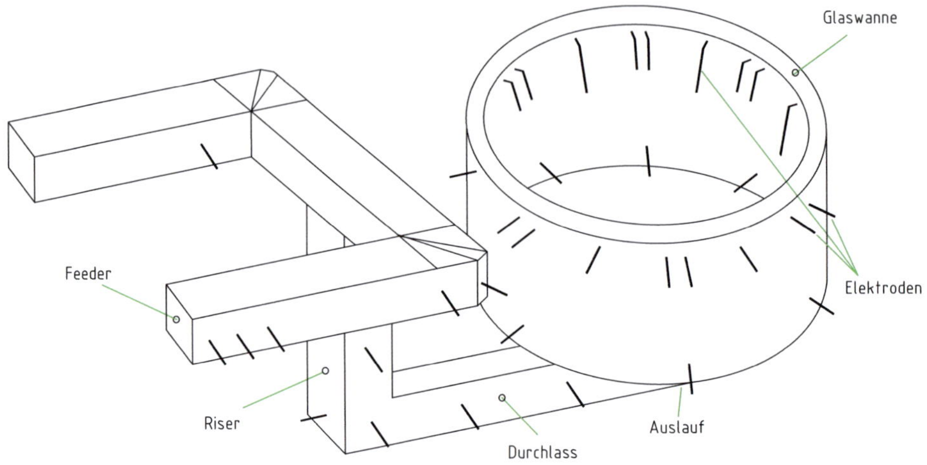

Abb. 18.1 Schema einer vollelektrischen Schmelzwanne

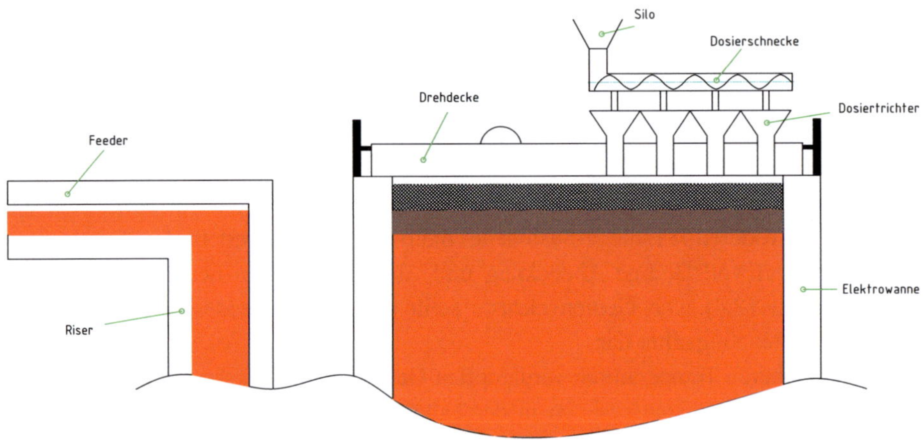

Abb. 18.2 Schema einer Drehdecke

erzeugten Wärme als auch optimale Schmelzbedingungen in der Glaswanne. Die stärkste Glasströmung entsteht im „Kopfbereich" der Elektrode. Im Bereich der Fassung und unter der Elektrode ist die Glasströmung eher gering.

Die Anfahr- und Notebene enthält 6 waagerecht angeordnete Elektroden (Seitenelektroden) mit einem Durchmesser von 32 mm.

Auch der Durchlass und Riser wurden mit 5 Seitenelektroden ($\phi = 32$ mm) versehen. Die waagerecht angeordneten Elektroden haben den Nachteil, dass sie bei einer hohen Temperaturbelastung einer starken Biegebeanspruchung ausgesetzt sind und können im extremalen Fall abbrechen.

Für die Bereiche, die nicht so stark thermisch belastet sind, sind sie aber gut geeignet. Der Auslauf befindet sich in der Mitte der Elektrowanne. Für eine bessere Homogenisierung würde sich empfehlen den Auslauf zwischen Bodenmitte und dem Bodenrand zu positionieren. Die runde Elektrowanne mit Elektrodenverteilung und Temperaturüberwachungsstellen zeigt die Abb. 18.3 und 18.4.

Alle Bereiche der Glasherstellung (Wanne, Durchlass, Riser, Feeder) unterliegen einer Temperaturüberwachung mit Monitoring.

Die Glaswanne hat eine Schmelzfläche von 24,5 m^2 und eine Badtiefe von 1,9 m.

Die maximale Schmelzleistung liegt bei 60 Tagestonnen. Die maximale spezifische Schmelzleistung (Durchsatzrate) beträgt damit 2,45 $t/m^2d = 0{,}102\ t/m^2h$. Der spezifische Energieverbrauch (Wärmebedarf) liegt bei 3,6 MJ/kg Glas (1000 kWh/t).

Dabei beträgt die Wärmestromdichte 367,2 MJ/m^2 bzw. 102 kWh/m^2.

Dabei gilt:

$$q = H \cdot r$$

q Wärmestromdichte (MJ/m^2bzw. kWh/m^2)
H Wärmebedarf (MJ/kg bzw. kWh/kg)
r Durchsatzrate (t/m^2d bzw. t/m^2h)

Wie das aus den angegebenen Werten hervorgeht, erreicht man in einer Elektrowanne eine hohe Durchsatzrate bei einem niedrigen Wärmebedarf.

Für Glasschmelzwannen ist eine optimale Thermoisolierung von sehr großer Bedeutung. Durch eine effektive Isolierung lässt sich der spezifische Energieverbrauch signifikant reduzieren. Dies hängt auch mit der Wannenalterung zusammen. Während der „Wannenreise" wird die Wanddicke immer dünner und die Kühlung wirksamer. Es können auch, wie das oft bei JMS der Fall ist, Strahlungsöffnungen entstehen, die zum Anstieg des spezifischen Energieverbrauches beitragen.

Um die gleiche Glasqualität zu erreichen muss eine alte Elektrowanne mit höheren Temperaturen „gefahren" werden. Das erhöht den Energieverbrauch und damit die Glasherstellkosten.

Wegen der Wannenalterung steigt der spezifische Energieverbrauch um ca. 0,2 % / Monat. Dabei liegt der Anstieg in den ersten 24 Monaten, in denen der Wannenverschleiß am größten ist, bei 0,3 % /Monat.

Jede Wanne verfügt meistens über zwei Feeder, die am Ende mit einer Auslaufdüse (aus Platinlegierung) versehen wurden.

Die Auslaufdüse besitzt drei Auslauftrichter aus denen die Glasschmelze austritt. Die austretende Glasschmelze mit einer Temperatur von ca. 1050 °C wird einer Pelletiermaschine zugeführt. Die auf der Pelletiermaschine geformten Pellets werden auf einer Kühlstrecke abgetempert und gelangen in die Vorratsbehälter. Die Kühlstrecke ist mit einer Wärmerückgewinnungsvorrichtung ausgerüstet.

Die ersten Absorber der Wärmerückgewinnungsanlage, die die Wärmestrahlung des erstarrenden Glases absorbieren, befinden sich über der Pelletiermaschine. Nach der

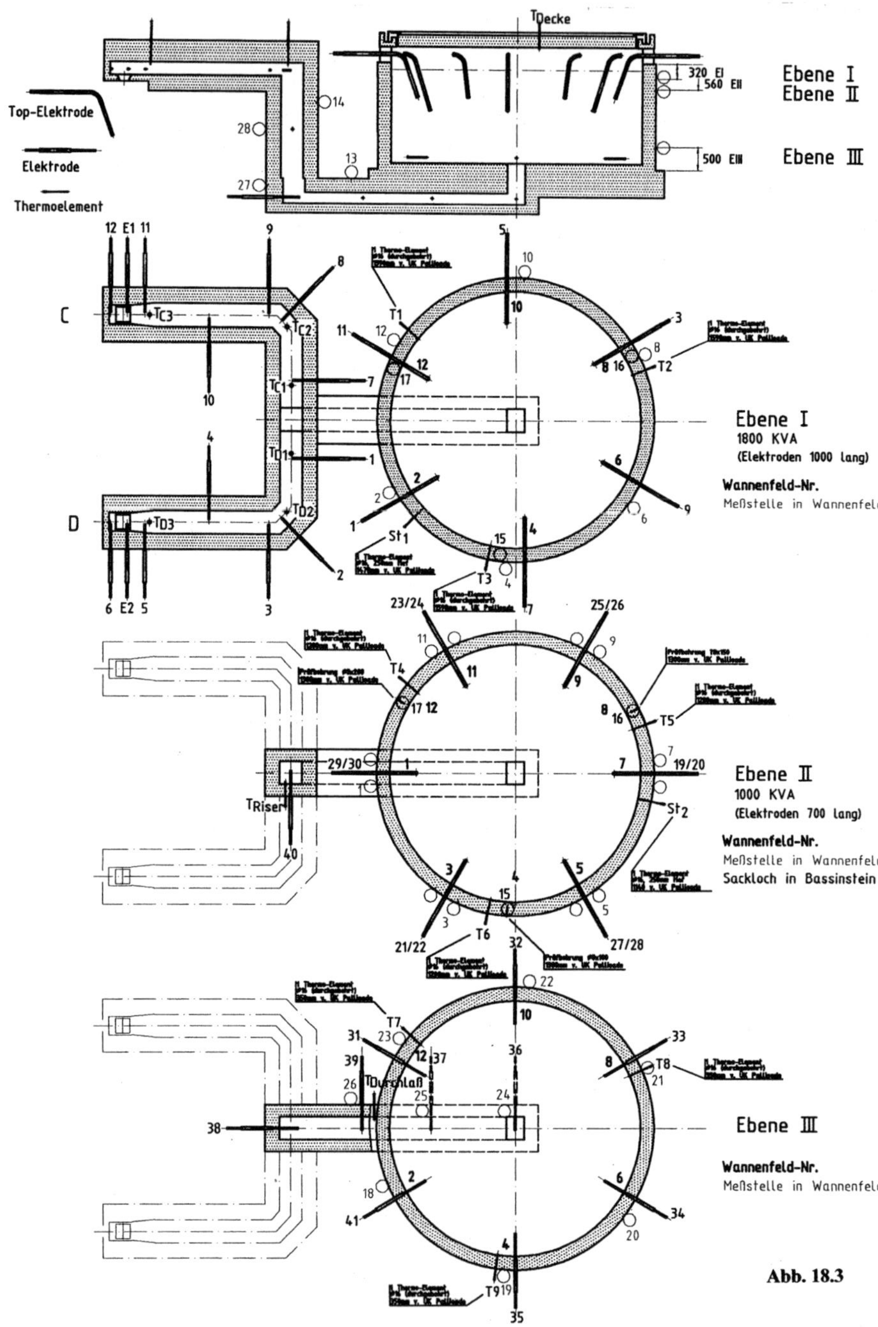

Abb. 18.3 Eine runde Elektrowanne

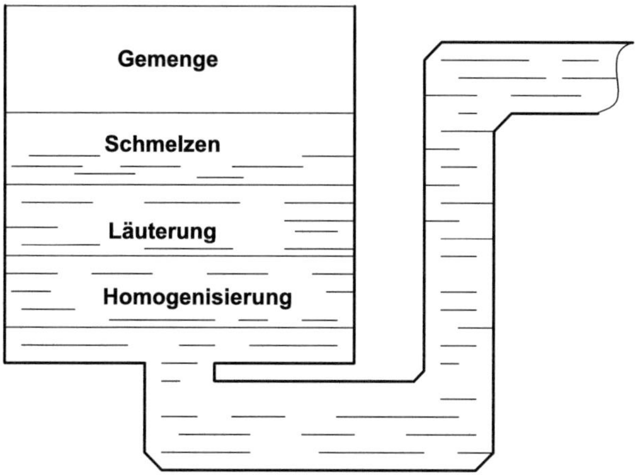

Abb. 18.4 Schmelzverlauf in einer vollelektrischen Wanne

Abkühlung werden die hergestellten C-Glaspellets auf die Kostenstellen verteilt und anschließend im Indirectmelt-Verfahren zu Glasfasern verarbeitet.

Das Indirectmelt-Verfahren stellt im Gegenteil zu Directmelt-Verfahren einen zweistufigen Prozess, in dem zuerst die Glaspellets bzw. Glaskugeln hergestellt werden, dar. Im Directmelt-Verfahren ist die Glaswanne über eine Feederstrecke mit den Spinnstellen verbunden, sodass den Bushings kontinuierlich Glasschmelze zugeführt wird. Das Directmelt-Verfahren kann mithilfe eines vollelektrischen Schmelzofens oder mittels einer flammenbeheizten Schmelzanlage realisiert werden.

Häufig kommen fossilbeheizte Schmelzaggregate mit elektrischer Zusatzheizung zum Einsatz. Die querbeheizten Glasschmelzwannen mit EZH arbeiten mit 4 bis 6 Brennerpaaren, die eine gute Beherrschung der Beheizung über die Längsachse der Wanne ermöglichen. Im Wannenbecken werden häufig Blasdüsen (Bubbling) und ein Wall eingebaut. Ein Wall, der ganz im Glas steht, beeinflusst positiv die Glasströmung in der Wanne und trägt zur Homogenisierung und Läuterung der Schmelze bei. In der Läuterzone befindet sich auch der s. g. Quellpunkt in dem die höchste Temperatur der Schmelze herrscht.

Der Wall bewirkt eine Veränderung des Strömungsverhaltens sowohl im Schmelz- als auch im Läuterbereich des Ofens. Durch die Viskositätsreduzierung und Volumenausdehnung der Gase, kann die Glasschmelze besser geläutert und homogenisiert werden. Dabei entwickelt sich hinter dem Wall eine stark ausgeprägte zweite Strömungswalze, die für eine gute Durchmischung des Glases verantwortlich ist. Um die Vorteile der Wallvorrichtung optimal ausnutzen zu können muss die Wallhöhe und seine Positionierung im Ofen genau festgelegt werden.

Dabei spielen Simulationsversuche und eine Analyse des Strömungsverhaltens der Glasschmelze eine sehr wichtige Rolle.

Auch die Blasdüsen beeinflussen positiv die Strömungen in der Wanne.

Sie dienen außerdem der Unterstützung des Läuterprozesses bei dem Reaktionsgase (insbesondere CO_2) aus der Glasschmelze entfernt werden. Durch die Anwendung von Bubbling werden die Konvektionsströmungen in der Schmelze verstärkt [4]. Der Blasendurchmesser D_B [m], unmittelbar nach dem Austritt aus der Düse, kann mit zufriedenstellender Genauigkeit aus der Gleichung [5]:

$$D_B \approx 2{,}36\left[\eta \cdot G/(\rho \cdot g)\right]^{0{,}25}$$

Dabei ist:

η	Viskosität der Glasschmelze [Pas]
G	Gasmenge pro Blasdüse [m^3/s]
ρ	Dichte der Schmelze [kg/m^3]
g	Gravitationskonstante [m/s^2]
υ_B	Auftriebsgeschwindigkeit [m/s]

ermittelt werden.

Die Auftriebsgeschwindigkeit von Blasen υ_B in der Schmelze wird mit folgender Gleichung beschrieben [4]:

$$\upsilon_B = \rho \cdot g \cdot D_B^2/(12 \cdot \eta) \qquad \text{Formelzeichen – sieh oben.}$$

Über eine Impulsbilanz lassen sich die Kräfte, die auf die Schmelze wegen der aufsteigenden Blasen ausgeübt werden, berechnen. Das Einschmelzverhalten, die Entgasung, die Homogenisierung damit auch die Produktqualität sind von der Vorgeschichte der Glasschmelze abhängig. Eine Änderung von Prozessparametern, Gemengezusammensetzung, Ofenkonstruktion, Redoxzahl hat einen wesentlichen Einfluss auf das Einschmelzverhalten des Gemenges, auf die Entgasung und Homogenität der Schmelze.

In den Querbrennerwannen zum Erschmelzen von Hochtemperaturgläsern werden oft zirkonhaltige, feuerfeste Steine, die im Glaskontakt stehen, eingesetzt (s. Abschn. 17.2). Durch den Verschleiß der Auskleidung bildet sich im Bodenbereich zirkonhaltige Phase, die die Glasqualität stark beeinträchtigt und zur Schlierenentstehung, Inhomogenitätenbildung als auch zur häufigen Fadenabrissen führt. Um der Bildung dieser glastechnischen Fehler vorzubeugen wird in einer Schmelzwanne eine Drainage installiert (s. Abb. 18.12). Durch die Drainage (beheizbare Auslaufdüse) kann die mit Zirkon stark verunreinigte Glasschmelze kontinuierlich oder diskontinuierlich abgeführt werden. Die Auslaufdüse wird meistens aus PtRh5 oder PtRh10 Legierung angefertigt. Die optimale, technologische Drainageausführung bietet das s. g. CONTI-DRAIN von SORG [3].

Das vereinfachte Schema einer Querbrennerwanne mit elektrischer Zusatzheizung zum Herstellen von Glasfasern ist auf der Abb. 18.5 zu sehen.

In einer fossilbeheizten E-Glaswanne liegt der spezifische Energieverbrauch im Bereich 4800–6400 kW/t Glas.

In diesem Schmelzaggregat können die Speiserkanäle T-; H- und doppel H-förmig gestaltet werden. Diese Varianten sind aus der Abb. 18.6 und 18.7 zu ersehen.

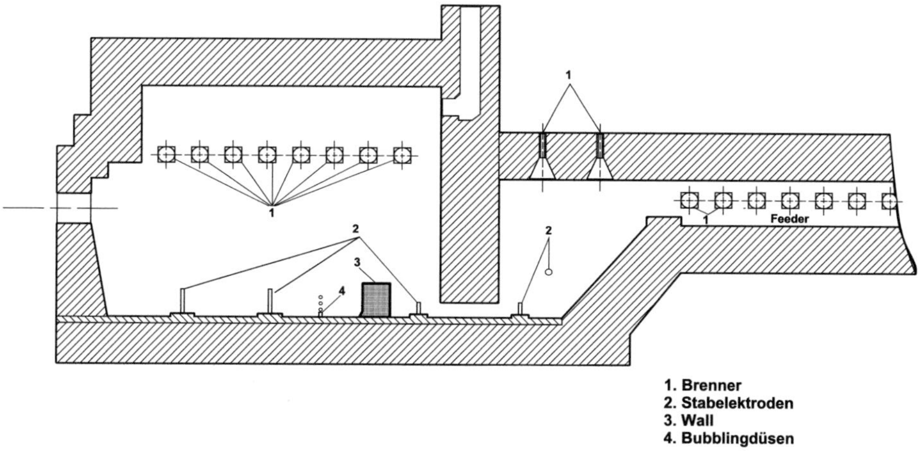

Abb. 18.5 Vereinfachtes Schema einer Querbrennerwanne mit elektrischer Zusatzheizung

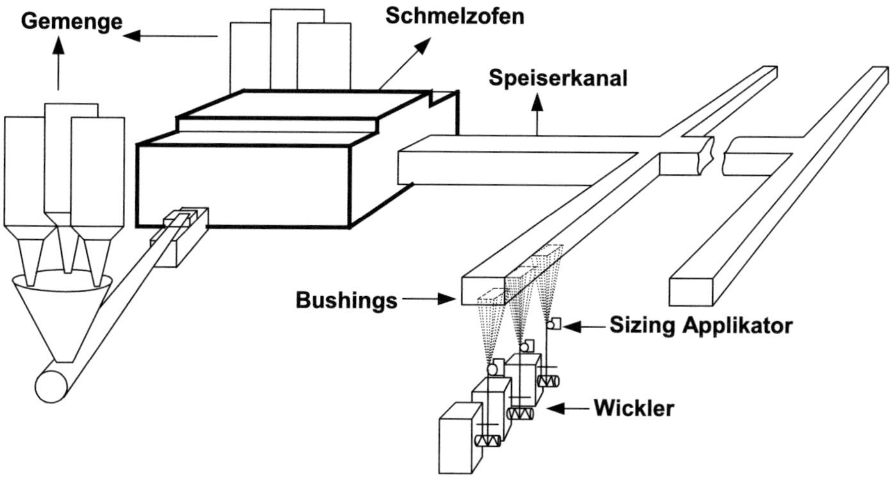

Abb. 18.6 Vereinfachtes Schema der Glasfaserherstellung im Speiserkanalsystem „T" und „H"

Bei einer niedrigeren Leistung (von unter 20 Tagestonnen) bevorzugt man T-förmige Speiserkanäle. Bei einer mittleren Tonnage von 20 bis 60 Tagestonnen kommen. H-förmige Ausführungen zum Einsatz. Höhere Glasherstellkapazitäten (über 60 Tagestonnen) bedürfen s. g. doppel H-Ausführungen des Speiserkanals.

Um eine gleichmäßige Temperaturverteilung zu gewährleisten muss die Temperatur im jeden Schenkel des Speiserkanals getrennt geregelt werden (unabhängig von der Form der Speiserkanäle). Die Temperaturverteilung (längs) in der Glasschmelze einer E-Glas Querbrennerwanne mit EZH zeigt die Abb. 18.8. Die Ausführung von

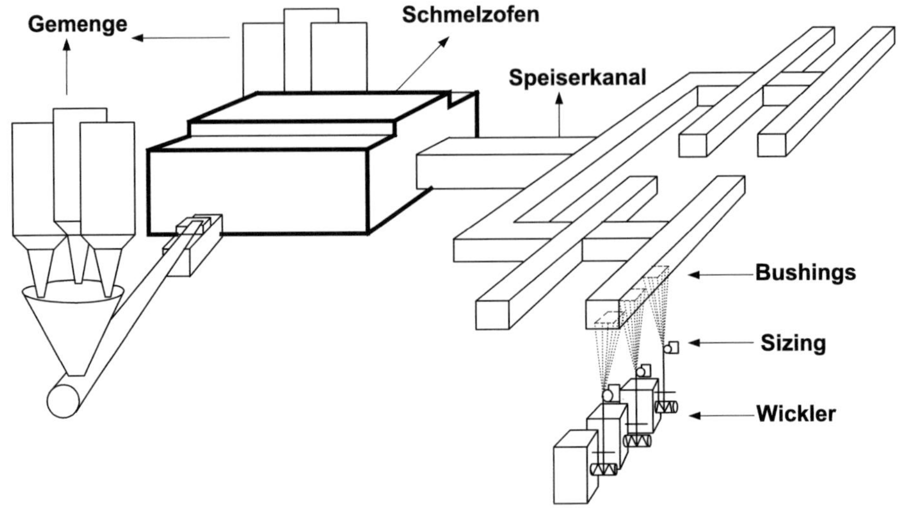

Abb. 18.7 Vereinfachtes Schema der Glasfaserherstellung im Speiserkanalsystem „doppel H“

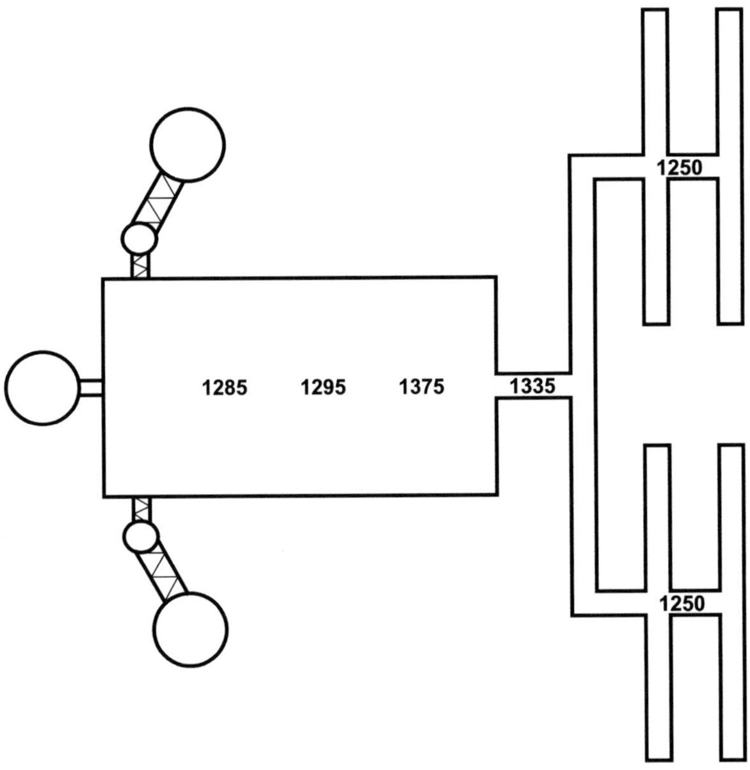

Abb. 18.8 Temperaturverteilung in einer E-Glas Querbrennerwanne mit EZH (Temperatur in °C)

Speiserkanal, Vorherd und Bushingsblock einer E-Glaswanne ist aus der Abb. 18.9 und 18.10 zu ersehen. Die Abstände zwischen den Bushingsblöcken betragen ca. 900 mm.

Eine interessante Variante stellt eine Gell-ähnliche Elektrowanne mit Plattenelektroden dar. Die Plattenelektroden im Vergleich mit Stabelektroden gewährleisten eine gleichmäßigere Leistungs- und Temperaturverteilung im Schmelzbassin.

Nachteilig für diese Ausführung ist die fehlende Möglichkeit, die Elektroden im Heißzustand auszuwechseln. Sie können nur im Kaltzustand von Innen eingebaut werden. Außerdem wegen der Positionierung der Platten (dicht an der Palisade) ist mit verstärkter Korrosion der feuerfesten Steine in der Umgebung der Elektroden zu rechnen. Beim Ausfall einer oder mehreren Elektroden, kommt zu einer starken Beeinträchtigung der Temperaturverteilung in der Schmelzwanne.

Abhilfe in dem Fall schafft nur das Heißbohren und die Einführung von waagerechten Stabelektroden. Beim Antempern des Ofens sind Schutzmaßnahmen zu treffen, damit die Molybdänelektroden nicht mit dem Luftsauerstoff oxidiert werden können (Abschirmung mit einem niedrigschmelzenden Glasgrieß, Anwendung von beschichteten Elektroden). Diese Elektrowanne kann sowohl als Coldtop- als auch als Semicoldtop-Wanne betrieben werden. Sie ist nicht zum Schmelzen aller Glastypen geeignet und wird bevorzugt für Borosilikatgläser eingesetzt.

Die Gell-ähnliche Elektrowanne ist auf der Abb. 18.11 zu sehen (Abb. 18.12).

Im Faserziehprozess spielt der Blasenanteil in der Glasschmelze und im Glas eine wichtige Rolle. Blasen im Glas sind überwiegend Läuterblasen, Reboilblasen und/oder Verunreinigungsblasen. Unabhängig von ihrer Herkunft stellen Blasen im Glas einen technologischen Störungsfaktor im Faserziehprozess dar.

Durch zahlreiche Fadenabrisse beeinflussen sie negativ den Spinnprozess, damit auch den Wirkungsgrad der Glasfaserherstellung. Dies betrifft sowohl das Direct- als auch Indirectmeltverfahren.

Nach Erfahrung des Autors die zulässige Anzahl der Blasen mit einem Durchmesser von weniger als 0,5 mm beträgt $\leq$20/kg Glas. Im Directmeltverfahren konnte bei dieser Blasenanzahl keine negative Beeinflussung des Spinnprozesses festgestellt werden. Im Indirectmeltverfahren wurde nach zahlreichen Untersuchungen festgestellt, dass die Gasblasen in den Pellets den Spinnprozess noch weniger stören als im Directmeltverfahren. Das liegt offensichtlich daran, dass die Glaspellets im Bushing wieder eingeschmolzen werden. Dabei kann das Glas „nachgeläutert“ (entgast) werden. Der Autor schlägt vor, die Anzahl der Blasen, die in den Glaspellets noch zulässig sind, auf 100/kg Glas zu begrenzen.

Bei dieser Blasenanzahl konnte man keine Beeinträchtigung des Spinnprozesses beobachten. Bei einer Blasenanzahl von mehr als 500/kg (im Silenka E-Glas) war der Spinnprozess nur mit einer sehr niedrigen Ausbeute (<70 %) zu realisieren.

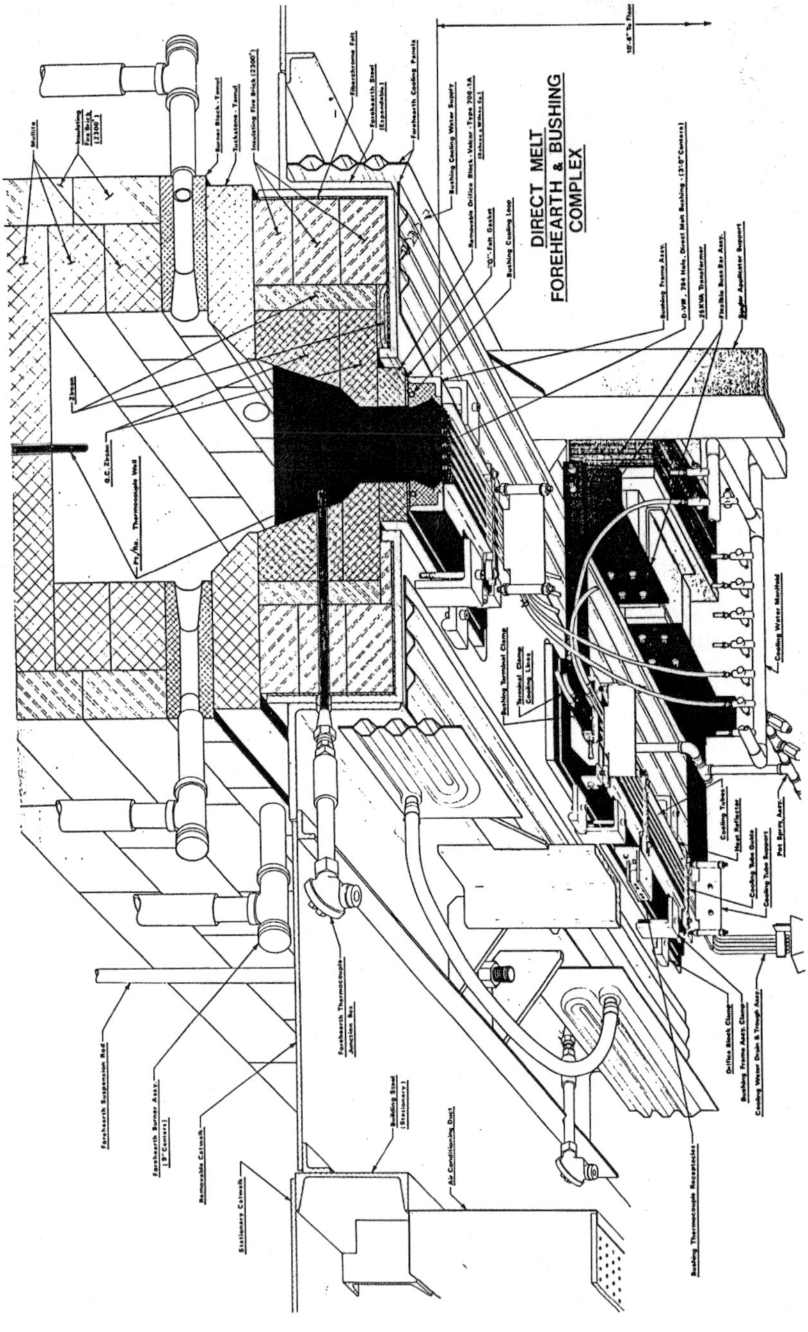

Abb. 18.9 Ausführung von Vorherd und Bushingsblock einer E-Glaswanne

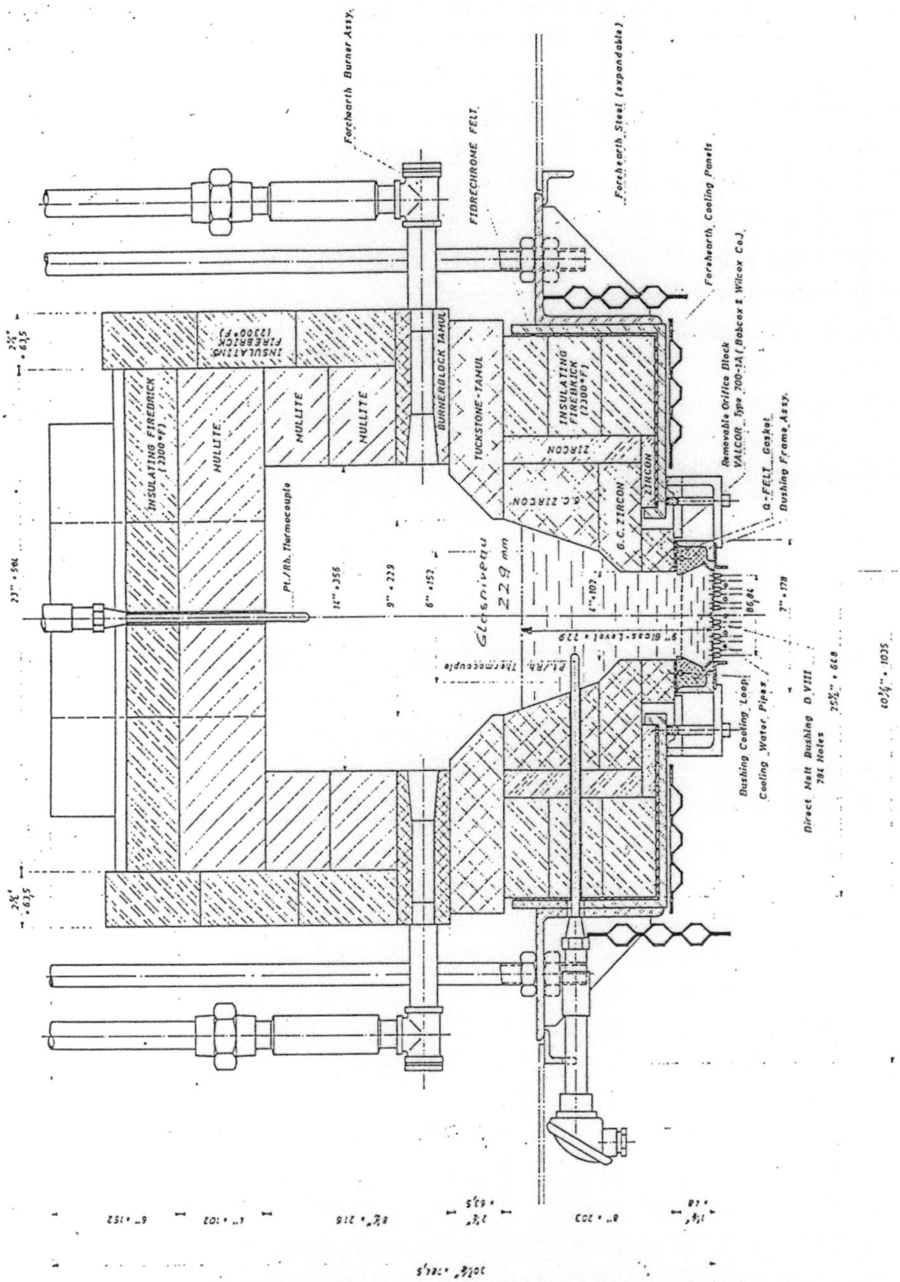

Abb. 18.10 Ausführung von Speiserkanal und Bushingsblock einer E-Glaswanne

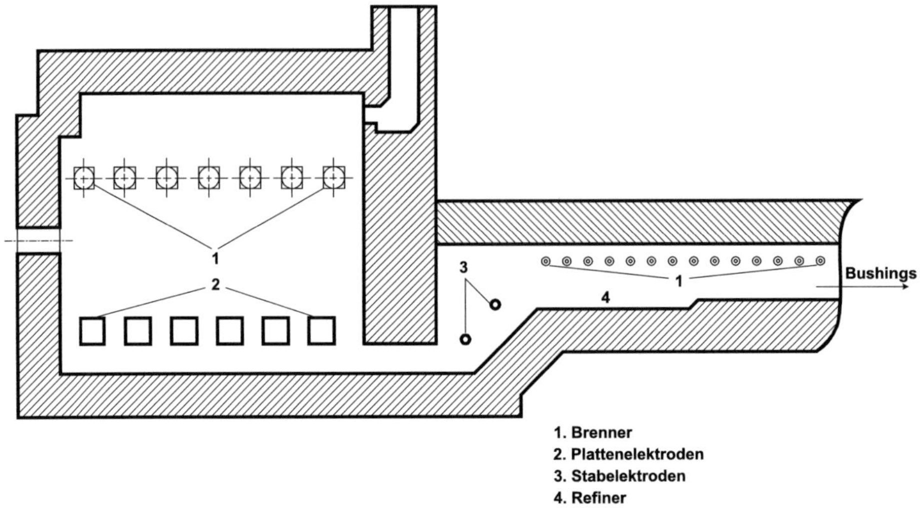

Abb. 18.11 Vereinfachtes Schema einer Gell-ähnlichen Elektrowanne

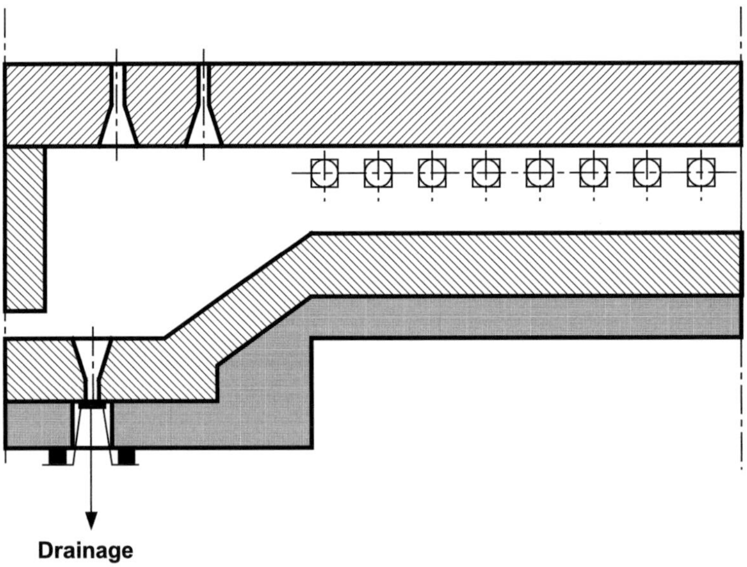

Abb. 18.12 Drainage in einer Glasschmelzwanne

Literatur

1. Schmidt, H.: 9 Jahre Erfahrung mit einer vollelektrischen C-Glaswanne. HVG-Nachrichten. März (1996)
2. Schmidt, H., Woltz, J.: Betriebserfahrungen mit Topelektroden in einer vollelektrisch beheizten Glasschmelzwanne, Typ VSM. Vortrag im DGG-Fachasschuss II (1989)
3. SORG – Produktinformation (2013)
4. Beerkens, R.: Heutige Möglichkeiten zur Modelierung von Glasschmelzöfen. Voraussagen zur Qualität des Glasschmelzprozesses. Fachaussschußbericht Nr. 75. DGG (1998)
5. Kobayashi, Wu, K-T., Richter, W.: Numerical modelling of alkali volatilization in glass furnaces and applications for oxy-fuel fired furnace design. 4th International Conf. Advances in Fusion and Processing of Glass. Würzburg (1995)

19 Bushings

Die Methode, die Glasfaser mittels Glasfaserdüsen (Bushings) herzustellen, wurde zuerst 1908 vom W.v. Paczinsky in Hamburg demonstriert. Die Produktion der Textilglasfasern im Düsenziehverfahren hat in 1930 in den USA und 1939 in Deutschland angefangen. Die ersten industriellen Bushings waren mit 51 dann mit 102 und 204 Düsen (Tips) versehen. Im Bushingsbau werden vorwiegend PtRh-Legierungen mit einem Rhodium-Anteil von 10 bis 20 Ma.-% eingesetzt. Durch Zulegieren von Rhodium, infolge der Mischkristallverfestigung erreicht man eine erhebliche Steigerung der Festigkeit. Die konventionellen PtRh-Legierungen zeigen infolge der in der Glasfaserindustrie üblichen langzeitigen Hochtemperatureinwirkung starkes Kornwachstum und daraus resultierend Festigkeitsabfall. Da die Korngrößen häufig die Größenordnung der verwendeten Blechdicken erreichen, steigt die Korrosionsanfälligkeit entlang der Korngrenzen beträchtlich [1]. Dadurch wird die Lebensdauer von Bushings beeinträchtigt und die Produktionskosten steigen.

Um die Nachteile der konventionellen, mischkristallverfestigten Legierungen zu minimieren wurden oxiddispersionsgehärtete Platinwerkstoffe (DPH, ODS) entwickelt und unter anderem im Bushingsbau eingesetzt. Durch die Zugabe von Dispersoiden (ZrO_2, Y_2O_3) in einer Menge von 0,02 bis 0,4 Ma.-% wird eine bedeutende Verfestigung der Edelmetall-Matrix erreicht. Dies bestätigen die Ergebnisse der langzeitigen Untersuchungen und Tests, die vom Autor in Zusammenarbeit mit Fachhochschule Jena (prof. B. Fischer) und W.C.Heraeus durchgeführt wurden. Die eingelagerten Dispersoide bewirken eine Behinderung der Korngrenzenbewegung bei hohen Temperaturen und somit die Grobkornbildung [2, 3]. Durch Variieren der Qualität und Quantität der Dispersoide ist es möglich die Zeitstandfestigkeit der oxiddispersionsver-stärkten Legierungen bedeutsam zu erhöhen. Die Eigenschaften der für die Bushingsfertigung geeigneten Legierungen sind in der Tab. 19.5 zu sehen [1].

R. Teschner, *Glasfasern,* https://doi.org/10.1007/978-3-662-64123-1_19

Durch den Einsatz von DPH-Legierung wurde an Remeltbushings eine 20 %-ige Erhöhung der Gesamtlaufzeiten erreicht (eine Steigerung von 15.000 Bh auf 18.000 Bh).

Ein Bushing stellt eine Ziehvorrichtung zur Zerfaserung der Glasschmelze dar.

Es sind Directmelt- und Indirectmeltbushings (Remeltbushings), die sich konstruktiv unterscheiden, bekannt. Im Directmelt-Verfahren werden die Bushings über eine Feederstrecke (Speiserkanal) mit der Glasschmelze versorgt. Dabei beträgt der Glasstand über den Tips (Hydraulischer Düsenvordruck) meistens 250 bis 320 mm.

Der Lochdurchmesser im Zwischenboden (Zwischensieb) beträgt 1,5 bis 1,9 mm und die Lochdichte von 6 bis 9 Löcher/cm^2. Der Innendurchmesser der Düsen (Tips) ist meistens 1,6–2,1 mm und ihre Länge von 4,6 bis 6,2 mm. Die Düsendichte liegt meistens im Bereich 3,5 bis 4,5 Düsen/cm^2. Ausgewählte Konfigurationen der Düsen am Düsenboden zeigt die Abb. 19.1 Einige geometrische Ausführungen der Düsen von Directmelt-Bushings sind auf der Abb. 19.2 zu sehen. Die Konstruktion eines Directmeltbushings ist aus der Abb. 19.3 zu ersehen.

In den Indirectmeltbushings werden Glaspellets bzw. Glaskugeln aufgeschmolzen und zu Fasern verarbeitet.

Der Glasstand (flüssiges Glas) liegt meistens im Bereich 30 bis 60 mm. Der Lochdurchmesser im Zwischenboden (Zwischensieb) beträgt 3–6 mm und die Lochdichte von 0,3 bis 0,4 Löcher/cm^2. Der Durchmesser der Düsen (Tips) ist meistens 2,5–3,5 mm und ihre Länge von 5 bis 7,5 mm.

Ausgewählte Ausführungen der Düsen von Indirectmelt-Bushings (Remeltbushings) sind auf der Abb. 19.5 zu sehen. Die Ausführung eines Remeltbushings wurde schematisch auf der Abb. 19.6 vorgestellt. Eine Variante von Remeltbushing mit zwei Zwischenböden (Konstruktion des Autors) zeigt die Abb. 19.7. Ein kompakter Bushing (Konstruktion des Autors) mit drei Einlauftrichtern bzw. mit einem Dosierschlitz ist auf der Abb. 19.8 und 19.9 zu sehen. Der Bushing mit einer Länge von 344 mm und 3 Verstärkungsstegen im Unterteil ist während des Einsatzes vollständig isoliert. Dadurch bleiben die Energieverluste, im Vergleich mit den „offenen" Remeltbushings, begrenzt. Das Indirectmelt-Verfahren gilt als veraltet und wenig effektiv. In Abhängigkeit von Art des Düsenziehverfahrens (Directmelt, Indirectmelt) werden am Bushing verschiedene, zugleich unterschiedliche Düsenausführungen (Düsengeometrien) eingesetzt. Im Directmelt-Verfahren mit einem hohen hydraulischen Düsenvordruck (d. h. hoher Glasstand) kommen Düsen mit einem kleineren Durchmesser und einer kleineren Länge zum Einsatz (s. Abb. 19.2) [4]. Die Düsengeometrie hat einen wesentlichen Einfluss auf die Bushingslaufeigenschaften und auf die Effizienz der Glasfaserherstellung [4, 5]. Je kleiner die Stirnfläche der Düse (je dünner die Düsenwand), desto kleiner die Benetzung, umso schneller bildet sich ein Glastropfen nach einem Heißbruch. Das verringert die Zeit des Wiederanspinnvorganges beim Faserziehen. Auch die Temperaturverteilung am Düsenboden eines Bushings stellt (insbesondere bei „kurzen" Gläsern) eine wichtige Einflussgröße dar. Der Temperaturunterschied am Düsenboden während des Faserziehens sollte den Wert $\Delta T \pm 5°$ nicht überschreiten. Die Bushingstemperatur muss mit einer Genauigkeit von 0,5° regelbar sein. Die Randbereiche eines Bushings

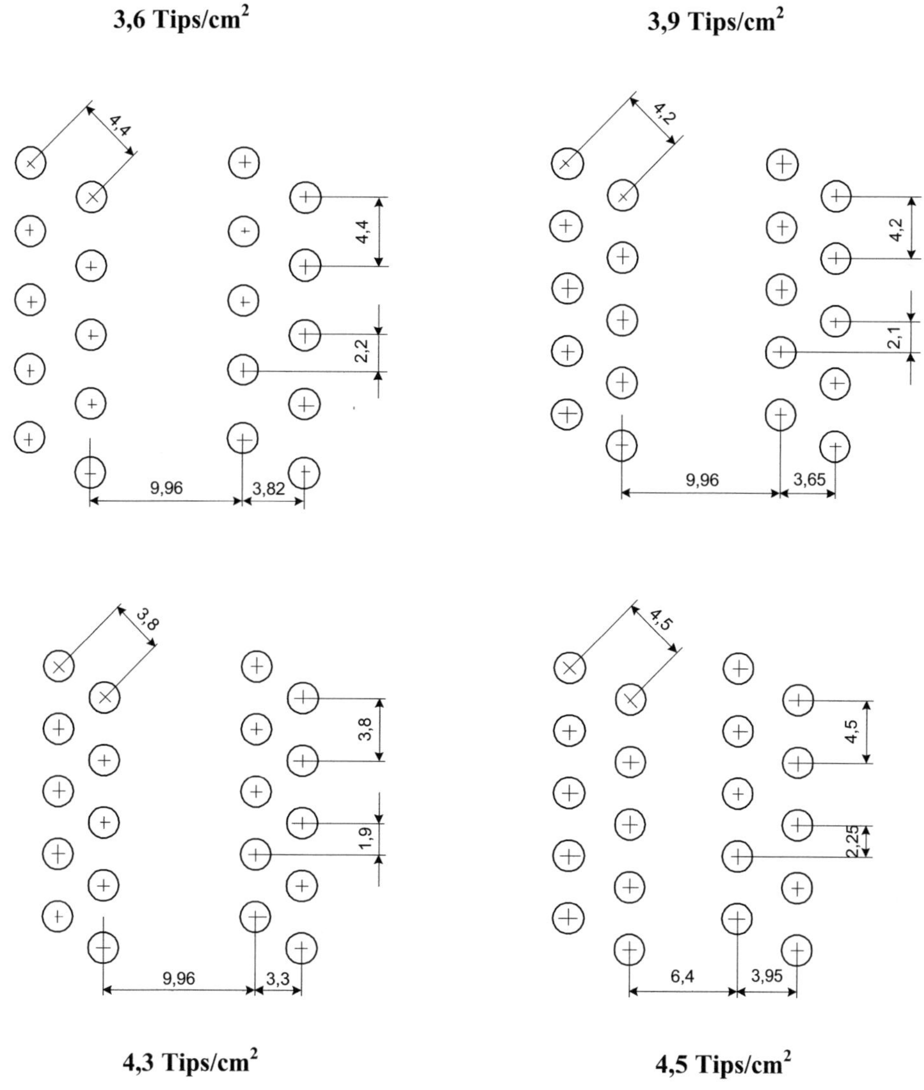

Abb. 19.1 Konfiguration der Düsen am Düsenboden (Düsendichte)

(Stirnseiten, Außenreihen) werden stärker mit der Luft im Ziehschacht gekühlt als die Bereiche in der Bushingsmitte. Dies trägt zur Verschlechterung des Faserspektrums bei. Um diesem Phänomen vorzubeugen, werden oft die Randbereiche eines Bushings mit einem größeren Düsendurchmesser versehen als die in der Bushingsmitte. Für die Temperaturverteilung am Düsenboden eines Remeltbushings ist die Versorgung des Bushings mit der Glasschmelze und deren Verteilung im Unterteil von wesentlicher Bedeutung. Eine ungleichmäßige Glasschmelzezuführung und eine ungleichmäßige Verteilung im Bushing rufen ungleichmäßige Temperaturverteilung am Düsenboden.

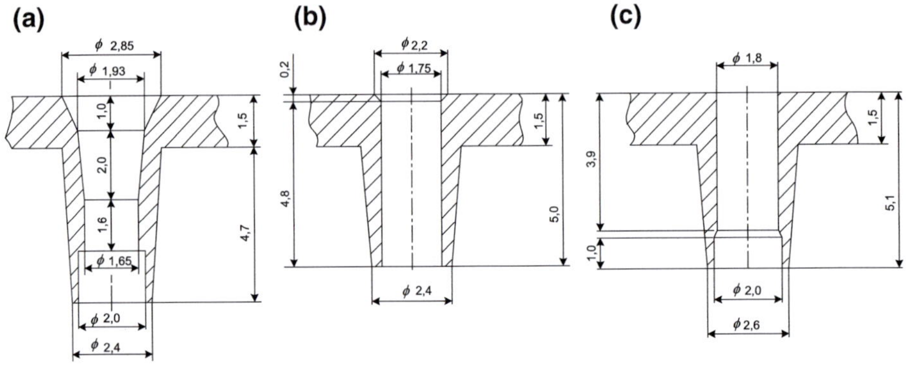

Abb. 19.2 Einige geometrische Ausführungen von Directmeltdüsen

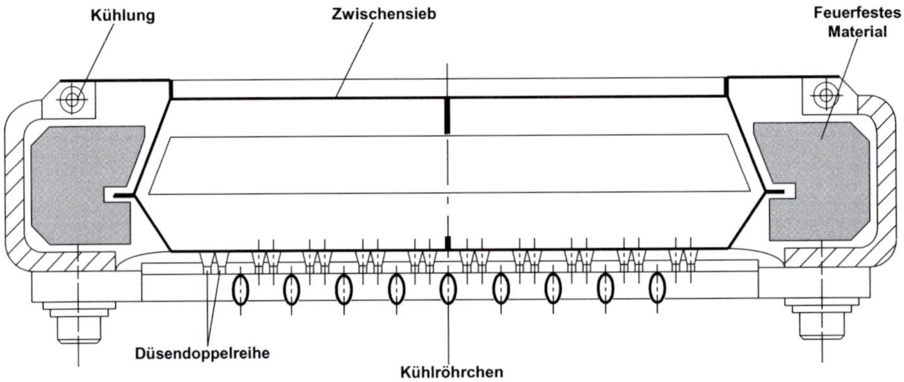

Abb. 19.3 Directmeltbushing

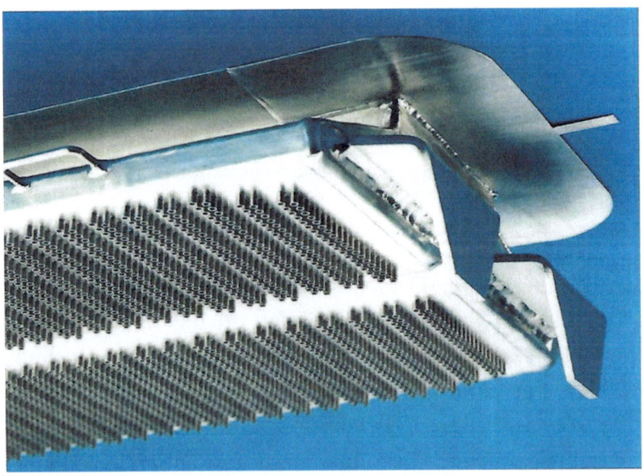

Abb. 19.4 Düsenboden eines Directmeltbushings für E- und R-Glas

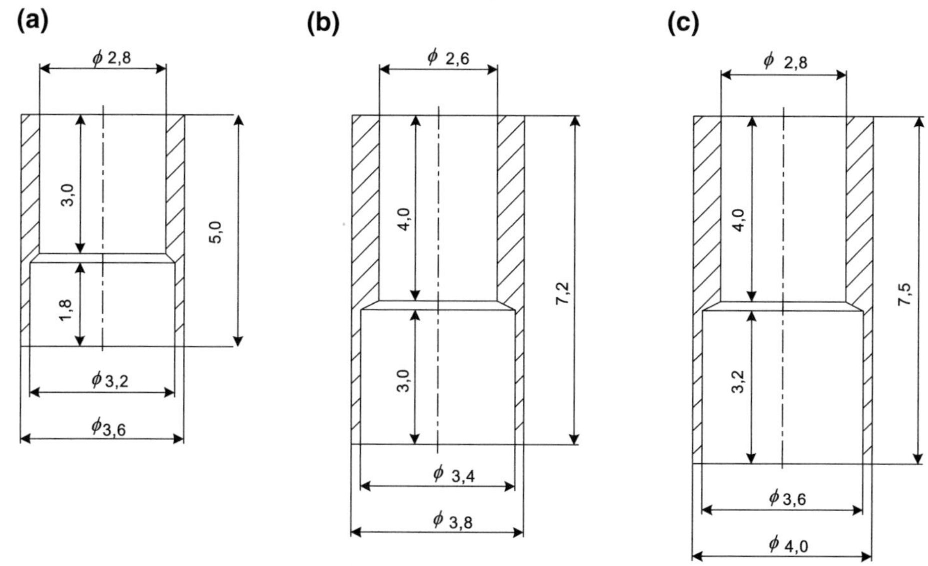

Abb. 19.5 Ausgewählte geometrische Ausführungen von Remeltdüsen

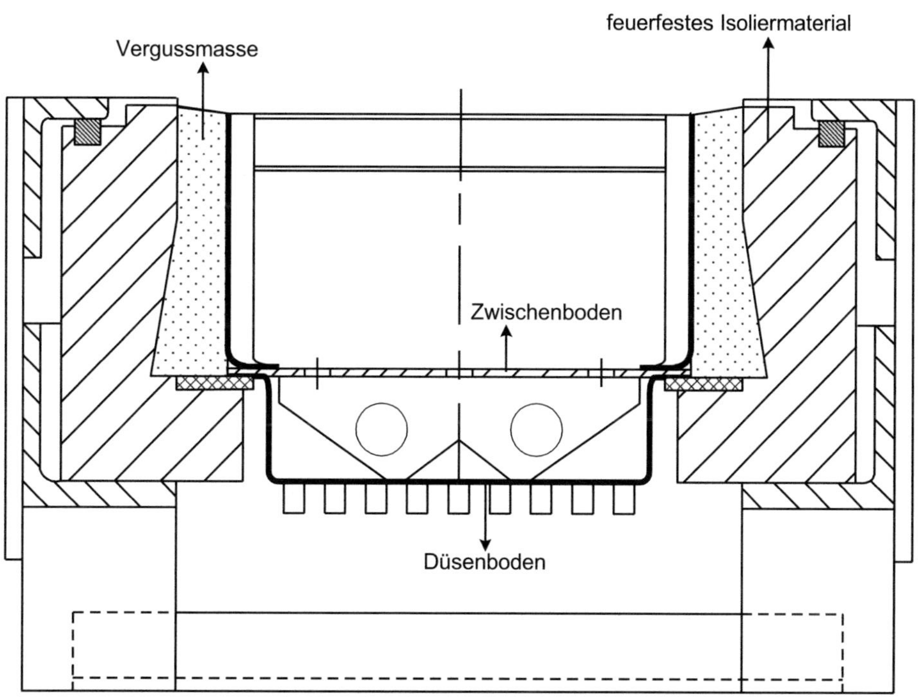

Abb. 19.6 Remeltbushing

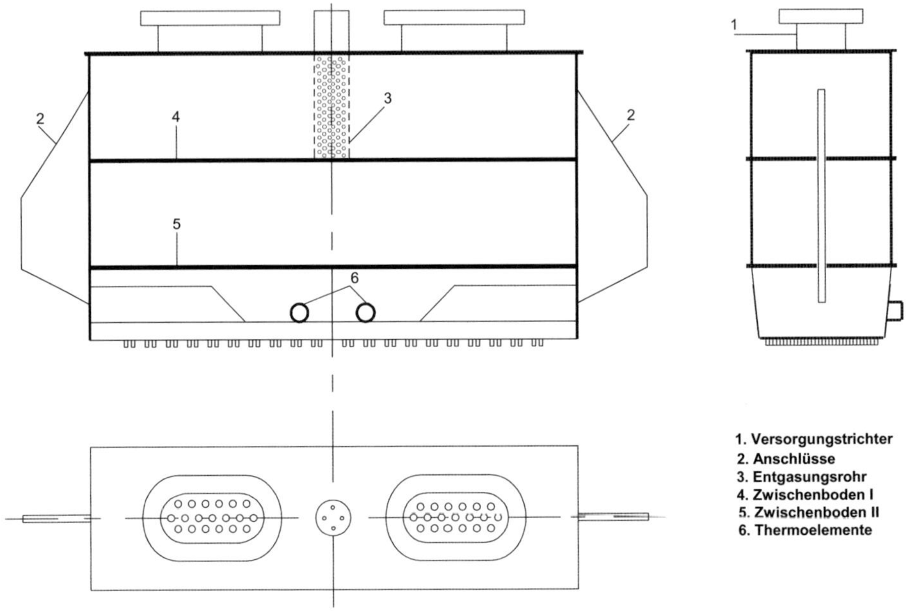

Abb. 19.7 Remeltbushing mit zwei Zwischenböden

Dies beeinträchtigt die Bushingslaufeigenschaften und wirkt sich negativ auf das Faserspektrum der gezogenen Glasfilamente aus. Unabhängig von der Art des Düsenziehverfahren (Direct-Melt, Indirect-Melt) muss immer Vorsorge getroffen werden um ein konstantes Glasschmelzniveau (einen konstanten hydraulischen Düsenvordruck) zu gewährleisten. Bei der Glasfaserherstellung ist die Faserkühlung ein sehr wichtiger Vorgang. Im Faserziehprozess muss ca. 40 % der dem Glas und dem Bushing zugeführten Energie unter dem Bushing abgeführt werden (beim Faserkühlen). Die gezogenen Glasfilamente müssen sehr schnell, auf einer Strecke von 20–30 mm, von der Spinntemperatur bis unter die Glastransformationstemperatur abgekühlt werden.

Die Abkühlgeschwindigkeit beträgt 20.000–30.000°/m bzw. 1200–1300°/ms. Darüber hinaus müssen die gezogenen Glasfasern im Faserbildungsbereich (Ziehzwiebelbereich) intensiv gekühlt werden. Die Kühlung der Faser nur mit der strömenden Luft im Ziehschacht bzw. mit der Trommelluft reicht nicht aus um die erheblichen Energiemengen abzuführen. Deswegen wird der Faserbildungsbereich mit einer Zusatzkühlvorrichtung versehen. In der Faserziehtechnologie werden grundsätzlich drei Methoden der Zusatzkühlung angewendet [4, 6]:

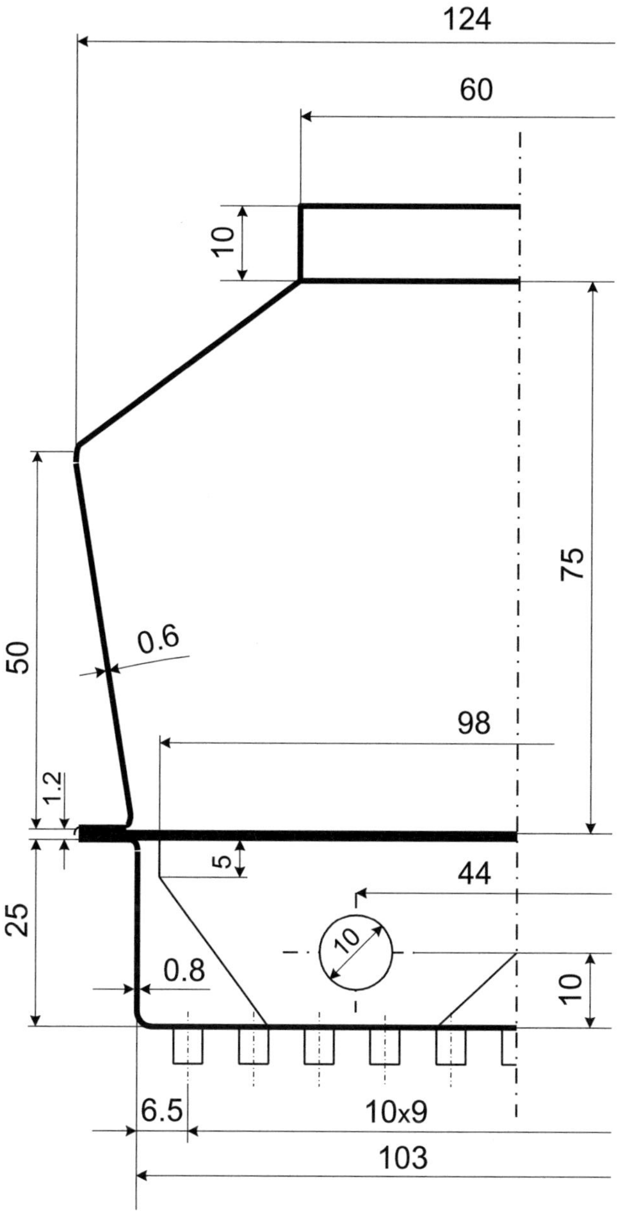

Abb. 19.8 Kompakter Remeltbushing

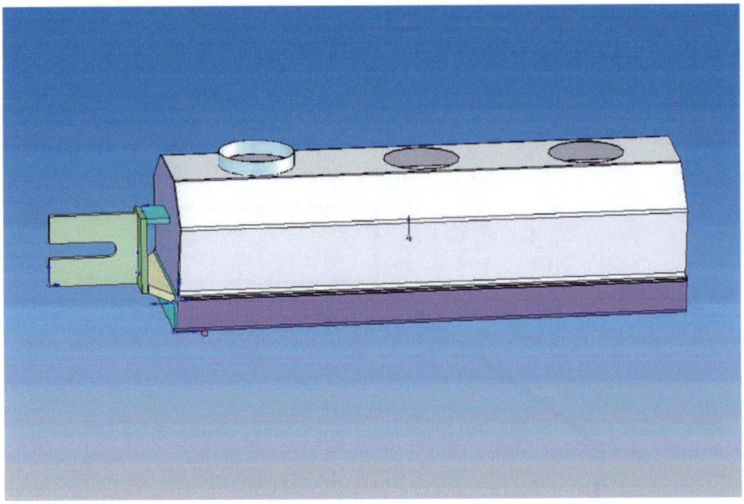

Abb. 19.9 Kompakter Remeltbushing

- mittels Kühlrippen bzw. Kühlkämme (mit Luft oder mit Wasser als Kühlmedium). Die Vorrichtung (s. Abb. 19.10) wird aus Kupfer angefertigt und galvanisch vernickelt.
- mittels Wasserkühlvorrichtung (ovale Kühlröhrchen s. Abb. 19.3). Die Kühlröhrchen werden aus einer Legierung PdRu4,5 angefertigt und verlaufen zwischen den Doppelreihen.
- mittels Spinnhilfsmittelvorrichtung

Bei den zwei ersten Methoden wird die Strahlungsenergie im Faserbildungsbereich (Ziehzwiebelspitze) abgenommen. Wie schon erwähnt hat die Kühlung, insbesondere die Kühlintensität, einen sehr großen Einfluss auf die Glasfaserfestigkeit. Darüber hinaus ist die Positionierung der Kühlvorrichtung (Spinnhilfsmittelvorrichtung, Kühlrohre, Fin-Cooler) unter dem Bushing für die Faserfestigkeit von entscheidender Bedeutung [4, 7]. Die Fin-Cooler müssen so angebracht werden, dass die obere Lamellenkante des Kühlkammes 1 bis 3 mm unter den Düsen (im Faserbildungsbereich) liegt. Die Fin-Cooler (Kühlkämme) werden mittels einer Haltervorrichtung (s. Abb. 19.11) unter dem Bushing positioniert. Die Kühlkämme im Einsatz zeigt die Abb. 19.12.

Falsche Positionierung der Kühlvorrichtung beeinträchtigt stark die Faserfestigkeit [8].

Zum Intensivieren des Kühlprozesses wird die Vorrichtung mit Schwarznickelschicht versehen. Die Kühlrippen beugen zusätzlich den Luftverwirbelungen im Ziehzwiebelbereich vor. Ihre Lebensdauer in Abhängigkeit von Glastype, ist auf 6 bis 12 Wochen beschränkt.

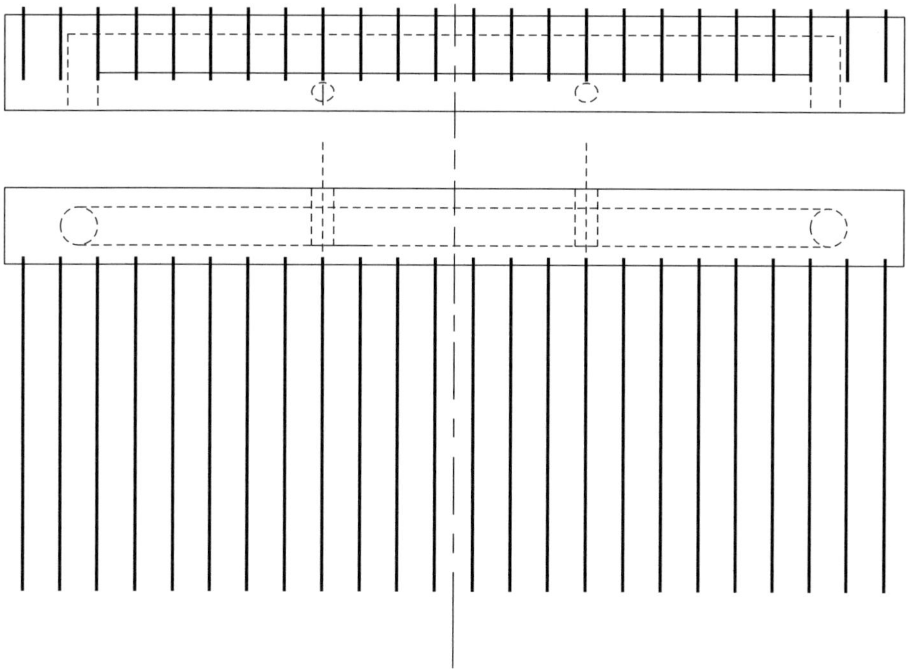

Abb. 19.10 Haltervorrichtung für Kühlkämme

Beim Kühlen der Fasern mittels Spinnhilfsmittelvorrichtung wird das Spinnhilfsmittel (Glykole) als Gasphase in den Faserbildungsbereich gelenkt. Die Ausführung einer Spin nhilfsmitteldosiervorrichtung ist aus der Abb. 19.13 zu ersehen.

Außer der Faserkühlung hat das Spinnhilfsmittel noch andere wichtige Aufgaben zu erfüllen [8]:

- Erhöhung der Glasoberflächenspannung an der Ziehzwiebel
- Verhinderung bzw. gravierende Reduzierung der statischen Aufladung
- Erster Schutz der jungfräulichen Glasfaseroberfläche (Schichtdicke ca. 3 nm).

Die physikalisch-chemische Eigenschaften von Spinnhilfsmitteln zeigt die Tab. 19.1

Ausreichende Kühlung im Faserbildungsbereich ist die Voraussetzung für einen erfolgreichen Spinnprozess.

Vor der Montage am Ziehstand werden die Bushings in ein Gestell (Bushingsrahmen) eingebaut. Die Bushingsgestelle werden üblicherweise aus einem nichtmagnetischen Material (Guß-Aluminiumbronze) hergestellt, das eine thermische Stabilität bis ca.

600 °C aufweist. Es kommen aber auch Edelstahlrahmen zum Einbetten von Bushings zum Einsatz. Als feuerfeste Isoliermaterialien für den Bushingseinbau, dienen Feuerleichtsteine und entsprechende Vergußmassen (wie z. B. Kastolite, Firecrete,

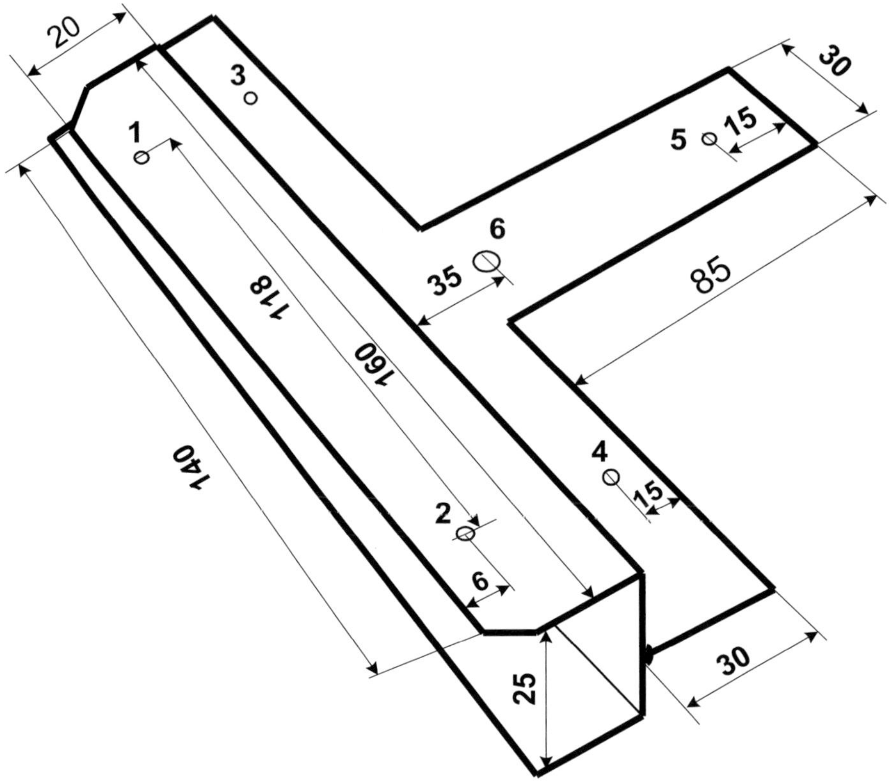

Lochdurchmesser (1,2,3,4,5) - 6 mm
Lochdurchmesser 6 - 10 mm

Abb. 19.11 Haltervorrichtung für Kühlkämme

Firelite, IM-Massen). Beim Einmauern des Bushings in den Bushingsrahmen ist darauf zu achten, dass keine Kavernen entstehen, die die Temperaturverteilung beeinträchtigen. Deswegen wird jedes Mal die Vergussmasse auf einem Rütteltisch verdichtet.

Um einem Glasdurchlauf zwischen dem Bushing und der Vergussmasse vorzubeugen wird in der Nähe des oberen Deckbleches von Bushing eine Kühlschlange eingebaut.

Das Kühlen mittels der Kühlspirale bringt das etwaige herauskriechende heiße Glas zum erstarren. In der Ofen-Anfahrphase werden die Öffnungen von Bushingsblöcken mit feuerfesten Platten versehen. Dann zum Reinigen des Speiserkanals baut man die s.g. Drainage-Bushings (Anfahrbushings, Anfahrwannen) ein. Die Drainage-Bushings sind aus einem Refraktärmetall (z. B. PM 2000) und besitzen 4 bis 6 Öffnungen mit einem Durchmesser von 8–16 mm. Nachdem die Glasqualität der Spezifikation entspricht (es dauert ca. 1 Woche) werden die Glasfaserbushings eingebaut. Beim Einbau

Abb. 19.12 Kühlkämme im Einsatz

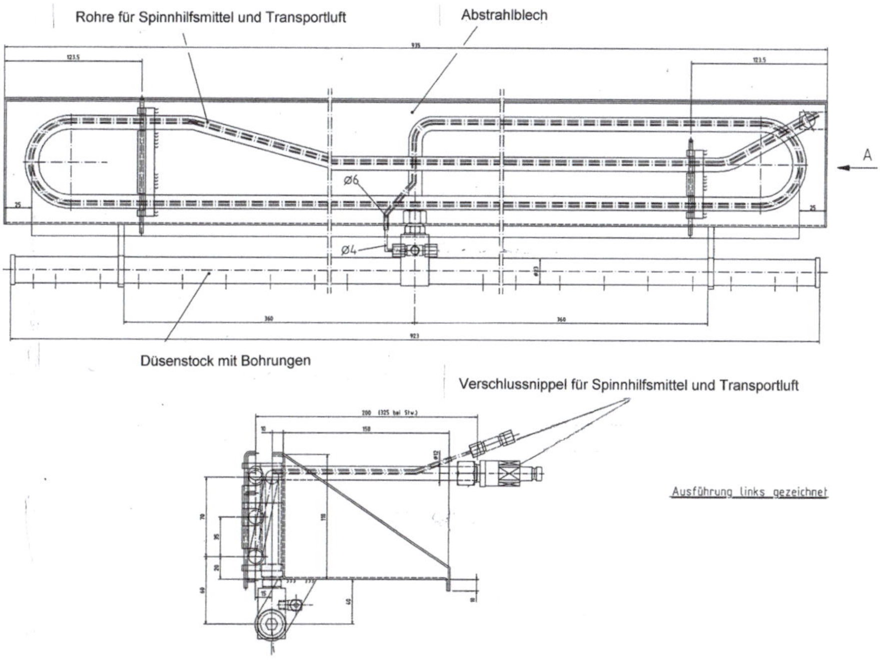

Abb. 19.13 Ausführung einer Spinnhilfsmitteldosiervorrichtung

Tab. 19.1 Eigenschaften von Spinnhilfsmitteln (DEG- Diethylenglykol, TEG-Triethylenglykol, TTEG-Tetraethylenglykol, PEG- Polyethylenglykol)

Eigenschaften	DEG	TEG	TTEG	PEG 200
Dichte [g/cm^3]	1,117	1,125	~1,127	1,127
2. Gefrierpunkt [°C]	-10	-7	- 5	-50
3. Siedegrenzen [°C]	241–250	285–290	305–310	>250
4. Dampfdruck 20°C [hPa]	0,01	0,01	0,01	≤0,1
5. Flammpunkt [°C]	146	165	191	180
6. Zündtemperatur [°C]	229	370	370	340
7. Viskosität [mPas]	35	~40	~45	60–70
8. Molmasse	106	150	194	200
9. pH-Wert	7–8	6,5–7,5	7	5–7
10. MAK-Wert [mg/m^3]	44	-	-	1000
11. Explosionsgrenzen [Vol. %]	1,8–12,2	0,9–9,2	0,5–3,4	-
12. Akute Toxizität LD_{50}: oral, Ratte [mg/kg] LD_{50}: dermal, Kaninchen [mg/kg]	14.800 11.900	17.000 nicht reizend	29.000 leichte Reizung	33.750 nicht reizend
13. Bakterientoxizität LC_0: Pseudomonas putida [mg/l]	8000 (16h)	320	-	>12.000
14. Fischtoxizität LD_0: Leuciscus idus [mg/l]	>10.000 (96h)	>10.000	-	>10.000
15. Wassergefährdungsklasse	1	1	0	1

ist es notwendig zwischen dem Bushingsblock und dem Bushingsrahmen eine Matte aus Keramikfasern, (mit ca. 52 % SiO_2 und 48 % Al_2O_3) als Zwischenschicht einzubauen. Diese feuerfeste Matte mit einer Dicke von 2 bis 4 mm ermöglicht eine präzise, waagerechte Positionierung des Bushings und beugt dem eventuellen Glasauslauf an der Grenze vor. Die waagerechte Positionierung des Bushings (parallel zum Speiserkanal) stellt eine wichtige Voraussetzung für einen effektiven Spinnprozess dar.

In der Faserziehtechnologie stellt das Auftempern eines Bushings einen wichtigen Vorgang dar. Der in einem Aluminiumgussrahmen und mittels feuerfesten Mörtels eingegossene Bushing muss langsam aufgeheizt werden.

Üblicherweise beträgt die Temperaturanstiegsgeschwindigkeit bis zum Erweichungspunkt des Glases: 4–5°/min. Die Aufheizgeschwindigkeit bis zum Erreichen der Spinnprozesstemperatur liegt im Bereich 8 bis 10°/min.

Der gesamte Vorgang dauert ca. 4 h. Wichtig dabei ist die Justierung der Klemmbacken, damit eine gleichmäßige Temperaturverteilung am Düsenboden gewährleistet werden kann. Die Anschlussklemmen können sowohl vertikal als auch horizontal verschoben werden. Dadurch besteht die Möglichkeit die Klemmfläche zu vergrößern bzw. zu verkleinern und damit die Reichweite des Kühlfeldes zu variieren. Die gleichmäßige Temperaturverteilung am Düsenboden ist die Voraussetzung für einen effizienten Spinnprozess. Dabei spielt die Ermittlung der optimalen Spinnprozesstemperatur eine wichtige Rolle. Der Bushingswechsel im Directmeltverfahren ist wesentlich komplizierter als in der Indirectmelttechnologie.

Im Indirectmeltverfahren wird der sog. Brenner (Im Bushingsrahmen eingebaute Düsenleiste) in „Auto-Mode" abgetempert. Die Temperaturabstiegsgeschwindigkeit beträgt ca. 10°/min. Bei Raumtemperatur werden die Thermoelemente abgeklemmt und die an den flexiblen Kupferbänden befestigten Klemmbacken von den Anschlussfahnen der Düsenleiste gelöst. Der komplette „Brenner" wird von der Faserziehmaschine entnommen und durch einen neuen ersetzt. Im Directmeltverfahren wird der Bushing mittels einer Wasserlanze angespritzt, um das Glas „einzufrieren". Der „Brenner" muss dann mithilfe eines Holzhammers vom Bushingsblock (meistens aus ZS 1300) gelöst werden. Danach wird der Bushingsblock weiter gekühlt, um das Glas „gefroren" zu halten. Die Fläche, wo der Bushing anliegt wird mit einem pneumatischen Meißel vorsichtig bearbeitet (Entfernung der „Anklebungen") und dann mittels einer Diamantscheibe nachbehandelt (geebnet). Danach darf ein neuer „Brenner" montiert werden. Die Gesamtlaufzeit eines Bushings in Abhängigkeit von Glassorte liegt zwischen 1 und 1,5 Jahr (>8700 Betriebstunden).

Die Remeltbushings werden nach 1000 bis 1200 Betriebsstunden aus der Faserziehmaschine ausgebaut, gereinigt (entglast) und eventuell repariert.

Bevor der Remeltbushing von der Ziehmaschine entnommen wird, muss er „leergefahren" und danach „abgetempert" werden. Der Reinigungsprozess erfasst folgende technologische Schritte:

- Behandlung im geschmolzenen NaOH + 3 % CaF_2 bei 700 °C
- Spülung mit Leitungswasser
- Neutralisieren mit 30 % H_2SO_4
- Spülung mit Wasser
- Trocknung
- Sandstrahlen

In diesem Oberflächenreinigungsverfahren werden die meisten Legierungsverunreinigungen ausgelaugt und die Legierungsbeschaffenheiten wieder hergestellt, damit ein ungestörter Spinnprozess zu gewährleisten ist. Die im Bushing etwaigen entstandenen Risse werden zugeschweißt und der Bushing kommt wieder zum Einsatz. Die Remeltbushings aus der konventionellen Legierung PtRh10 werden 6 bis 8 Mal gereinigt, bevor sie eingeschmolzen werden.

Der Energiebedarf der Remeltbushings ist von der Durchsatzleistung (Bushingsgröße) und von der Glastype abhängig. Der Energieverbrauch unterschiedlicher Remeltbushings für C- und E-Glas ist aus der Tab. 19.2 zu ersehen.

Tab. 19.2 Energiebedarf diverser Remeltbushings für C- und E-Glas

Bushingsgröße (Anzahl der Tips)	Durchsatzleistung [kg/h]	Energiebedarf in kW/kg Glas	
		C-Glas	E-Glas
204	8,0	1,2	1,8
408	15,0	1,1	1,7
816	25,0	1,0	1,6
1632	50,0	0,9	1,5

Die Directmelt-Bushings benötigen beträchtlich weniger Energie um den Spinnprozess aufrechtzuerhalten. Dies ist auch verständlich wenn man bedenkt, dass sie mit flüssigem Glas versorgt werden. Ein Directmelt-Bushing mit 400 Tips für E-Glas ($Q = 15$ kg/h) benötigt 7,0 kWh ($\approx$0,47 kW/kg Glas) und für ein R-Glas 8,7 kWh ($\approx$0,58 kW/kg Glas).

Die Eignung neuentwickelter Fasergläsern für den Spinnprozess wird in einem Minibushing (Versuchsschiffchen) untersucht. In den Versuchen werden unter anderem folgende Prozessparameter und Fasereigenschaften ermittelt:

- Untere Spinnprozesstemperatur (s. Kap. 6)
- Obere Spinnprozesstemperatur
- Optimale Temperatur des Spinnprozesses
- Einschnürungsverhalten der Glasschmelze im Spinnprozess
- Einfluss der glastechnischen Fabrikationsfehler in der Schmelze auf die Häufigkeit der Heißbrüchen
- Einfluss der Düsengeometrie auf die Stabilität des Spinnprozesses (Optimierung der Düsengeometrie)
- Einfluss der Kühlart auf die auf die Stabilität des Spinnprozesses
- Zugfestigkeit und E-Modul der jungfräulichen Glasfilamente
- Einfluss der Faserziehbedingungen (Temperatur, Feuchte, Staubteilchen, Vibrationen) auf die Spinnprozessstabilität und auf die Festigkeit der Glasfasern [5, 7, 9].

Die Konstruktion eines Minibushings für Untersuchung des Spinnprozesses ist auf der Abb. 19.14 zu sehen. Für die Bushingsberechnung wird üblicherweise eine Massen- und Energieströmanalyse angewendet. Die wichtigsten Energieströme im Bushing sind aus der Abb. 19.15 zu ersehen. Den Energiebedarf eines „offenen" Remeltbushings mit 1455 Düsen für 10 µm C-Glasfaserherstellung bei einem Glasdurchsatz von 45 kg/h zeigt die Abb. 19.16.

Für die Herstellung der Glasfaserprodukte wie z. B. Strangfasern, Garne, Roving sind die Zusammenhänge von technologischen- (Faserdurchmesser, Abzugsgeschwindigkeit, Feinheit) und Bushingskonstruktionsparameter von sehr großer Bedeutung.

Für die Produktion bestimmter Glasfaserprodukte können nur die, dafür berechneten und den Produktionsbedingungen angepassten Bushings eingesetzt werden.

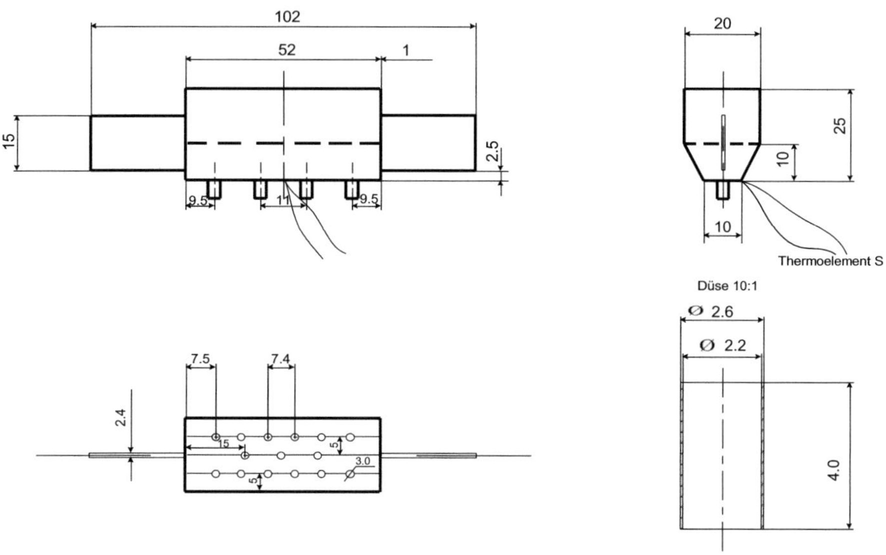

Abb. 19.14 Versuchsziehdüse (Minibushing) lt. Autor

Die technologischen Bedingungen bei der Herstellung bestimmte Glasfasererzeugnisse müssen bei der Bushingsentwicklung und beim Bushingsdesign unbedingt berücksichtigt werden [4]. Laut Hagen-Poiseuille Gleichung mit Couette-Korrektur hängt der Glasdurchsatz Q mit der Düsenanzahl, mit der Glasdichte mit dem Glasstand und mit dem Düsengeometriefaktor F wie folgt zusammen:

$$Q = 866{,}8\frac{N \cdot \rho^2 \cdot H}{\eta \cdot F} \tag{19.1}$$

Q Glasdurchsatz in (kg/h)

N Düsenanzahl

H Glasstand im Bushing (Glasschmelzniveau über den Düsen, hydraulischer Düsenvordruck) in (m)

ρ Glasdichte in (kg/m^3)

η Viskosität der Glasschmelze in (Pa·s = kg/m·s)

F Geometriefaktor der Düse im (m^{-3}), für einfache Düse $F = \frac{L+0{,}5D}{D^4}$; L – Düsenlänge in (m),

D Düsendurchmesser in (m).

Für andere Düsengeometrien müssen andere Geometriefaktoren eingesetzt werden. Für eine kegelstumpfförmige Düse gilt: $F = \frac{L(D_1^2+D_1\,D_2+D_2^2)}{3D_1^3D_2^3}$. Die Düsen sind als eine hydraulische „Bremse“ anzusehen, die beim vorgegebenen Glasdurchsatz den Glasstand im Bushing bestimmen. Dabei spielen die Düsengeometrie (Geometriefaktor F)

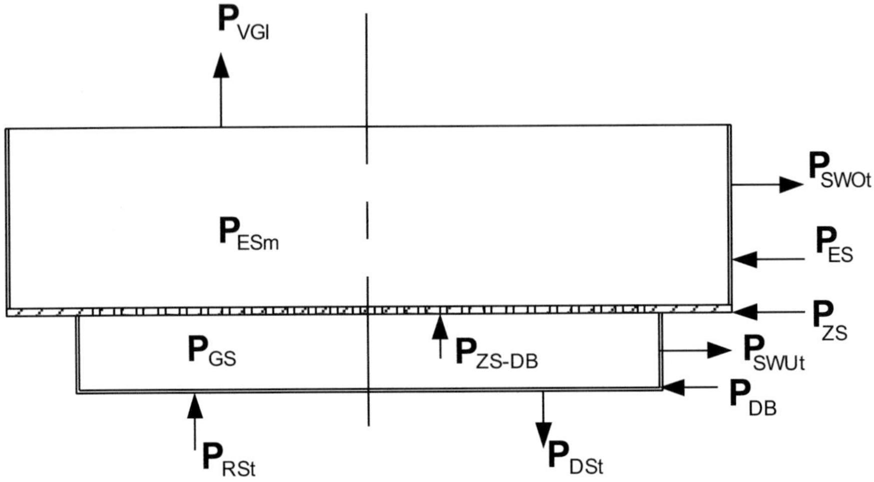

Die wichtigsten Erwärmungs-ströme:

P_{DB} – Düsenbodenenergieaufnahme
P_{DSt} – Düsenbodenstrahlungsenergie
P_{GS} – Glasschmelzeenergieerhöhung von T_{ZS} zu T_{DB} ($T_{DB}>T_{ZS}$)
$P_{ZS\text{-}DB}$ – Ans Zwischensieb übertragene Wärmemenge infolge des Temperaturunterschiedes ($T_{DB}>T_{ZS}$)
P_{RSt} – Rückstrahlungsenergie
P_{VGl} – Glasenergieverluste
P_{Esm} – Erwärmungs- und Schmelzenergie
P_{SWOt} – Seitenwandenergieverluste im Oberteil
P_{SWUt} – Seitenwandenergieverluste im Unterteil
P_{ES} – Seitenwandelektroenergieaufnahme
P_{ZS} – Zwischensiebenergieaufnahme

Abb. 19.15 Die wichtigsten Energieströme im Bushing

und die Glasviskosität eine entscheidende Rolle. Beide haben einen wesentlichen Einfluß auf die Ausflussgeschwindigkeit der Schmelze aus den Düsen. Die Geometriefaktoren der Düsen auf dem Bild 19 . 2 sind wie folgt: a) $72{,}18 \cdot 10^7\ m^{-3}$; b) $61{,}88 \cdot 10^7\ m^{-3}$; c) $53{,}88 \cdot 10^7\ m^{-3}$. Die Geometriefaktoren F der Düsen auf dem Bild 19.4 betragen: a) $9{,}13 \cdot 10^7\ m^{-3}$; b) $14{,}1 \cdot 10^7\ m^{-3}$; c) $11{,}0 \cdot 10^7\ m^{-3}$.

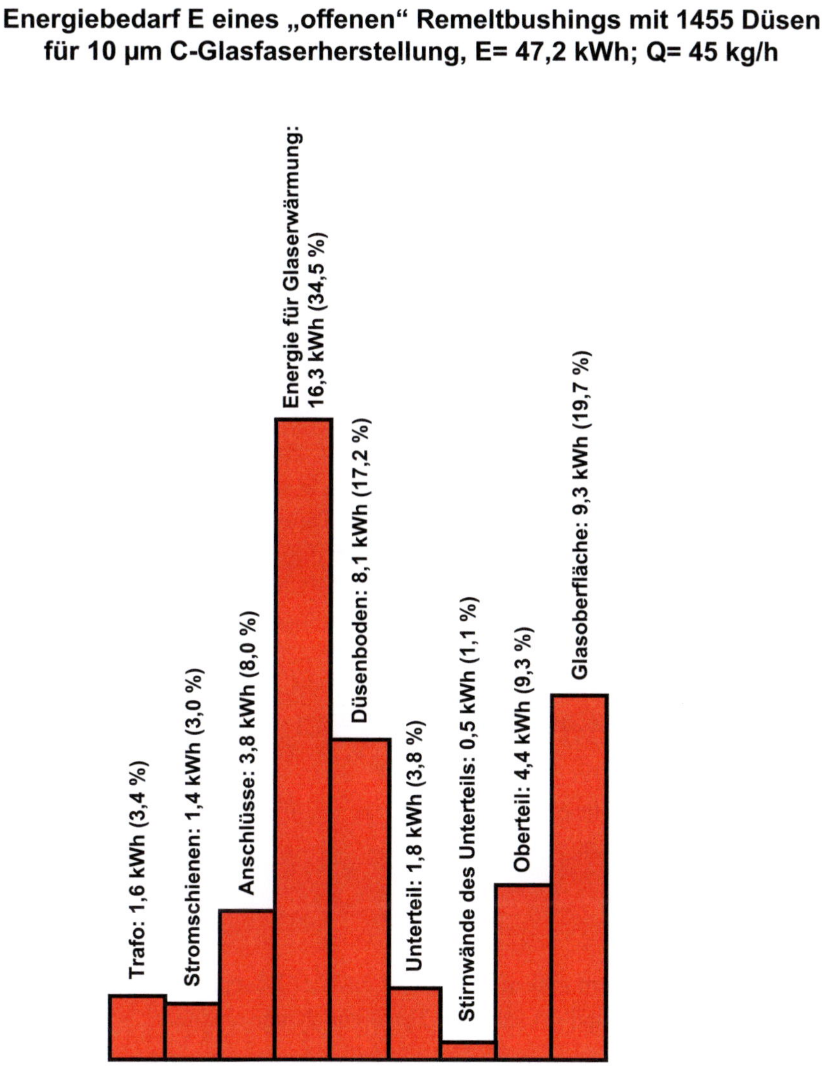

Abb. 19.16 Energiebedarf eines Remeltbushings

Bei der Berechnung des Faserdurchmessers in der Produktion, unter Berücksichtigung der Herstellungsparameter, werden Formeln benutzt, die nur die Abhängigkeit der Faserstärke vom Glasdurchsatz, von der Abzugsgeschwindigkeit und von der Düsenanzahl einbeziehen. Der Massenstrom (Glasdurchsatz) ist dabei eine Funktion des Fadenvolumens, der Glasdichte, der Abzugsgeschwindigkeit und der Düsenanzahl:

$$\mathrm{Q} = \frac{d^2 \cdot \rho \cdot v \cdot N}{2122 \cdot 10^7} \tag{19.2}$$

d Faserdurchmesser in (µm)
v Abzugsgeschwindigkeit in (m/min)
ρ, N s. oben

und daraus

$$d = \frac{\sqrt{2122 \cdot 10^7 \cdot Q}}{\rho \cdot v \cdot N} \tag{19.3}$$

beim Glas mit einer Dichte von 2520 kg/m³ ergibt sich dann

$$d = \sqrt{\frac{Q \cdot 10^7}{1{,}19 \cdot v \cdot N}} \text{ bzw. bei } \rho = 2650\ \text{kg/m}^3 \Rightarrow d = \sqrt{\frac{Q \cdot 10^7}{1{,}25 \cdot v \cdot N}}$$

Der aus der Formel (19.3) errechnete Faserdurchmesser berücksichtigt auf keinen Fall den Einfluss der Glasviskosität, der Düsengeometrie und des Glasniveau (Düsenvordruck) auf die Faserstärke. Um diese so wichtigen Parameter in Betracht zu ziehen und in die Berechnung „einfließen" zu lassen, wurden die Formeln (19.1) und (19.2) eingebunden:

$866{,}8\frac{N \cdot \rho^2 \cdot H}{\eta \cdot F} = \frac{d^2 \cdot \rho \cdot v \cdot N}{2122 \cdot 10^7}$; davon errechneter Faserdurchmesser beträgt:

$$d^2 = 1{,}84 \cdot 10^{13} \cdot \frac{\rho \cdot H}{\eta \cdot v \cdot F} \Rightarrow d = 4{,}3 \cdot 10^6 \sqrt{\frac{\rho \cdot H}{\eta \cdot v \cdot F}} \tag{19.4}$$

Die Feinheit eines Glasstapelfaserproduktes als tex-Wert ausgedrückt, lässt sich aus folgender Formel berechnen:

$$\text{tex} = 16.667 \cdot \frac{Q}{v} \tag{19.5}$$

Zwischen der Feinheit, dem Faserdurchmesser und der Düsenanzahl am Bushing lassen sich aus den Formeln (3) und (5) folgende Zusammenhänge ableiten:

$$\frac{2122 \cdot 10^7 \cdot Q}{d^2 \cdot \rho \cdot N} = \frac{16.667 \cdot Q}{tex} \quad \text{daraus}$$

$$d = 1128\sqrt{\frac{\text{tex}}{\rho \cdot N}} \text{ oder tex} = 7{,}855 \cdot 10^{-7} \cdot \rho \cdot N \cdot d^2 \text{ es gilt auch } N = 1{,}273 \cdot 10^6 \frac{\text{tex}}{\rho \cdot n}$$

Die für ein C-Glas (ρ = 2525 kg/m³) und für ein E-Glas (ρ = 2610 kg/m³) errechneten Faserdurchmesser (d), Feinheit (tex) in Abhängigkeit von Bushingsgröße (Düsenanzahl und Glasdurchsatz) und von der Abzugsgeschwindigkeit (v) zeigen die Tab. 19.3 und 19.4.

Tab. 19.3 Faserdurchmesser und Feinheit in Funktion von Bushingsgröße und Abzugsgeschwindigkeit – C Glas

d	v	Feinheit (tex)			
(μm)	(m/min)	B800 25 kg/h	B1600 50 kg/h	B2400 75 kg/h	B3200 100 kg/h
16,2	1000	420	840	1260	1680
14,8	1200	350	700	1050	1400
13,7	1400	300	600	900	1200
12,8	1600	260	520	780	1040
12,1	1800	230	460	690	920
11,5	2000	210	420	630	840
10,9	2200	190	380	570	760
10,5	2400	170	340	510	680
10,0	2600	160	320	480	640
9,7	2800	150	300	450	600

Tab. 19.4 Faserdurchmesser und Feinheit in Funktion von Bushingsgröße und Abzugsgeschwindigkeit – E Glas

d	v	Feinheit (tex)			
(μm)	(m/min)	B800 25 kg/h	B1600 50 kg/h	B2400 75 kg/h	B3200 100 kg/h
15,9	1000	420	840	1260	1680
14,6	1200	350	700	1050	1400
13,5	1400	300	600	900	1200
12,6	1600	260	520	780	1040
11,9	1800	230	460	690	920
11,3	2000	210	420	630	840
10,7	2200	190	380	570	760
10,3	2400	170	340	510	680
9,9	2600	160	320	480	640
9,5	2800	150	300	450	600

Die Formel für die Berechnung der Faserlänge eines Einzelfadens lautet:

$$1 = \frac{4 \times m}{\pi \times d^2 \times \rho}; \quad \frac{[\mathrm{kg}] \times [m^3]}{[m^2] \times [\mathrm{kg}]} = [\mathrm{m}]$$

m Masse des Glases (der Pellets) in [kg]
ρ Glasdichte in [kg/m^3],bei C-Glas $\rho = 2520$ kg/m^3
d Faserdurchmesser in [m]

Aus zwei C-Glaspellets mit einer Masse von 9 g (2 × 4,5 g) lässt sich ein 10 μm-Faden mit einer Länge von 45,5 km ziehen. Um die Erde mit dem Mond mit einer 10 μm-Faser zu verbinden (Entfernung von 384.400 km) wird eine Glasmenge von nur 76 kg benötigt.

Tab. 19.5 Physikalische Eigenschaften einiger konventionellen und oxiddispersionsgehärteten (DPH)Platinwerkstoffen [1]

Physikalische Eigenschaften	Pt	Rh	Pt-DPH	PtRh5	PtRh5DPH	PtRh10	PtRh10DPH	PtRh20	PtAu5	PtAu5DPH
Dichte in 20 °C [g/cm³]	21,45	12,40	21,40	20,65	20,51	19,99	19,96	18,72	21,33	21,29
Schmelzpunkt [° C]	1770	1960	1770	1820	1820	1850	1850	1890	1660	1660
Spez.Elektr. Widerstand	10,9	4,4	10,9	17,5	17,5	19,3	19,3	20,3	19,2	19,1
20 °C [µΩcm]	$3{,}9 \cdot 10^{-3}$	$4{,}6 \cdot 10^{-3}$	$3{,}9 \cdot 10^{-3}$	$2{,}0 \cdot 10^{-3}$	$2{,}0 \cdot 10^{-3}$	$1{,}7 \cdot 10^{-3}$	$1{,}7 \cdot 10^{-3}$	$1{,}23 \cdot 10^{-3}$	$2{,}1 \cdot 10^{-3}$	$2{,}1 \cdot 10^{-3}$
Widerst.temp.koeffizient	$9{,}0 \cdot 10^{-6}$	$8{,}5 \cdot 10^{-6}$	$9{,}0 \cdot 10^{-6}$	$10{,}3 \cdot 10^{-6}$	$10{,}3 \cdot 10^{-6}$	$10{,}0 \cdot 10^{-6}$	$10{,}0 \cdot 10^{-6}$	$9{,}3 \cdot 10^{-6}$	n.gem	n.gem
0–100 °C [1/deg]	40	130	55	70	90	90	115	123	90	110
Ausdehnungskoeffizient	125	420	200	220	285	300	340	400	340	380
0–100 °C [1/deg]	0,8	9,0	4,7	n.gem	n.gem	3,6	7,5	5,6	1,4	3,0
Härte HV-20 °C geglüht	0,9	10	5,0	n.gem	n.gem	2,8	6,0	4,5	1,3	2,5
Zugfestigkeit	28–33	n. gem	30–35	32–38	32–38	35–40	35–40	40–45	70–75	70–75
bei 20 °C [MPa]	20–25	n.gem	20–28	25–30	25–30	28–35	28–35	32–38	62–67	62–67
Zeitstandfestigkeit										
bei 1400 °C/100h [MPa]										
Zeitstandfestigkeit										
bei 1600 °C/10h [MPa]										
Kontaktwinkel (E-Glas)										
bei 1200 °C [deg]										
Kontaktwinkel (Basalt)										
bei 1200 °C [deg]										

Für die Berechnung der spezifischen Fläche der Fasern F (m^2) gilt:

$$F = \frac{4 \times m}{d \times \rho}; \quad \frac{[kg]}{[m] \times [kg/m^3]} = [m^2]$$

Wie aus dieser Berechnung hervorgeht, beträgt die spezifische Fläche von 1 kg C-Glasfaser mit einem Durchmesser von 13 µm – 120 m^2. Die spezifische Fläche der 10 µm dieser Faser beträgt 160 m^2/kg und der 8 µm Fasern – 200 m^2/kg.

Für ECR-Glas mit einer Dichte von 2670 kg/m^3 beträgt die spezifische Fläche der daraus hergestellten Fasern entsprechend:

$$13\ \mu m - 115\ m^2/kg;\ 10\ \mu m - 150\ m^2/kg;\ \ 8\ \mu m - 187\ m^2/kg.$$

Die dargestellten Formeln, welche die wichtigsten Herstell- und Konstruktionsparameter zusammenbinden sind sehr hilfreich bei der Berechnung, Projektierung und Auslegung der Bushings. Sie sind auch von wesentlicher Bedeutung bei der täglichen Arbeit eines Produktionsingenieurs in der Glasfaserbranche [4].

Für die Bestimmung der mechanischen Belastung von Bushingsbauteilen bei hohen Temperaturen kann die Finite Elemente Simulation (FEM) benutzt werden. Damit können Spannungskonzentrationen lokalisiert, ein geeigneter Strukturwerkstoff gewählt und Konstruktionsänderungen zur Spannungsreduzierung aufgezeigt werden [10].

Für einen erfolgreichen Spinnprozessist sind die Qualität der Glasschmelze und die optimale Konstruktion der Bushings von entscheidender Bedeutung. Es dürfen keine Schmelzrelikte als auch nur eine sehr begrenzte Anzahl von Gispen vorhanden sein.

Die Gispen führen meistens zu Faserabrissen und beeinträchtigen den Wirkungsgrad (Ausbeute) bei der Glasfaserherstellung. Auch die Konstruktionsparameter der Bushings, insbesondere die Düsenausführung (Düsengeometrie), spielen eine wichtige Rolle und haben einen sehr großen Einfluss auf die Effektivität der Glasfaserproduktion. Dabei dürfen die Luftverhältnisse im Ziehschacht und in der Produktionshalle nicht außer Acht gelassen werden. Dies ergibt sich aus meiner mehrjährigen Erfahrung in der Produktion von C-, E- und R-Glasfasern (Tab. 19.5).

Den Düsenboden eines Directmeltbushings mit 4000 Tips für E- und R-Glas zeigt die Abb. 19.4 [11].

Literatur

1. Merker, J., Lupton, D., Teschner, R., Fischer, B. : Einsatz von DPH-Legierungen in der Glasindustrie. Glas-Ingenieur. **2**, 37–40 (2000)
2. Fachkonferenzunterlagen : Hochleistungwerkstoffe für die Glasindustrie. Neue Anwendungen und Entwicklungen, Plansee (1999)
3. Fischer, B. et al. : Practical Experience with New Oxide Dispersion Hardened Platin Materials. Paper presented at 25th International Precious Metals Conference. Tucson, Arizona (2001)

4. Teschner, R. : Über den Einfluss einiger technologischer und Bushingskonstruktionsparameter auf den Glasfaserdurchmesser und auf das Faserspektrum im Düsenziehverfahren. Glas-Ingenieur **2**, 43–46 (2002)
5. Stehle, M., Brückner, R. : Massenstrom, Ziehkraft und Geschwindigkeitsverteilung beim Glasfaserzievorgang. Glastechn. Ber. **50**, 307–318 (1977)
6. Loewenstein, K.L.: The Manufacturing Technology of Continuous Glass Fibres. Elsevier, Amsterdam- Oxford-New York (1983)
7. Pähler, G., Brückner, R. : Festigkeit von Glasfasern als Funktion der Herstellungsparameter. Glastechn. Ber. **54** (1981)
8. Schmidt, K.A. : Textilglas für die Kunststoffverstärkung. Zechner & Hüthig Verlag, Speyer-Wien-Zürich (1972)
9. Maurer, R.D. : Effect of dust on glass fiber strength. Appl.. Phys. Lett. **30** (1977)
10. Völkl, R., Fischer, B. et al. :Finite element modelling of strains and stresses in platinum alloy bushings for textile glass fibre production. Glastech. Ber. Glass Sci.Technol. **74**, 142–151 (2001)
11. Koch, M., Lupton, D. : Design and Manufakture of Bushing for Glass Fibre Produktion. Glasstec, Düsseldorf (2006)

20 Schlichte

Die Glasfasern, unabhängig von ihrer chemischen Zusammensetzung, sind knick- und scheuerempfindlich [1]. Schon während des Faserziehprozesses muss deswegen Vorsorge getroffen werden (Schlichteauftrag), um die Glasfasern gegen die Scheuerwirkung von Glas auf Glas bzw. Glas auf Ziehtrommel und somit vor der Gefahr einer mechanischen Beschädigung zu schützen. Dies wird durch das Auftragen einer Schlichte erreicht. Bekannter-maßen werden die physikalisch-chemische Eigenschaften von Verbundwerkstoffen aus Glasfasern und Harz auch durch die Affinität, durch die Haftung und folglich durch die Scherfestigkeit an der Grenze zwischen der Glasfilamenten und der Polymermatrix beeinflusst. Die Aufgabe einer Schlichte (Faserpräparation) besteht darin sowohl einen kompatiblen Verbund zwischen den Glasfasern und dem umgebenden Harz herzustellen als auch die Herstell- und Verarbeitbarkeit der Glasfaserprodukte zu gewährleisten. Die Zusammensetzung der Schlichte beeinflusst nicht nur den Geschlossenheitsgrad, die Steifigkeit, die Härte, die Oberflächenbeschaffenheiten der Glasfaserprodukte sondern auch die technologischen Prozesse wie z. B. den Faserziehprozess, das Wickeln (Spulenaufbau) den Trocknungsprozess und insbesondere die Weiterverarbeitbarkeit (Weben, Schneiden) der Textilglasfasern. Eine der Glasoberfläche nicht „angepasste" Schlichte führt zur verstärkten Querfragmentierung der Filamente. Die Knickempfindlichkeit der Fasern hängt meistens mit der Qualität der Schlichte zusammen. Insbesondere im Webprozess ist die Verschneidbarkeit, die Schiebefestigkeit der Kett- und Schussfäden als auch die Reibung und Schädigung der Glasfilamente (Faserflug, Abrisse) von der Schlichtenzusammensetzung abhängig. Derartige Schlichten sind als stärkehaltige, sogenannte Textilschlichten und als haftmittelhaltige, sogenannte Kunststoffschlichten bekannt. Die stärkehaltigen Schlichten enthalten im Gegensatz zu den Kunststoffschlichten meistens keinen Haftvermittler. Die wässrigen Schlichten für Textilglasfasern bestehen vorwiegend aus einem oder mehreren Filmbildner, einem Gleitmittel, einem Netzmittel und einem oder mehreren Haftvermittlern (Kupplungsmitteln, Primer). Ein Filmbildner verleiht den Textilglaserzeugnissen

R. Teschner, *Glasfasern,* https://doi.org/10.1007/978-3-662-64123-1_20

die erforderliche Integrität, schützt die Glasfilamente vor gegenseitiger Reibung und trägt zur Affinität zum Bindemittel bzw. Kunststoffmatrix damit zur Festigkeit des Endproduktes (z. B. Verbundwerkstoff).

Als Filmbildner werden Stärkederivate, Polymere und Copolymere von Vinylacetat von Acrylestern, Epoxidharzemulsionen, Polyesterharze, Polyurethanharze, Polyolefinharze bzw. Mischemulsionen von Polyvinylacetat und Polystyrol in einem Anteil von 1,0 bis 12 Ma.-% (Ma.-% = Gew.-%) angewendet.

Ein Gleitmittel in den wässrigen Schlichten verleiht dem Glasfaserprodukt (wie z. B. Roving) die notwendige Geschmeidigkeit und setzt die gegenseitige Reibung der Glasfasern sowohl während der Herstellung als auch während der Weiterverarbeitung z. B. Weben, herab. Die meisten Gleitmittel beeinträchtigen die Haftung zwischen Glas und Bindemittel. Als Gleitmittel werden z. B. Fette, Öle, Wachse, Polyalkylenamine in einer Menge von 0,01 bis 1,0 Ma.-% eingesetzt. Ein Netzmittel als Komponente einer wässrigen Schlichte setzt die Oberflächenspannung vom Wasser herab und verbessert damit die Benetzung der Filamente mit der Schlichte. Als Netzmittel werden in die wässrige Schlichte z. B. Polyfettsäureamide in einer Menge von 0,1 bis 1,2 Ma.-% eingeführt. Die meisten Harze (Polymere) weisen keine Affinität zum Glas auf. Durch Haftmittel (Primer) wird zwischen Glas und Harz eine „Brücke" geschaffen, die eine vollständige Kraftübertragung im Verbund ermöglicht. Die Haftvermittler erhöhen Die Adhäsion von Polymeren an der Glasoberfläche [1, 2, 14].

Als Haftmittel dienen meistens organofunktionelle Silane wie z. B. γ-Aminopropyltriethoxysilan, γ-Methacryloxypropyltrimethoxysilan, γ-Glycidyloxypro pyltrimethoxysilan u.a. deren Menge in der Schlichte von 0,2 bis 1,0 Ma.-% beträgt.

Bevor die Silane der wässrigen Schlichte zugesetzt werden, werden sie meistens zu Silanolen hydrolysiert. Die Hydrolyse von γ-Aminopropyltriethoxysilan kann mit der folgenden chemischen Reaktion beschrieben werden:

$$NH_2-C_3H_6-Si(OC_2H_5)_3 + 3H_2O \rightarrow NH_2-C_3H_6-Si(OH)_3 + 3C_2H_5OH$$

Die Hydrolysatlösung ist nur begrenzt stabil und neigt zur Kondensation.

Infolge der Konzentration der Sauerstoffionen an der Glasfaseroberfläche beträgt der pH-Wert einer wässrigen E-; R- bzw. ECR-Glasfasersuspension ca. 9. Bei einem A-; C- oder T-Glas liegt der pH-Wert sogar bei ca. 11. Die an der anionischen Glasfaseroberfläche vorhandene Wasserschicht mit einer Dicke von ca. 3–4 nm ist sehr stark gebunden und kann nur bei ziemlich hoher Temperatur (500 °C) entfernt werden.

Die vorhandene Wasserhaut wird beim Beschlichten der Fasern mit einer Kunststoffschlichte durch die Silankomponente (Silanol) verdrängt.

Die Silanole reagieren mit der reaktiven Glasoberfläche und bilden eine Haftmittelschicht mit der Dicke von ca. 5 nm, die sich wie ein Schutzschleier über die Faseroberfläche zieht. Der Schutzschleier als Oligomer anfangs noch löslich kondensiert später zu vernetzten Strukturen und am Ende als ein Siloxan $\equiv$ Si – O – Si $\equiv$ vorliegt.

Der Reaktionsverlauf an der Grenzfläche zwischen Aminosilanolhaftmittelschicht und einem Epoxidharz mit der Bildung von Siloxanverbindungen kann schematisch wie folgt dargestellt werden:

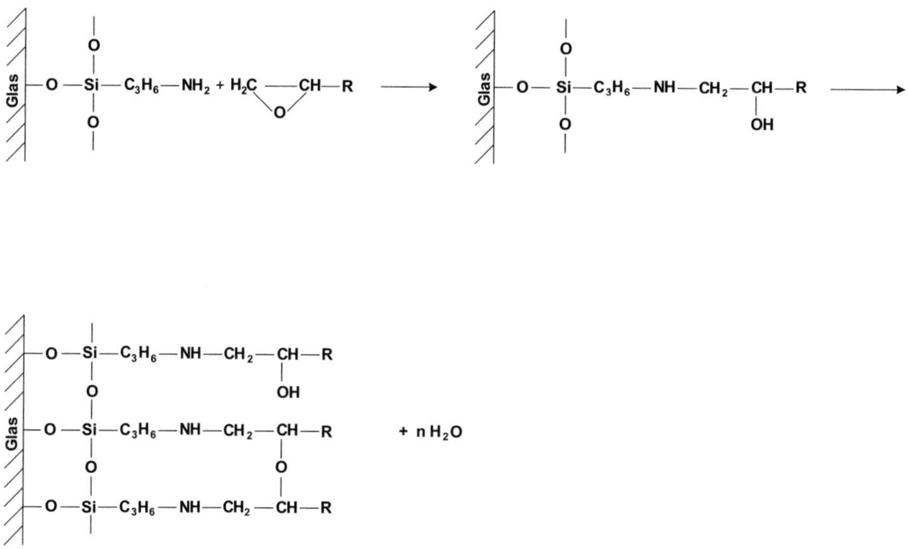

Die Reaktionen zwischen Faseroberfläche und einer silanhaltigen Schlichte ist aus der Abb. 20.1 zu ersehen. Andere Varianten (3,15,16) der Verknüpfungen an der

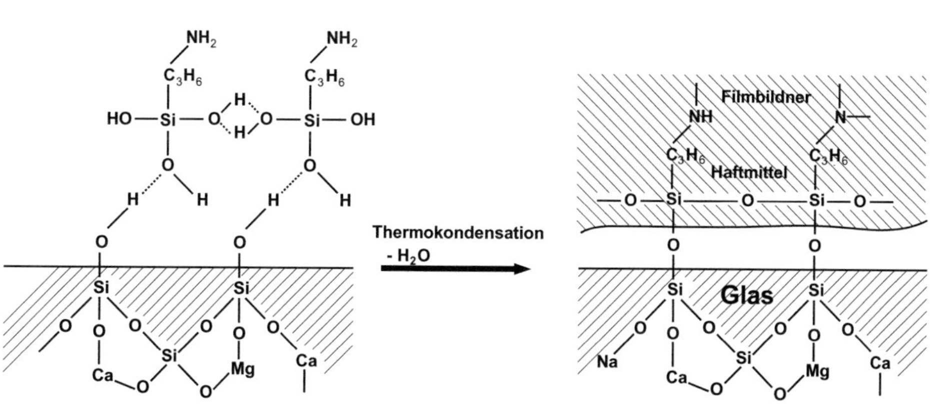

Abb. 20.1 Reaktion zwischen Faseroberfläche und einer aminosilanhaltigen Schlichte

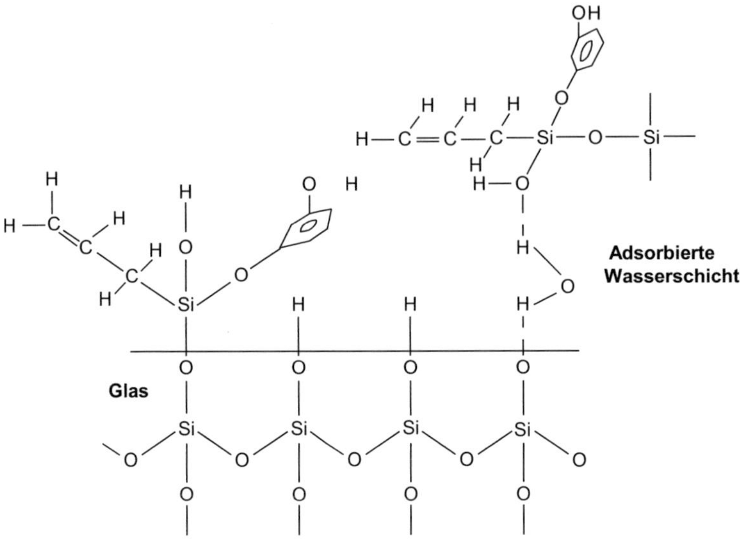

Abb. 20.2 Haftmittelschicht auf der Glasfaseroberfläche am Beispiel Allylresorcinoxysilan

Glasfaseroberfläche zeigen die Abb. 20.2 und 20.3. Für die Schlichtenanwendung ist die Auswahl der Haftvermittler von sehr großer Bedeutung. Nur richtig ausgewählte, der Glasfaseroberfläche und dem Harz angepasste Silane gewährleisten einen kompatiblen Verbund zwischen Glasfasern und der Polymermatrix.

Die Auswahl der Silane in Abhängigkeit vom Harzsystem ist wie folgt:

1. Acrylharze A-1100; A-187; A-1120
2. Acrylnitril-Butadien-Styrol (ABS) A-1100; A-1637; A-1524
3. Epoxidharze (EP) A-1100; A-1110; A-2639
4. Harnstoffharz (UF) A-1100; A-1637; A-1524
5. Melaminharze (MF) A-1100; A-1170; A-2639
6. Phenolharze (PF) A-1100; A-1637; A-189
7. Polyamidharze (PA) A-1100; A-1637; A-2120
8. Polycarbonat (PC) A-186; A-187
9. Polyesterharze (UP) A-174; A-187
10. Polyolefine (PE, PP) A-174; A-172;
11. Polystyrol (PS) A-174; A-187

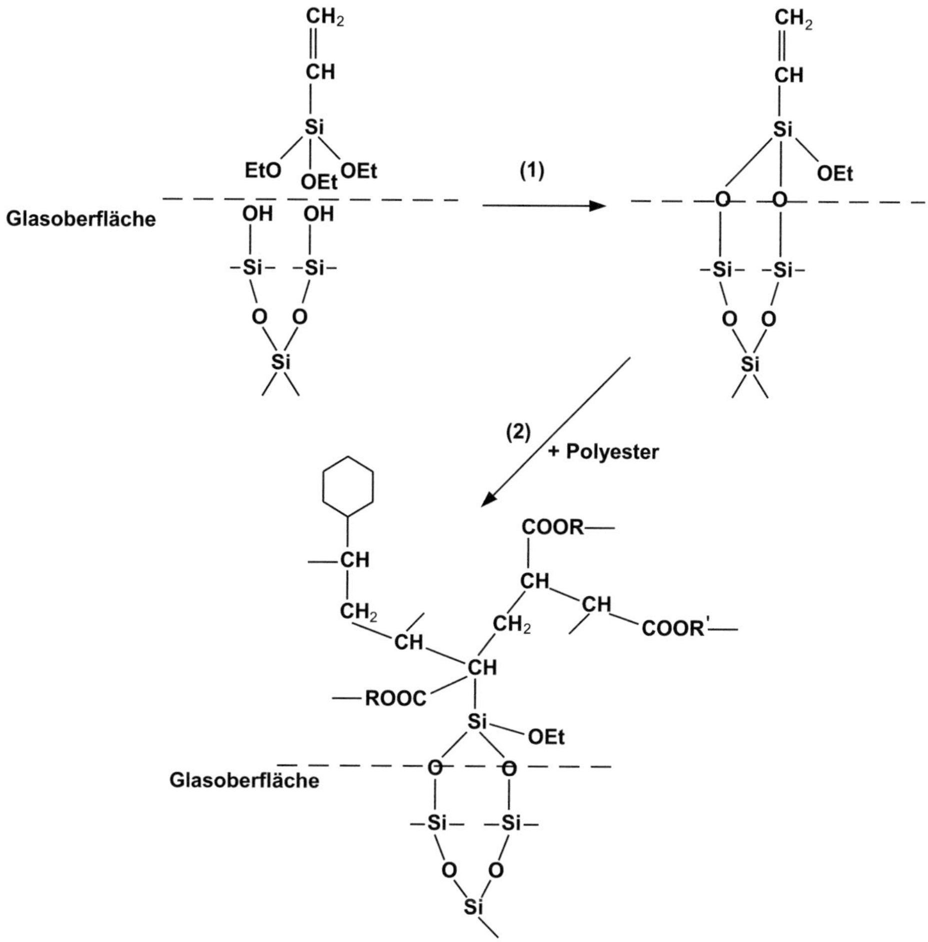

Abb. 20.3 Anbindung eines Polyesterharzes an die silanisierte Glasfaseroberfläche

12. Polysulfide (PPS)	A-187; A-1289; A-1589
13. Polyurethane (PUR)	A-1100; A-1170; A-189
14. Polyvinylbutyral (PVB)	A-1100; A-2639; A-1524
15. Polyetheretherketon (PEEK)	A-1100; A-1120; A-174
16. Vinylester (VE)	A-174; A-172
17. Polyethylenterephtalat	A-174

Die Nomenklatur der Silane ist wie nachstehend:

A-1100 γ-Aminopropyltriethoxysilan : $H_2NC_3H_6Si(OC_2H_5)_3$

A-1110 γ-Aminopropyltrimethoxysilan : $H_2NC_3H_6Si(OCH_3)_3$

A-1120 N-β-(Aminoethyl) -γ-Aminopropyltrimethoxysilan: $H_2NC_2H_4NHC_3H_6Si(OCH_3)_3$

A-1170 bis-(γ-Trimethoxysilylpropyl)amine : $HN\left\langle \begin{matrix} C_3H_6Si(OCH_3)_3 \\ C_3H_6Si(OCH_3)_3 \end{matrix}\right.$

A-1289 bis-(Tri ethoxysilylpropyl)tetrasulfid : $(C_2H_5O)_3SiC_3H_6S_4C_3H_6Si(OC_2H_5)_3$

A-1524 γ-Ureidopropyltrimethoxysilan : $H_2N\overset{\overset{O}{\|}}{C}NHC_3H_6Si(OCH_3)_3$

A-1589 bis-(Triethoxysilylpropyl)disulfid : $(C_2H_5O)_3SiC_3H_6S_2C_3H_6Si(OC_2H_5)_3$

A-1637 δ-Amineoh exyltrimethoxysilan : $H_2NCH_2C(CH_3)_2C_2H_4Si(OCH_3)_3$

A-172 Vinyl-tris -(2-methoxyethoxy)silan : $CH_2{=}CHSi(OC_2H_4OCH_3)_3$

A-174 γ-Methacryloxypropyltrimethoxysilan : $CH_2{=}C(CH_3)\overset{\overset{O}{\|}}{C}OC_3H_6Si(OCH_3)_3$

A-186 β-(3,4-Epoxycyclohexyl)ethyltrimethoxysilan : 

A-187 γ-Glycidyloxypropyltrimethoxysilan : $H_2C \overset{O}{—} CHCH_2OC_3H_6Si(OCH_3)_3$

A-189 γ-Mercaptopropyltrimethoxysilan : $HSC_3H_6Si(OCH_3)_3$

A-2120 N-β-(Aminoethyl) -γ-Aminopropylmethyldimethoxysilan: $H_2NC_2H_4NHC_3H_6SiCH_3(OCH_3)_2$

A-2639 δ-Amineohexylmethyldimethoxysilan : $H_2NCH_2C(CH_3)C_2H_4SiCH_3(OCH_3)_2$

Oft werden in einer Schlichte mehrere Silane als Haftmittel eingesetzt.

Die haftmittelhaltigen Schlichten können außer einem Filmbildner, einem Gleitmittel, einem Netzmittel und einem Primer noch andere Zusätze wie z. B. Antistatika, Emulgatoren, Biocide, durch die spezielle Wirkungen erreicht werden sollen, enthalten.

Durch die gegenseitige Reibung und durch die Reibung der Filamente an der Luft entsteht an der Glasfaseroberfläche eine statische Aufladung, die die Bündelungsfähigkeit, die Benetzung der Fasern mit der Schlichte und folglich die Nassfestigkeit der Produkte negativ beeinflusst. Die Leitfähigkeit der Glasfaseroberfläche ist bei E-; R- und ECR-Glas, wegen einem sehr niedrigen Anteil an Alkaliionen, sehr gering. Darüber hinaus muss der Schlichte ein Antistatikum zugesetzt werden, damit die Ladungen problemlos abgeleitet werden können.

Die Faserziehmaschine und die Wickelvorrichtung bleiben dabei geerdet.

Nach meinen Erfahrungen, Glasfasern mit einem Anteil an Alkalioxiden (Li_2O, Na_2O, K_2O) von über 7 % (z. B. A-; C-; T-Glas) bedürfen kein Antistatikum in der Schlichte.

Zusammenfassend kann man feststellen, dass eine gute Schlichte folgende Anforderungen zu erfüllen hat [3, 15]:

- Den Einzelfilamenten gute Bündelungseigenschaften verleihen
- Den Glasfasern gute Benetzung mit dem Harz verleihen
- Dem Glasfaserbündel die geforderte Härte, Schneidfähigkeit, Geschmeidigkeit bzw. Isoliereigenschaften verleihen
- Den Einzelfilamenten einen Reibungsschutz während der Herstellung und bei der Weiterverarbeitung verleihen
- Den Glasfasern gute Korrosionsbeständigkeit verleihen
- Den Glasfasern und dem Faserbündel antistatische Eigenschaften verleihen
- Den Glasfasern, insbesondere dem Faserbündel Abriebfestigkeit verleihen (sowohl während der Produktion als auch während der Weiterverarbeitung).

Die physikalisch-chemische Eigenschaften der Glasfaserprodukte (wie z. B. Roving, Glasstapelfasern) sind nicht nur von der Schlichten- sondern vorwiegend von der Glaszusammensetzung abhängig. Die chemische Glaszusammensetzung wirkt sich auf die mechanischen- und auf die Adhäsionseigenschaften der Glasfasern aus. Dabei ist zu erwähnen, dass die Fasergläser wie z. B. C-; E-; R-; S-Gläser sich in der Zusammensetzung damit auch in den Oberflächenbeschaffenheiten, gravierend voneinander unterscheiden [4]. Die Glasfasern, unabhängig von ihrer oxidischen Zusammensetzung, unterliegen Korrosionsprozessen, die ihre physikalisch-chemische Eigenschaften sowie die Haftung an der Grenze Glasfasern-Bindemittel stark beeinträchtigen. Dies betrifft insbesondere die A- und C-Glasfasern mit einem hohen Anteil na Alkaliionen. Die E- und R-Glasfasern sind weniger korrosionsanfällig. Darüber hinaus ist der Anstieg der Nassfestigkeit bei beschlichteten E- und R-Glasfasern stärker ausgeprägt als bei A- und C-Glasfilamenten. Wegen den Korrosionsprozessen soll der pH-Wert der Schlichten zwischen 5 und 7 liegen. Die Korrosionsprozesse der Glasfilamente wurden im Kap. 12 beschrieben. Der Schlichtenanteil in den Glasfasererzeugnissen, der von der Qualität und von der späteren Anwendung des Endproduktes abhängig ist, liegt meistens zwischen 0,4 und 1,4 %. Einige Schlichtenzusammensetzungen samt Applikationen zeigen folgende Beispiele [4–12]:

Schlichte 1. (EP-Applikation)

1. CH_3COOH (60%)	0,20 Ma.-%
2. Polyvinylacetat-Ethylen-Dispersion (55%)	3,20 Ma.-%
3. Polyamidoamid (12,5%)	2,00 Ma.-%
4. Polyvinylalkohol-Polyether (20%)	2,00 Ma.-%
5. Polypropylenwachs (30%)	0,40 Ma.-%
6. γ-Aminopropyltriehoxysilan	0,50 Ma.-%
7. Entionisiertes Wasser	91,70 Ma.-%

Schlichte 1.1 (EP-Applikation)

1. CH_3COOH (60%)	0,15 Ma.-%
2. Polyvinylacetat-Ethylen-Dispersion (55%)	5,00 Ma.-%
3. Epoxidharzemulsion (60%)	3,00 Ma.-%
4. Polyvinylpyrrolidon (20%)	0,50 Ma.-%
5. Polyolefinwachs Michem 42035 (35%)	0,30 Ma.-%
6. Aminoethylaminopropylsilan A-1126 (40%)	0,15 Ma.-%
7. Silan A-174	0,50 Ma.-%
8. Entionisiertes Wasser	90,40 Ma.-%

Schlichte 2 (PE-Applikation)

1. CH_3COOH (60%)	0,10 Ma.-%
2. Polyvinylacetat-Ethylen-Dispersion (55%)	3,20 Ma.-%
3. Polyamidoamid (12,5%)	2,40 Ma.-%
4. Polyvinylalkohol-Polyether (20%)	2,00 Ma.-%
5. Polyolefinwachs (35%)	0,25 Ma.-%
6. γ-Methacryloxypropyltrimethoxysilan	0,60 Ma.-%
7. Entionisiertes Wasser	91,45 Ma.-%

Schlichte 3 (Webroving, UP-Applikation)

1. CH_3COOH (60%)	0,20 Ma.-%
2. Epoxidharzemulsion (50%)	5,00 Ma.-%
3. Mineralölemulsion	0,45 Ma.-%
4. Polyvinylpyrrolidon (20%)	0,75 Ma.-%
5. Methacrylsilan A-174	0,40 Ma.-%
6. Aminoethylaminopropylsilan A-1126 (40%)	0,50 Ma.-%
7. Entionisiertes Wasser	92,70 Ma.-%

Schlichte 4 (PA 6.6-Applikation)

1. Polyurethandispersion (40%)	12,0 Ma.-%
2. Polypropylenwachsemulsion (30%)	0,4 Ma.-%
3. Soyadimethylammoniumsulfat	0,4 Ma.-%
4. Polyamidoamid (20%)	0,2 Ma.-%
5. Mineralölemulsion	0,1 Ma.-%
6. Aminosilan A-1100	0,6 Ma.-%
7. Entionisiertes Wasser	86,3 Ma.-%

Schlichte 5 (PP-Applikation)

1. Vinylacetatacrylcopolymer	5,00 Ma.-%
2. Polyolefinemulsion (25%)	12,00 Ma.-%
3. Diammoniumhydrogenphosphat	0,10 Ma.-%

4. Cat X-Alkylimidazolinderivat 0,05 Ma.-%
5. Aminosilan A-1100 0,60 Ma.-%
6. Entionisiertes Wasser 82,25 Ma.-%

Schlichte 6 (Acrylharzapplikation)

1. Acrylcopolymer 3,00 Ma.-%
2. Polyolefinemulsion (12,5%) 10,00 Ma.-%
3. Diammoniumhydrogenphosphat 0,15 Ma.-%
4. Cat X-Alkylimidazolinderivat 0,05 Ma.-%
5. Triaminosilan A-1130 0,50 Ma.-%
6. Epoxysilan A-187 0,20 Ma.-%
7. Entionisiertes Wasser 86,10 Ma.-%

Schlichte 7 (geschnittene Estrichfasern)

1. CH_3COOH (60%) 0,10 Ma.-%
2. Polyvinylacetatdispersion (60%) 5,00 Ma.-%
3. Polyamidoamid (12,5%) 4,00 Ma.-%
4. Polyvinylpyrrolidon (20%) 0,75 Ma.-%
5. Polypropylenwachs (30%) 0,40 Ma.%
6. Methacrylsilan A-174 0,50 Ma.-%
7. Entionisiertes Wasser 89,25 Ma.-%

Schlichte 8 (assemblierter Roving)

1. CH_3COOH (60%) 0,02 Ma.-%
2. Polyvinylacetatdisp. Appretan 3588 (55%) 5,00 Ma.-%
3. Polyvinylacetatdisp. Vinamul 8500 (55%) 6,00 Ma.-%
4. Melaminharz-Luwipal 066 (94,5%) 2,00 Ma.-%
5. Polyolefinwachs-Michem 42035 (35%) 0,26 Ma.-%
6. Phosphorsäureester-AfilanAKT (58%) 0,20 Ma.-%
7. Methacrylsilan A 174 0,40 Ma.-%
8. Aminoethylaminopropylsilan A 1120 0,10 Ma.-%
9. Entionisiertes Wasser 86,02 Ma.-%

Schlichte 9 (Pultrusion)

1. CH_3COOH (60%) 0,15 Ma.-%
2. Epoxidharzemulsion E-602 (46%) 7,00 Ma.-%
3. Polyvinylpyrrolidon PVP K90 (20%) 0,80 Ma.-%
4. Polyolefinwachs Michem 42035 (35%) 0,30 Ma.-%
5. Aminoethylaminopropylsilan A 1126 (40%) 0,25 Ma.-%
6. Methacrylsilan A 174 0,50 Ma.-%
7. Entionosiertes Wasser 91,00 Ma.-%

Schlichte 10 (EP-Applikation)

1. CH_3COOH (60%)	0,15 Ma.-%
2. Epoxidharzemulsion EPI-REZ 5520 (60%)	5,60 Ma.-%
3. Polyvinylpyrrolidon PVP K90 (20%)	0,60 Ma.-%
4. Polyolefinwachs Michem 42035 (35%)	0,30 Ma.-%
5. Aminosilan A 1100	0,50 Ma.-%
6. Phosphorsäureester-AfilanAKT (58%)	0,20 Ma.-%
7. Entionosiertes Wasser	92,60 Ma.-%

Schlichte 11 (Direct Chop)

1. Alkylimidazolinderivat Cat X	0,03 Ma.-%
2. Polyvinylalkohol-Mowiol	1,20 Ma.-%
3. Polyamid GP 2925 (20%)	0,16 Ma.-%
4. Ureidosilan A 1160 (50%)	0,50 Ma.-%
5. Entionosiertes Wasser	92,60 Ma.-%

Schlichte 12 (assemblierter Roving; EP-Applikation)

1. CH_3COOH (60%)	0,15 Ma.-%
2. Epoxidharzemulsion EPI-REZ 5520 (60%)	8,60 Ma.-%
3. Polyvinylpyrrolidon PVP K90 (20%)	0,80 Ma.-%
4. Polyolefinwachs Michem 42035 (35%)	0,30 Ma.-%
5. Aminosilan A 1100	0,50 Ma.-%
6. Phosphorsäureester-AfilanAKT (58%)	0,20 Ma.-%
7. Entionosiertes Wasser	89,45 Ma.-%

Schlichte 13 (Filament Winding)

1. CH_3COOH (60%)	0,12 Ma.-%
2. Polyvinylacetat-Ethylen-Dispersion (55%)	4,00 Ma.-%
3. Polyvinylacetatdispersion (55%)	4,00 Ma,-%
4. Butyl-Benzyl-Phtalat (Santicizer 160)	0,40 Ma.-%
5. Polyolefinwachs Michem 42035 (35%)	0,30 Ma.-%
6. Aminoethylaminopropylsilan A-1126 (40%)	0,20 Ma.-%
7. Silan A-174	0,50 Ma.-%
8. Entionosiertes Wasser	90,48 Ma.-%

Die Ansatzvorschriften für die Herstellung von 1000 dm^3 Schlichte 2 zeigt folgendes Beispiel:

Zusammensetzung:

1. CH_3COOH (60%)	0,10 Ma.-%
2. Polyvinylacetat-Ethylen-Dispersion (55%)	3,20 Ma.-%
3. Polyamidoamid (12,5%)	2,40 Ma.-%

4. Polyvinylalkohol-Polyether (20%) 2,00 Ma.-%
5. Polyolefinwachs (35%) 0,25 Ma.-%
6. γ-Methacryloxypropyltrimethoxysilan 0,60 Ma.-%
7. Wasser 91,45 Ma.-%

1000 kg Schlichte 2 enthält:

1. CH_3COOH (60%) 1,0 kg
2. Polyvinylacetat-Ethylen-Dispersion (55%) 32,0 kg
3. Polyamidoamid (12,5%) 24,0 kg
4. Polyvinylalkohol-Polyether (20%) 22,0 kg
5. Polyolefinwachs (35%) 2,5 kg
6. γ-Methacryloxypropyltrimethoxysilan 6,0 kg
7. Wasser 914,5 kg

Verfahrensweise – Mixvorgang 1000 kg

1. 600 kg Wasser + 0,8 kg CH_3COOH (60%) werden vorgelegt.
2. 6,0 kg γ-Methacryloxypropyltrimethoxysilan (A 174) +200 g [CH_3COOH (60%)] wird mit 30 kg heißem, entionisiertem Wasser hydrolysiert.
   Die Hydrolysedauer beträgt ca. 15 min.
3. Sofortige Zugabe der Hydrolysatlösung A 174 in den Ansatzbehälter.
4. 32 kg Polyvinylacetat-Ethylen-Dispersion wird der Lösung zugegeben.
5. 22 kg Polyvinylalkohol-Polyether wird dem Ansatz zugesetzt.
6. 24 kg Polyamidoamid wird der Mischung zugesetzt.
7. 2,5 kg Polyolefinwachsemulsion Michem 42035 (35%) wird dem Ansatz zugegeben.
8. Zugabe der restlichen Wassermenge (282,5kg) + ca. 15g eines Entschäumers.
9. Rühren der Schlichte und pH-Wertbestimmung.

Festkörperzusammensetzung:

1. Vinylacetatcopolymer 55,9 Ma.-%
2. Polyamidoamid 9,5 Ma.-%
3. Polyvinylalkohol-Polyether 12,7 Ma.-%
4. Polyolefinwachs 2,8 Ma.-%
5. Methacrylsilan 19,1 Ma.-%

Festkörperkonzentration : $F_k = 3{,}15$ Ma.-%

Außer den Kunststoffschlichten werden in der Faserziehtechnologie Textilschlichten auf der Stärkebasis als Hauptrohstoffkomponente verwendet.

Die Zusammensetzung einer typischen Textilschlichte beinhaltet beispielsweise:

Stärke 5,0 Ma.-%
Emulgator 0,2 Ma.-%
Polyvinylalkohol 0,1 Ma.-%

Netzmittel	0,1 Ma.-%
Plastifikator	1,5 Ma.-%
Gleitmittel	0,1 Ma.-%
Gelatine	0,1 Ma.-%
Wasser	92,9 Ma.-%

Die Unzulänglichkeiten der zitierten Textilschlichten liegen darin, dass sie oft ein kompliziertes Mehrstoffsystem darstellen (s. oben) und ihre Zubereitung zeit- und arbeitsaufwendig. Die Zusammensetzung einer Schlichte lt. Autor, deren Zubereitung nicht so zeit- und arbeitsaufwendig ist, zeigt folgendes Beispiel:

Zusammensetzung der Textilschlichte:

1. Polyvinylalkohol-Polyether (Arkofil CS20-20%)	3,50 Ma.-%
2. Polyvinylpyrrolidon PVP K90	0,80 Ma.-%
3. Phosphorsäureester [Afilan AKT (58%)]	0,15 Ma.-%
4. Polyolefinwachs Michem 42035	0,25 Ma.-%
5. Wasser	95,30 Ma.-%

1000 kg Schlichte enthält:

1. Polyvinylalkohol-Polyether (Arkofil CS20-20%)	35,0 kg
2. Polyvinylpyrrolidon PVPK90	8,0 kg
3. Antistatikum Afilan AKT (58%)	1,5 kg
4. Polyolefinwachs Michem 42035	2,5 kg
5. Wasser	953,0 kg

Verfahrensweise – Mixvorgang 1000 kg

1. Im Schlichtenbehälter mit Rührer wird 800 kg Wasser vorgelegt.
2. 35,0 kg Polyvinylalkohol-Polyether (Arkofil CS20-20%) wird dem Wasser zugesetzt.
3. 8,0 kg Polyvinylpyrrolidon PVP K90, aufgelöst in 100 kg Heißwasser, wird dem Ansatz zugegeben.
4. 1,5 kg Afilan AKT (Antistatikum) wird in die Schlichte eingeführt.
5. Der Ansatz wird mit 2,5 kg Polyolefinwachs Michem 42035 versehen.
6. Zugabe der restlichen Wassermenge (53,0 kg) + ca. 15 g eines Netzmittels (Surfynol 440)

Festkörperzusammensetzung:

1. Polyvinylpyrrolidon	47,8 Ma.-%
2. Polyvinylalkohol-Polyether	41,8 Ma.-%
3. Antistatikum	5,2 Ma.-%
4. Polyolefinwachs	5,2 Ma.-%

Festkörperkonzentration : $F_k = 1,67$ Ma.-%

Es ist intuitiv verständlich, dass in Abhängigkeit von der Schlichtenauftragsvorrichtung und vom „gefahrenen“ Produkt die Festkörperkonzentration variieren kann.

In der Faserziehtechnologie (in Rahmen der Qualitätskontrolle) ist es wichtig den Anteil an Schlichte zu bestimmen. Außer einer Schlichte wird manchmal ein Finish auf die Glasfaseroberfläche aufgebracht. Für bestimmte Anwendungen muss die Schlichte, insbesondere die textile Schlichte entfernt werden, bevor die Glasfaserprodukte im Composite zum Einsatz kommen. Die Entschlichtung wird durch chemische bzw. durch thermische Behandlung realisiert. Der Entschlichtungsprozess insbesondere die thermische Beseitigung des Sizings beeinträchtigt die Faser- somit die Gewebefestigkeit und letztendlich die Festigkeit der daraus hergestellten Produkte. Unmittelbar nach der Entschlichtung wird das von der Schlichte befreite Gewebe mit dem dazu vorgesehenen, hydrolysierten Silan versehen. Der kontinuierliche Ausrüstungsvorgang findet in einem Tränkbad, direkt nach dem Verlassen des Entschlichtungsofens statt. Danach wird das Gewebe oder Nadelmatte getrocknet und aufgewickelt. Am Ende liegt an der Glasfaseroberfläche eine reine Polysiloxanschicht vor. Der Entschlichtungsprozess als auch das Aufbringen der Finish-Lösung verschlechtern die Prozess-Effektivität und tragen zu Erhöhung der Produktionskosten bei. Es ist ökonomisch und technologisch viel günstiger, die Glasfaseroberfläche mit einer finishähnlichen Komposition, die man während des Faserziehens aufbringt, zu versehen. Hierbei kann der teuere Entschlichtungsvorgang, der die mechanischen Eigenschaften der Glasfasern negativ beeinflusst, entfallen. Die Zusammensetzung einiger finishähnlichen Kompositionen [13] zeigen folgende Beispiele:

Finish 1

1. CH_3COOH (60%)	0,20 Ma.-%
2. Polyvinylalkohol-Polyether (20%)	0,60 Ma.-%
3. γ-Aminopropyltriethoxysilan	0,40 Ma.-%
4. Wasser	98,80 Ma.-%

Finish 2

1. CH_3COOH (60%)	0,10 Ma.-%
2. Polyvinypyrrolidon	0,40 Ma.-%
3. γ-Methacryloxypropyltrimethoxysilan	0,40 Ma.-%
4. Wasser	99,10 Ma.-%

Finish 3

1. CH_3COOH (60%)	0,03 Ma.-%
2. Polyvinypyrrolidon PVP K90	0,20 Ma.-%
3. Vinylacetatethylencopolymer (55%)	0,40 Ma.-%
4. γ-Methacryloxypropyltrimethoxysilan	0,40 Ma.-%
5. Wasser	98,97 Ma.-%

Finish 4

1. CH_3COOH (60%)	0,02 Ma.-%
2. Polyvinypyrrolidon PVP K90	0,20 Ma.-%
3. Vinylacetatethylencopolymer (55%)	0,40 Ma.-%
4. γ-Glycidyloxypropyltrimethoxysilan	0,40 Ma.-%
5. Wasser	98,98 Ma.-%

1000 kg Finish 4 enthält:

1. CH_3COOH (60%)	0,2 kg
2. Polyvinylpyrrolidon PVPK90	2,0 kg
3. Appretan 3588 (55%)	4,0 kg
4. γ-Glycidyloxypropyltrimethoxysilan	4,0 kg
5. Wasser	989,8 kg

Verfahrensweise – Mixvorgang 1000 kg

1. 800 kg Wasser wird vorgelegt und der Rührer wird eingeschaltet.
2. 4,0 kg γ-Glycidyloxypropyltrimethoxysilan (A 187) + 200 g CH_3COOH (60%) wird mit 30 kg heißem, entionisiertem Wasser hydrolysiert.
3. Sofortige Zugabe der Hydrolysatlösung in den Ansatzbehälter.
4. 2,0 kg Polyvinylpyrrolidon PVP K90 aufgelöst in 25 kg Heißwasser wird dem Ansatz zugesetzt.
5. 4,0 kg Vinylacetatethylencopolymer (Appretan) wird dem Ansatz zugegeben.
6. Zugabe der restlichen Wassermenge (134,8 kg) + ca. 15 g eines Netzmittels (Surfynol 440).
7. Rühren des Finishes und pH-Wertbestimmung.

Festkörperzusammensetzung:

1. Polyvinylpyrrolidon	24,4 Ma.-%
2. Vinylacetatethylencop.	26,8 Ma.-%
3. Epoxysilan	48,8 Ma.-%

Festkörperkonzentration : $F_k = 0{,}82$ Ma.-%

Bevor man eine Schlichte auf die Oberfläche der Endlosfasern (z. B. Roving) aufbringt, werden die einzelnen Glasfilamente mit entionisiertem Wasser besprüht. Die Besprühung mit Wasser reduziert die statische Aufladung, fördert die Benetzung der Fasern mit der Schlichte und erleichtert das manuelle Wiederauflegen der Filamente nach einem Spinnprozessabbruch. Die Besprühungsdüsen sind zwischen den Kühlkämmen und dem Schlichtenapplikator positioniert. Für die Besprühung der endlosen Glasfasern eignen sich ausgezeichnet Hohlkegeldüsen des Typs M3NS mit einer Leistung von 0,12–0,17 dm^3/min. und einem Sprühkegel von 80°. Als Alternative dienen Hohlkegeldüsen

Modul 123 mit einer Leistung von ca. 0,1 dm^3/min. und einem Sprühkegel von 120°. Beide Varianten werden aus Cr-Ni Stahl 1.4404 angefertigt.

Meistens kommen 4 Besprühungsdüsen pro Bushing zum Einsatz.

Die Schlichte wird mittels eines Applikators auf die einzelnen Fasern aufgebracht.

Der Schlichtenapplikator besteht aus einer Blechwanne und aus einer darin rotierenden Walze, die die Schlichte auf die Fasern aufbringt. Die äußere Schale der Auftragswalze wird meistens aus Graphit angefertigt. Als Alternative dient ein keramikbeschichteter Körper oder eine Stahlwalze (Stahl 1.4310), beide mit einer Rauhigkeit von unter 3 µm (Ra < 3 µm). Einen Schlichtenapplikator im Einsatz zeigt die Abb. 20.4.

Ähnlich wie bei den Schlichtenapplikatoren werden auch die Umlenkrollen aus Graphit angefertigt. Es kommen aber auch Umlenkrollen aus baumwollgewebeverstärktem Phenolharz (Rezotex, Textolit, Novotex) zum Einsatz.

Die rotierenden Umlenkrollen werden mittels eines „dünnen" Wasserstrahls, manchmal durch einen Filzwischer unterstützt, sauber gehalten. Damit können Ansammlungen von angetrockneten Schlichtenresten entfernt werden. Die Umlenkrollen tragen zu einer besseren Verteilung der Schlichte oder Präparation am Gesamtfaden bei.

Eine Umlenkrolle im Einsatz zeigt die Abb. 20.5. Eine Mehrfachumlenkrolle für Splitt-Roving ist aus der Abb. 20.6 zu ersehen.

Abb. 20.4 Schlichtenapplikator

Abb. 20.5 Umlenkrolle

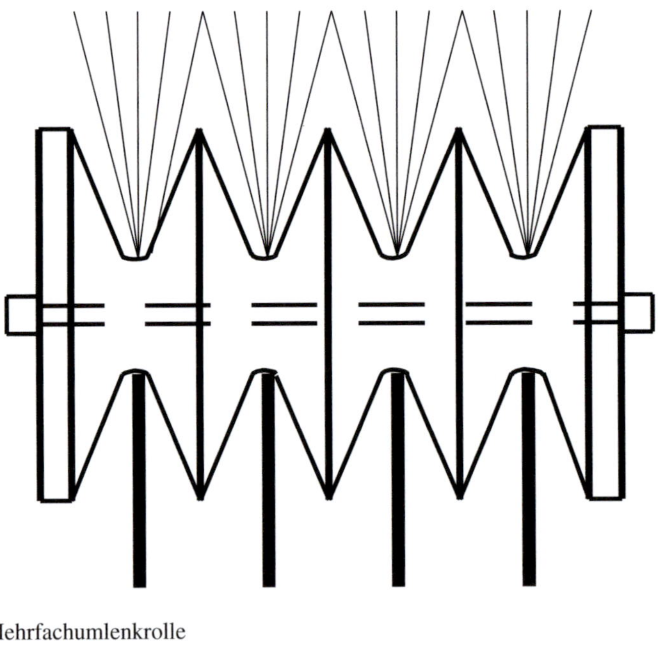

Abb. 20.6 Mehrfachumlenkrolle

Literatur

1. Schmidt, K.A.: Textilglas für die Kunststoffverstärkung. Speyer-Verlag, Zechner & Hüthig, Speyer (1972)
2. Plumat, E.R. : Surface and bulk nucleation and phase separation in some vitreous systems. Silic.Ind. **38** (1973)
3. Loewenstein, K.L.: The Manufacturing Technology of Continuous Glass Fibres. Elsevier, Amsterdam- Oxford-New York (1983)
4. Richter, K., Teschner, R., Richter, H-P.: Faser aus R-, E-, ECR- oder S-Glas oder Glasfaserprodukten. Offenlegungsschrift DE 10 2008 064 662 A1
5. Schmid, E., Teschner, R., Dosch, R.: Schlichte, Vorgarn und Roving sowie daraus hergestellte Verbundwerkstoffe. Patent DE 198 18 046 B4
6. Teschner, R., Kiener, R.: Nichtwässrige Schlichte und ihre Verwendung, Verfahren zur Behandlung von Glasfasern und beschlichtete Glasfasern und daraus hergestellter Verbundwerkstoff. Patent DE 100 12 814 C2
7. Teschner, R.: Schlichte zur Behandlung von Glasfaser sowie mit diesen Schlichten ausgerüstete Glasfasern. Patentanmeldung 103 33 941 C2
8. Teschner, R.: Schlichte zur Behandlung von Glasfaser, insbesondere für die Herstellung der Estrichfasern. Patent EP 1 658 246 A1
9. Richter, H-P., Teschner, R.: R-, E- und ECR-Glasfasern mit wässriger Schlichte. Patent DE 10 2006 062 733 B4
10. Richter, H-P., Teschner, R.: Wässrige Schlichte zur Behandlung von R- E- und ECR-Glasfasern. Patent DE 10 2006 035 565 B4
11. Richter, K., Teschner, R., Richter, H-P.: Wässrige Textilschlichte zur Behandlung von R-, E-, ECR- und S-Glasfasern. Offenlegungsschrift DE 10 2008 059 046 A1
12. Teschner, R., Richter, K., Richter, H-P.: Wässriges Sizing zur Herstellung von Glasfaserprodukten. Europaische Patentanmeldung EP 2 048 122 A1
13. Teschner, R., Richter, K., Richter, H-P.: Wässrige finishähnliche Präparation zur Herstellung von Glasfasern. Offenlegungsschrift DE. 10 2007 049 240 A1
14. Hagen, H.: Glasfaserverstärkte Kunststoffe. Springer, Berlin (1961)
15. Stellbrink, K.U.: Faserverbundwerstoffe-Fretigung, Prüfung. Anwendung, Stuttgart (Nov. 2006)

Direkte Textilglasfasererzeugnisse 21

Zu den wichtigsten, linienförmigen Glasfaserprodukten, die im direkten Faserziehprozess hergestellt werden, gehören Rovings, Vorgarne (Glasstapelfaservorgarne) und Hybridgarne.

21.1 Roving

Rovings sind strangförmige Glasfaserbündel, die aus bestimmter Anzahl parallel liegender, beschlichteter Einzelfilamenten bestehen. Dabei beeinflusst die verwendete Schlichte, die mit einem Applikator auf die Glasfaseroberfläche aufgebracht wird, viele wichtigen Rovingeigenschaften (s. Kap. 20).

Der Applikator (Galette) muss von der Drehzahl so eingestellt werden, dass mit der vorgegebenen Abzugsgeschwindigkeit, die notwendige Schlichtenmenge auf die Fasern aufgetragen wird.

Die lineare Galettengeschwindigkeit liegt meistens im Bereich 10 bis 20 m/min.

Die Feuchte der „frischhergestellten" Rovingspulen liegt bei ca. 10 Ma.-%.

Nach der Trocknung (meistens in einem Hochfrequenzofen) muss die Restfeuchte weniger als 0,1 Ma.-% betragen. Die feinheitsbezogene Höchstzugkraft soll nicht unter 40 cN/tex liegen. Die maximalen Abweichungen in der Feinheit dürfen nicht mehr als 8 % des vorgegebenen tex-Wertes betragen.

Bei der Herstellung des Direktrovings soll die lineare Abzugsgeschwindigkeit (wegen Umlenkrollen- und Fadenbeanspruchung) unter 1600 m/min liegen. Dies gewährleistet einen stabilen Spinnprozess und gute Qualität der gezogenen Fasern. Bei höheren Abzugsgeschwindigkeiten ($\geq$ 1600 m/min) steigt die Zugspannung im Ziehprozess, der unstabil bleibt. Dabei werden beim Faserziehen bestimmte Deformationen und Schwachstellen „eingefroren", die sich negativ auf die Faserfestigkeit und auf das Faserspektrum auswirken. Die Stabilität des Spinnprozesses hängt auch von der Oberflächenspannung

R. Teschner, *Glasfasern*, https://doi.org/10.1007/978-3-662-64123-1_21

und von der Viskosität des Glases ab (s. Kap. 6). Sehr hohe Abzugsgeschwindigkeit verursacht Pulsation an der Ziehzwiebel, erschwert den Wiederanspinnvorgang der Faser nach einem Heißbruch und reduziert die Produktionsausbeute (Wirkungsgrad).

Die Kennzeichnung von Roving beinhaltet folgende Angaben:

- Glasart
- Filamentart
- Einzelfaserdurchmesser
- Feinheit (tex-Wert)
- Schlichtenbezeichnung

Folgende Rovingbezeichnung EC14-300-T30 bedeutet:

E – E Glas
C – Continuous Filament (Endlosfaser)
14 – Einzelfaserdurchmesser 14 µm
300 – Feinheit (tex 300 = 300 g/km)
T30 – Bezeichnung der Schlichte

In Abhängigkeit von der Schlichtenzusammensetzung, insbesondere von der Qualität des Haftvermittlers (Silan), kann der Roving für Polyester-, Epoxid-, Melamin-, Polyolefin- und für andere Applikationen angewandt werden. Bei der Produktion von Roving für's Weben ist es wichtig, ein Antistatikum in die Schlichte einzuführen (z. B. Afilan AKT). Diese Komponente (Phosphorsäureester) beugt dem Induzieren der statischen Aufladung während des Webprozesses, vor.

Roving mit niedrigeren Feinheiten (34-, 68-, 136 tex) wird bei der Gewebeherstellung meistens als Kettmaterial eingesetzt. Direktroving mit höheren tex-Werten (z. B. 300-, 600-tex) dient im Webprozess als Schussmaterial. Typische Anwendung von Direktroving stellt die Putzträgergewebeherstellung (Cladding) mit Dreherbindung dar (für Wärmedämmverbundsysteme). Dabei wird Roving 68 tex als Kettmaterial und Roving 300 tex als Schussmaterial eingesetzt. Ein vereinfachtes Schema der Rovingherstellung zeigt die Abb. 21.1. Eine Rovingmaschine mit Remeltbushing zeigt das Abb. 21.2

21.2 Vorgarne (Glasstapelfaservorgarne)

Vorgarne sind flauschige, voluminöse, präparationshaltige Faserbündel, die aus bestimmter Anzahl miteinander verdrehter Fasern begrenzter Länge (ca. 0,5 bis 1,0 m) bestehen. Die im Vorgarn anwesende Präparation (meistens auf der Basis von Polyglykolen, aliphatischen Ölen oder Fettsäureestern) beeinflusst die physikalisch-chemische Eigenschaften des Produktes. In der Vorgarnproduktion ist stets darauf zu achten, dass die angawandte Präparation, die Haftung an der Grenze: Glasfasern/Harz bzw. Glasfasern/Appretur nicht beeinträchtigt.

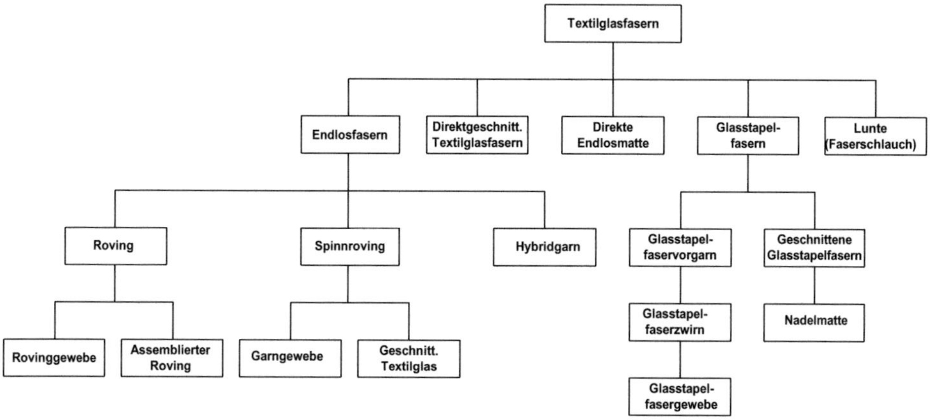

Abb. 21.1 Vereinfachtes Schema der Rovingproduktion

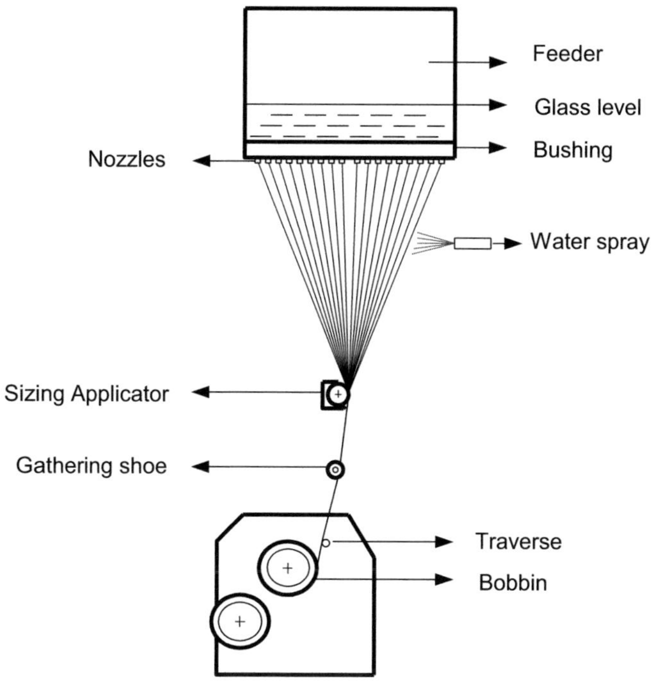

Abb. 21.2 Schema einer Rovingmaschine mit Remeltbushing

Folgende Vorgarnkennzeichnung CD10 -330-TRP20 bedeutet:

C – C Glas
D – Discontinuous Filament (Faser begrenzter Länge)
10 – Einzelfaserdurchmesser 10 µm
330 – Feinheit (tex 330 = 330 g/km)
TRP20 – Bezeichnung der Präparation

Sowohl Rovings als auch Vorgarne werden meistens einem weiteren Verarbeitungsprozess unterzogen. Rovings werden unter anderem gedreht, assembliert oder texturiert. Durch das Texturieren wird die lineare Rovingstruktur gezielt beeinträchtigt.

Dabei bilden sich zahlreiche Schlingen und Schlaufen, die das optische Bild (Eindruck) des daraus hergestellten Gewebes verändert (im Vergleich mit glattem Roving).

Die texturierten Produkte begünstigen die Appretur- bzw. Harzpenetration.

Das Texturieren wird mittels Texturiermaschinen durchgeführt [1].

Vorgarne werden unter anderem gedreht bzw. verzwirnt.

Den Stammbaum einiger Glasfasererzeugnisse zeigt die Abb. 21.3.

Ein vereinfachtes Schema der Rovingherstellung ist in der Abb. 21.1 zu sehen. Ausgewählte Varianten einer Rovingmaschine und die ungefähren Abstände ihrer wichtigsten Vorrichtungen zeigt die Abb. 21.4. Das Prinzip- und ein vereinfachtes Schema der Vorgarnherstellung sind aus den Abb. 21.5, 21.6 zu ersehen. Die Ausführung einer Faserbandmaschine für Vorgarnherstellung zeigt die Abb. 21.7.

21.3 Hybridgarne

Faserverbundkunststoffe (FVK, Composits) gewinnen immer mehr an Bedeutung. Durch große Steifigkeit und Festigkeit bei gleichzeitig niedriger Dichte, konkurrieren sie im Leichtbau mit metallischen Werkstoffen wie z. B. Aluminium [2, 3]. Die Vorteile thermoplastischer FVK im Vergleich zu duroplastischen Matrices sind unbestritten.

Die höhere Bruchdehnung, die höhere Schlagzähigkeit die gute Recyclierbarkeit der thermoplastischen FVK sind denen mit einer duroplastischen Matrix weit überlegen.

Zu den Komponenten, die für die Herstellung der thermoplastischen Faseverbundkunststoffe eingesetzt werden, gehören die Hybridgarne [3].

Im Hybridgarn sind zwei oder mehrere unterschiedliche Faserarten zugleich mehrere Fasereigenschaften vereinigt. Zum Herstellen der Hybridgarne kommen das Commingling-Verfahren, die Twintex®-Technologie, die Dref-Technologie zum Einsatz [2, 4–8]. Es können aber auch kombinierte Verfahren realisiert werden. Mittels Dref-Technologie ist es möglich s.g. Kern-Mantel-Strukturen herzustellen. Mögliche Kernfasern sind Aramid-, Polyester-, Draht-, Karbon- und Glasfasern. Als Mantelfasern werden Aramid-, Polyester-, Viskose-, Melamin-, Polyamid und Polypropylenfasern eingesetzt.

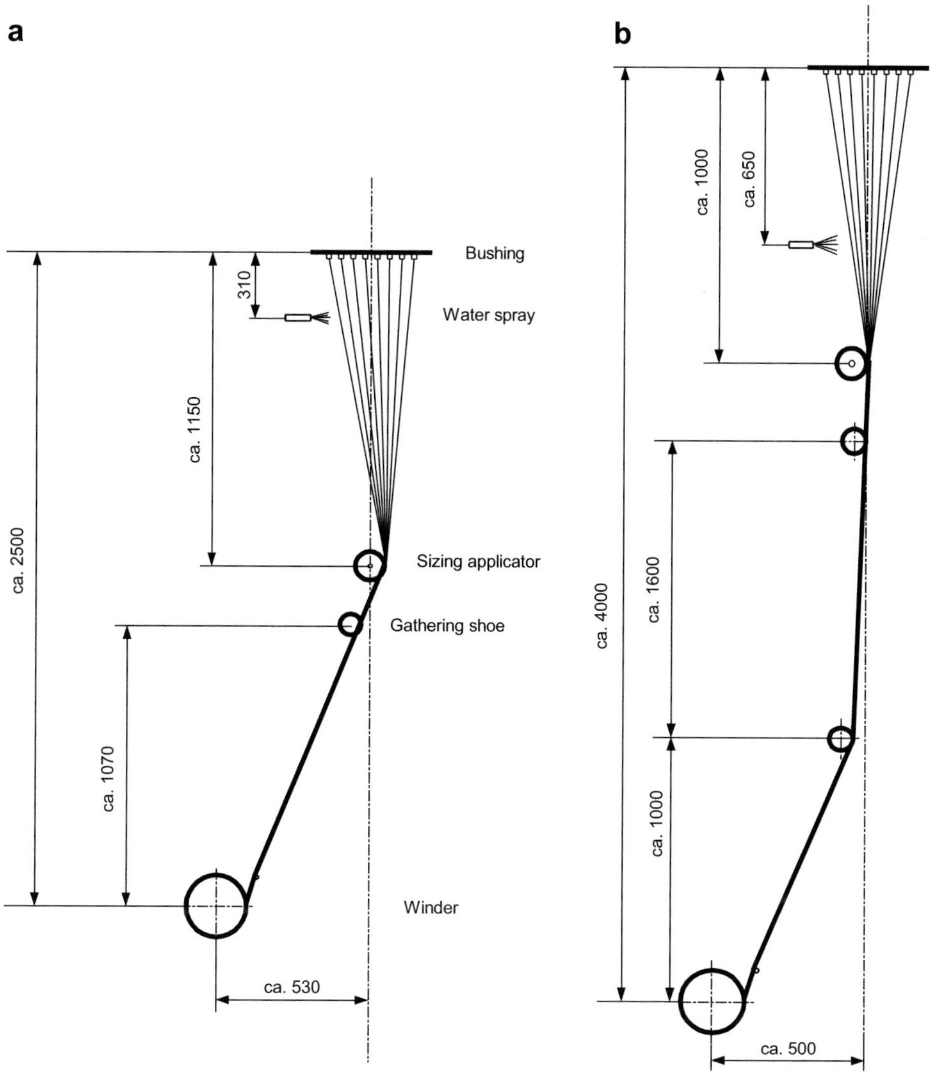

Abb. 21.3 Stammbaum ausgewählter Glasfasererzeugnisse

21.3.1 Commingling-Verfahren

In der Commingling-Technologie werden Verstärkung- und Matrixfasern über getrennte Lieferwerke einer Texturierdüse zugeführt, in der die Filamente durch einen Luftstrom geöffnet und verwirbelt werden [6, 7]. Mit diesem Verfahren lassen sich einigermaßen homogene Mischungen von Verstärkungs- und Matrixfasern mit einem einstellbaren Faser-Volumen-Verhältnis im Werkstoffverbund herstellen. Die kurzen Fliesswege für

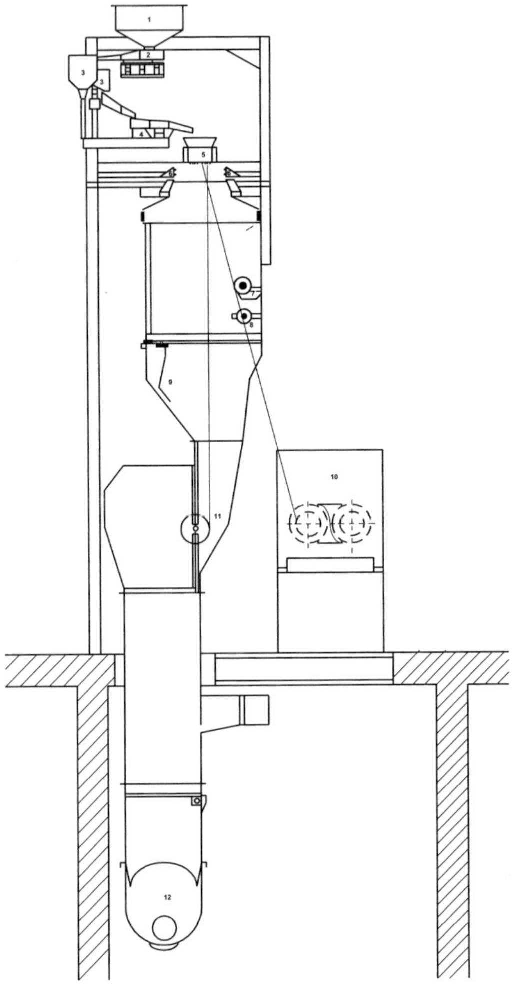

1.	**Pellet-Silo**	**5.**	**Bushingsblock**	**10.**	**Wickler**
2.	**Zuführungsrinne**	**6.**	**Spinnhilfsmitteldosierung**	**11.**	**Anspinntrommel**
3.	**Gravimetrisches Dosiersystem**	**7.**	**Schlichtenapplikator**	**12.**	**Vorrichtung zur Entsorgung der Abfallfasern**
		8.	**Führungsrolle**		
4.	**Rüttler**	**9.**	**Fadenzubringer**		

Abb. 21.4 Ausgewählte Varianten (A und B) einer Rovingmaschine

die Matrixschmelze gewährleisten im Verbund eine gleichmäßige und gute Benetzung und Imprägnierung der Verstärkungsfilamente. Die Struktur der Commingling-Hybridgarne (COM) zeigt keine vollständig parallele Anordnung beider Faserarten zu Garnachse. Die Commingling-Technologie bietet folgende Vorteile:

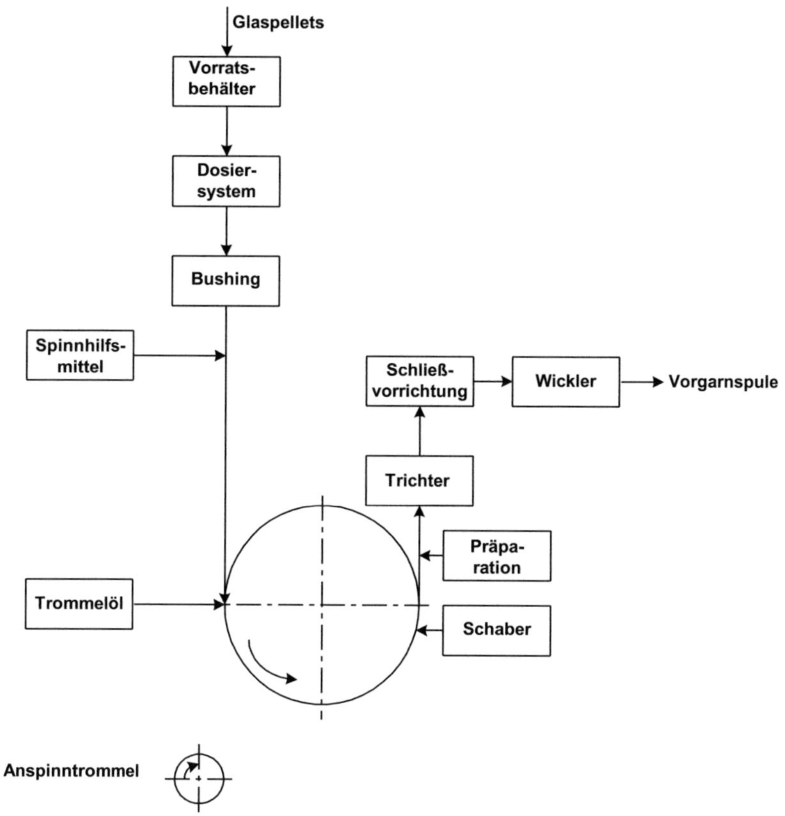

Abb. 21.5 Das Prinzip der Vorgarnherstellung

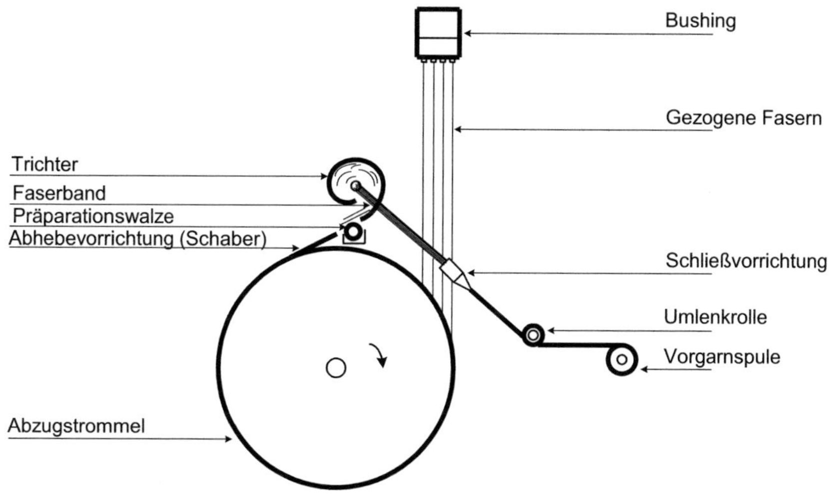

Abb. 21.6 Vereinfachtes Schema der Vorgarnherstellung

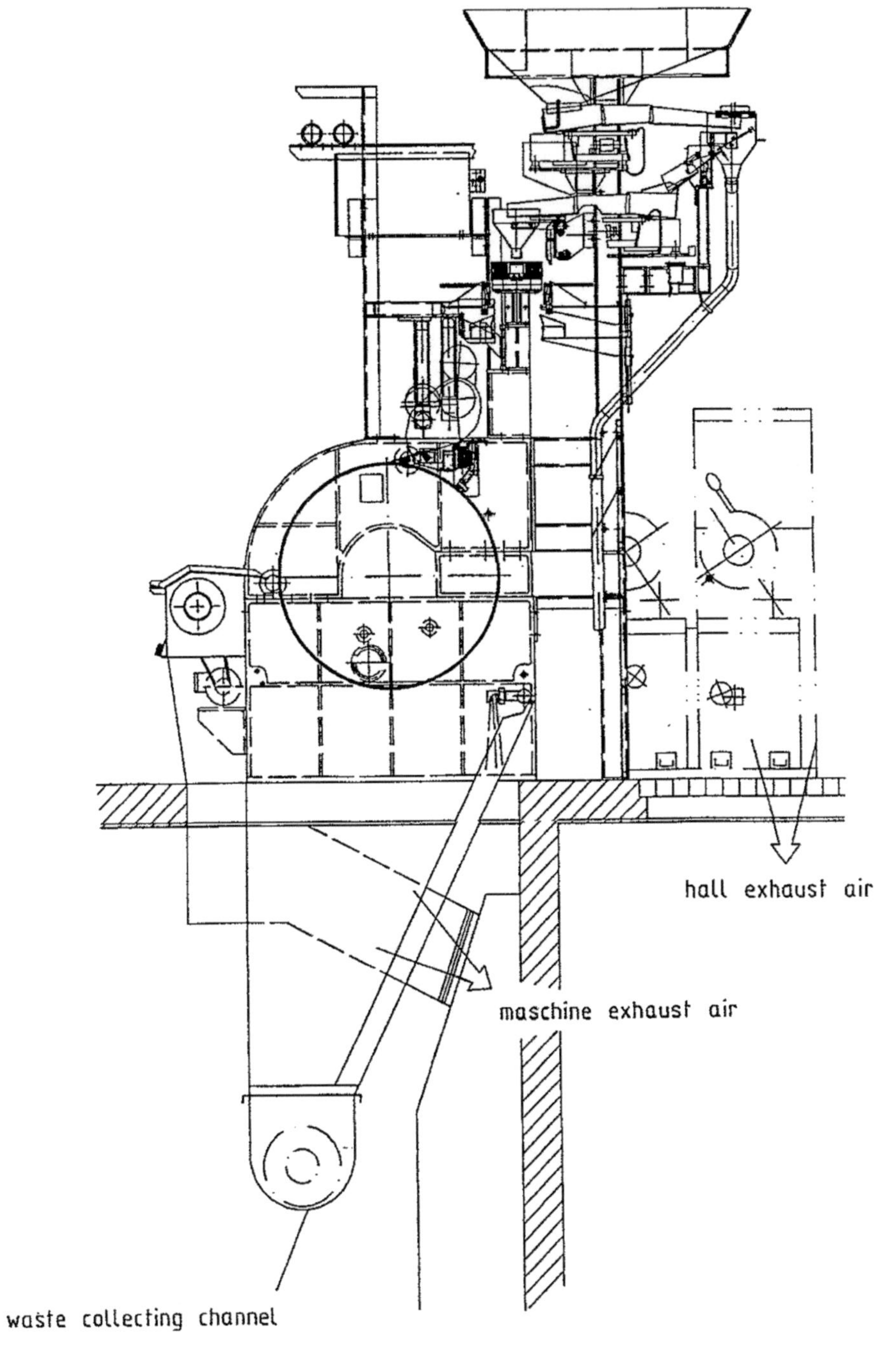

Abb. 21.7 Faserbandmaschine für Vorgarnherstellung

- Sehr große Auswahl und Kombination von Verstärkung- und Matrixfasern
- Homogene Mischung von beiden Faserarten
- Gute textile Verarbeitbarkeit der Hybridgarne
- Einfache Einstellung des Faser-Matrix-Verhältnisses
- Direkte Herstellung von Thermoplastbauteilen (Pultrusion, Wickelverfahren)

Nachteil:

- Niedriger Wirkungsgrad bei Hybridgarnherstellung wegen begrenzter Abzugsgeschwindigkeit (bis max. 200 m/min).

Die Eigenschaften der Commingling-Hybridgarne werden durch folgende Parameter bestimmt:

- Luftdruck in der Texturierdüse
- Präparationsart an den Fasern
- Vorheiztemperatur
- Düsenkonstruktion
- Fadenspannung beim Aufspulen
- Abzugsgeschwindigkeit u. a.

Die Herstellung der Hybridgarne mittels Comminglings-Verfahrens zeigt die Abb. 21.8 [9].

21.3.2 Twintex®-Verfahren

Die Herstellung des Twintexmaterials erfolgt insitu direkt während des Glasfaserspinnprozesses. Den gezogenen, beschlichteten Glasfilamenten werden während des Faserziehens (im konstanten Glasfasern-Kunststofffasern-Verhältnis) Polypropylenfilamente zugesetzt, vermischt und zusammen aufgewickelt.

Der Glasfaservolumengehalt liegt bei 40 bis 60 %. Das Material ist für direkte Weiterverarbeitung (Pultrusion, Wickelverfahren, Heißpressen) ausgezeichnet geeignet. Das Twintex®-Verfahren ist aus der Abb. 21.9 zu ersehen.

21.3.3 Dref-Verfahren

Das von Dr. Fehrer 1973 erfundene Dref-Spinnverfahren ermöglicht es Garne mit Kern-Mantel-Strukturen herzustellen. Mehrere Kardenbänder (Lunte) aus Kunststofffasern werden im Fehrer-Auflösaggregat aufgelöst. Im Luftstrom werden die Fasern anschließend durch Faserleitkanal in die Formationszone transportiert. Es kommen meistens zwei gleichsinnig rotierende, zylindrische Friktionstrommel zum Einsatz,

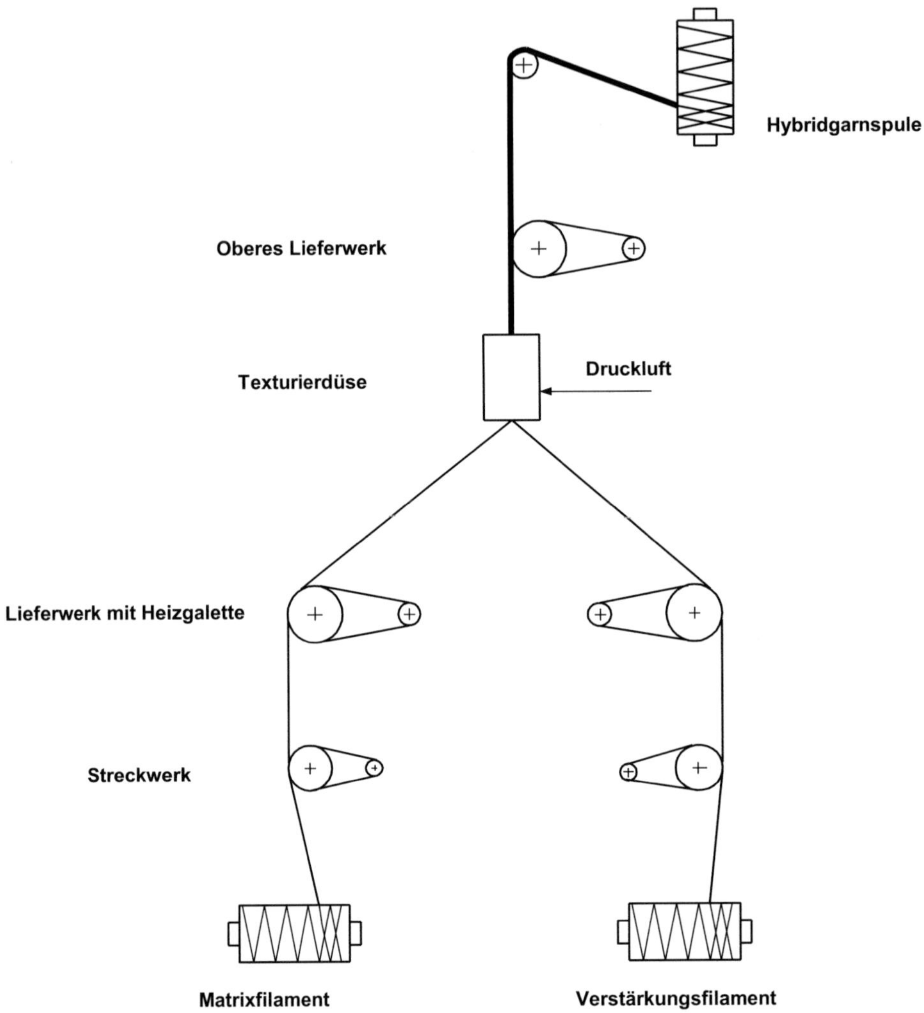

Abb. 21.8 Das Commingling-Verfahren

wobei die Fasern zwischen die beiden Walzen gespeist werden. Ein zentrisch verlaufende Filament (aus Glas, Aramid Carbon u. a.) wird von „aufgelösten" Kunststofffasern (Polyamid, Polypropylen u.a) ummantelt [10–12]. Es besteht die Möglichkeit, sowohl für den Mantel als auch für das Kern, gleichzeitig mehrere Faserarten einzusetzen.

Ein Vergleich von Eigenschaften der aus den unterschiedlichen Hybridgarnen hergestellten UD-Platen zeigt die Tab. 21.1.

Wie das aus der Tab. 21.1 hervorgeht, die besten Eigenschaften weisen UD-Platten, hergestellt aus dem Twintex-Material. Das Dref-Verfahren zur Herstellung von Friktionsgarnen ist auf der Abb. 21.10 zu sehen.

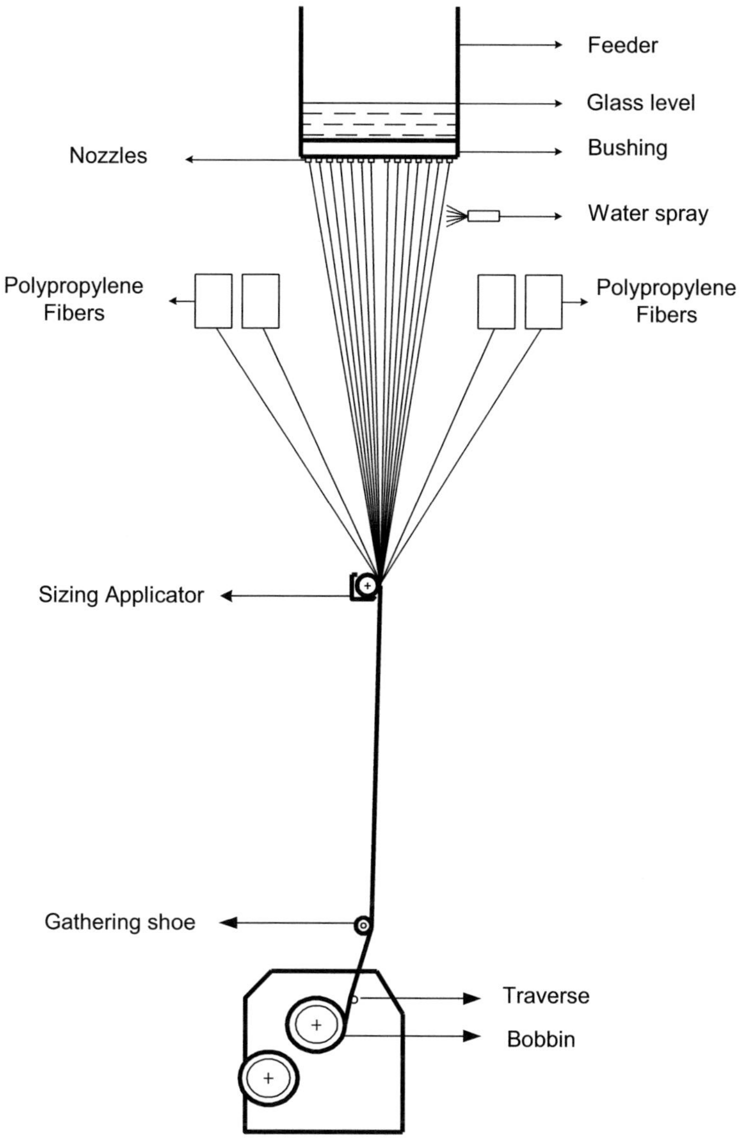

Abb. 21.9 Das Twintex®-Verfahren

21.3.4 Andere Möglichkeiten der Herstellung von Hybridgarnen

Es besteht die Möglichkeit, die Hybridgarne im Trommelabzugsverfahren (s. Abb. 21.5, 21.7) herzustellen.

Tab. 21.1 Physikalische Eigenschaften von UD-Platen hergestellt aus verschiedenen Hybridgarnen [9]

Eigenschaften der Hybridgarnarten	Commingling Hybridgarn	Friktionsspinn-Hybridgarn	Twintex®-Hybridgarn
Faservolumen in % Zug-	50	48	50
festigkeit (0°) MPa E-Modul	839,0	431	906
GPa Bruchdehnung %	28,6	34,3	41,8
Schlagzähigkeit kJ/m^2	2,5	1,5	6,6
Zugfestigkeit (90°) MPa	6,7	3,2	6,2
Intralaminare	6,7	3,1	18,4
Scherfestigkeit MPa	30,0	18,7	46,4

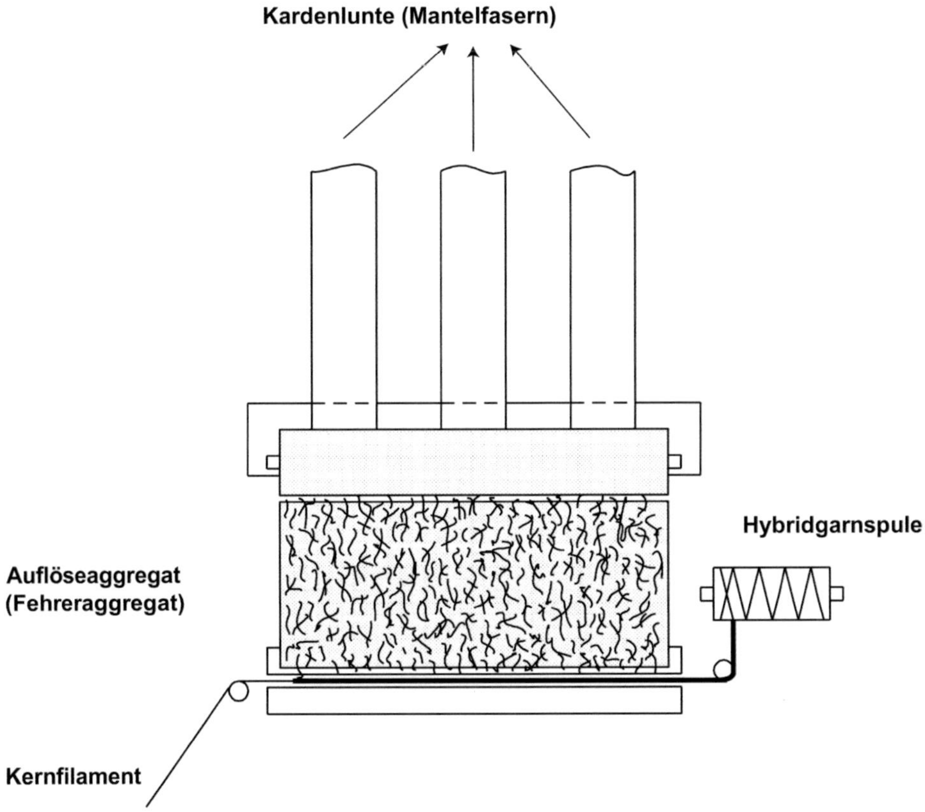

Abb. 21.10 Das Dref-Verfahren

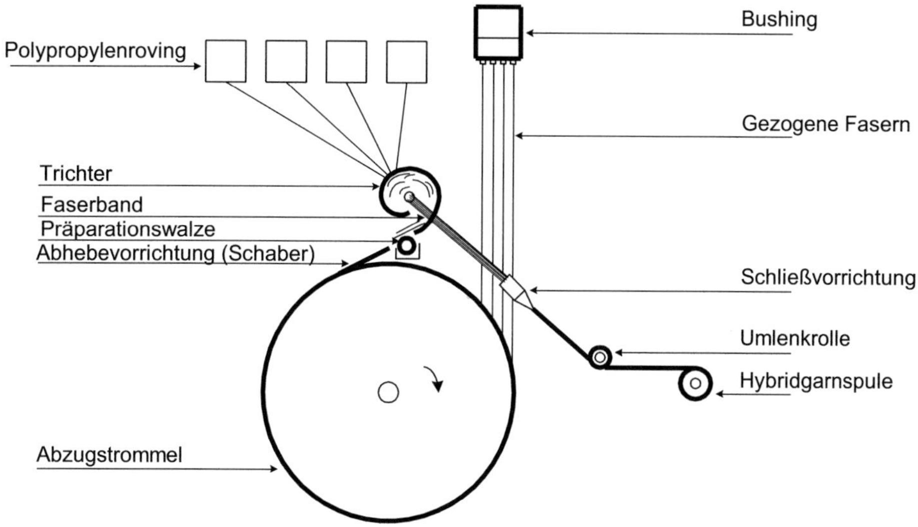

Abb. 21.11 Das Prinzip der Hybridgarnherstellung ohne Auflöseaggregat lt. Autor

Dieses Verfahren stellt eine Kombination von Twintex®- und Dref-Vefahren dar und wurde vom Autor entwickelt und getestet. Die Polypropylenfilamente (Kunststofffilamente) werden bei vorgegebenem Mischverhältnis über eine Luftverwirbelungsdüse direkt in den Trichter dosiert und mit Glasfaser ummantelt oder als Mantelfasern dem aus der Schließvorrichtung ausgezogenem Glasfasergarn zugeführt. In der Schließvorrichtung findet die Endhomogenisierung statt. In diesem Verfahren ist es auch möglich, die Matrixfasern entweder als „Seele“ oder als Mantelfasern einzusetzen (s. Abb. 21.12).

Das flauschige, bauschige und voluminöse Material ist für die Herstellung der UD-Platten sehr gut geeignet. Beim Heißpressen (190 °C, 8 bar) der gewickelten Halbzeugen, werden im Abhängigkeit vom Glasfaseranteil, sehr gute Zugfestigkeiten und Schlagzähigkeiten der UD-Platten erreicht. Für die mechanischen Eigenschaften ist die Präparationsqualität und die Homogenität von entscheidender Bedeutung.

Das Konzept des kombinierten Verfahrens zur Herstellung von Hybridgarnen ist aus der Abb. 21.11, 21.12 zu ersehen.

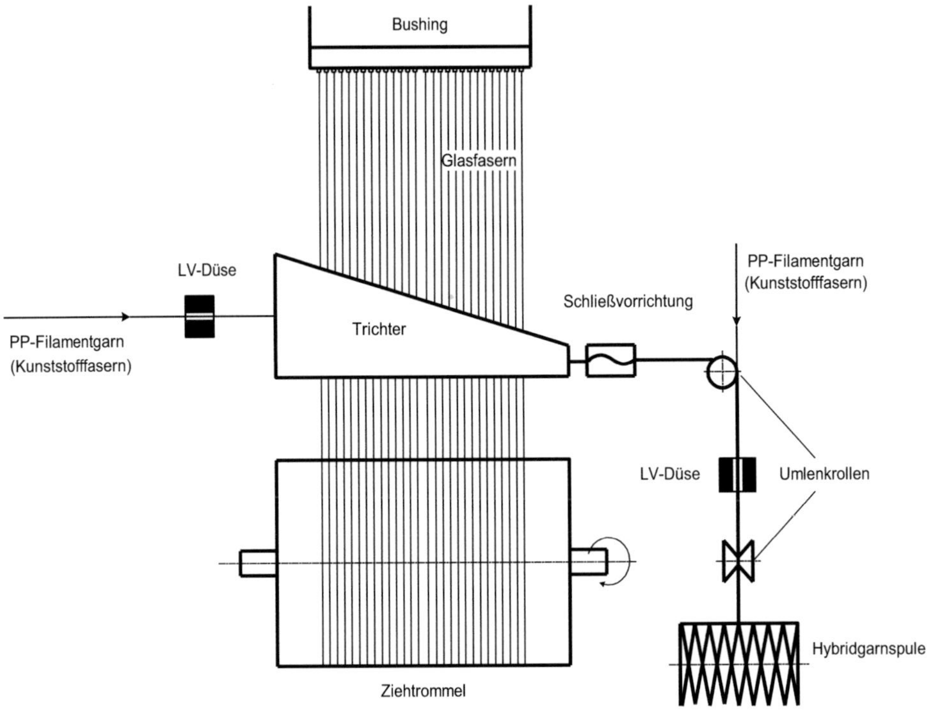

Abb. 21.12 Hybridgarnherstellung ohne Auflöseaggregat

Literatur

1. Choi, B-D.,Diestel, O., Offermann, P., et al.: Modifizierte Lufttexturiertechnik zur Herstellung fadenförmiger Halbzeuge für endlosfaserverstärkte Thermoplaste. 10 Techtextil Symposium, S. 1–6. Frankfurt a. M. (1999)
2. Boer, P., van Lindert, J.: Mould design for rubber forming of continuous fibre reinforced thermoplastic composites. 19th International SAMPE Europe Conference. Paris (1998)
3. Schmachtenberg, E., Hölzel, S.: Faserspritzen mit Hybridgarnen. Plastverarbeiter **54**(9), 74–76 (2003)
4. Bönigk, B.: Mischgarne und Hybridgarne nach dem Scharverwirbelungsverfahren. Patentanmeldung DE 19643685A1 vom 30.04.1998
5. Bunzel, U., Schneider, K., Lauke, B.: Einfluss von Hybridgarnstrukturen und Glasfaserschlichten auf das Delaminationsverhalten von thermoplastischen UD-Verbunden. Tech. Text. **40**, 138–142 (1997)
6. Choi, B-D., Diestel, O., Offermann, P., et al.: Weiterentwicklung von Commingling-Hybridgarnen für thermoplastische Faserverbundwerkstoffe. 11 Techtextil Symposium, S. 1–8. Frankfurt a. M. (2001)
7. Choi, B-D., Diestel, O., Offermann, P.: Commingled carbon/PEEK hybrid yarns for use in textile reinforced high performance rotors. 12th International Conference on Composite Materials. Paris (1999)

8. Geirhos, J.: Schrumpfarme Hybridgarne, Verfahren zu deren Herstellung und deren Verwendung. Patentanmeldung DE 19613965A1 vom 16.10.1997
9. TU-Dresden, Inst. für Polymerforschung: Optimierung des Commingling-Prozesses zur Herstellung von Hybridgarnen für langfaserverstärkte Thermoplaste (2000)
10. Gsteu, M.: Industrielle Einsatzgebiete und Spezialprodukte auf Basis Dref 2 und Dref 3
11. Klata, E., Krucińska, I., et al.: Badania rentgenowskie PA6 w kompozytach z przędz hybrydowych. Kompozyty (Composites) **3**, 8 (2003)
12. Klata, E., Krucińska, I., et al.: Analiza właściwości kompozytów hybrydowych z użyciem techniki Interferometrii siatkowej. Kompozyty (Composites) **2**, 4 (2002)

22 Direkte nichttextile Glasfasern

Die wichtigsten nichttextilen Faserprodukte sind unter anderem geschnittene Rovingfasern und superfeine Isolier- und Filtrierfasern.

Die geschnittenen, feuchten Rovingfasern mit einer Länge von 8 bis 24 mm und mit einem Durchmesser von 8 bis 13 μm werden überwiegend für die Vliesherstellung (Glasfaserpapier) eingesetzt. Die wichtigsten technischen Merkmale eines Vlieses stellen die Flächenmasse und die Dicke dar. Das Flächenmasse/Dicke-Verhältnis eines Vlieses hängt eng mit dem Filamentdurchmesser und seiner Länge zusammen.

Das Prinzip der Vliesfaserherstellung zeigt das Schema auf der Abb. 22.1.

Eine Strangfasermaschine für diskontinuierliche Vliesfaserherstellung ist auf der Abb. 22.2 zu sehen.

Die superfeinen Glasfasern werden unter anderem im Zieh-Blas-Verfahren (Flammenstreckverfahren) hergestellt. Im Flammenstreckverfahren (flame attenuation process) werden zuerst die sog. Primärfilamente vorgezogen.

Mit der heißen und hochbeschleunigten Abgasflamme werden die Primärfilamente zu sekundären Mikrofasern zerfasert.

Die hergestellten Mikrofasern mit einem Faserspektrum von 0,1 bis 6,0 μm werden überwiegend für Isolier- und Filtrationszwecke verwendet.

Ein vereinfachtes Schema der Herstellung von superfeinen Glasfasern im Zieh-Blas-Verfahren ist auf der Abb. 22.3 zu sehen.

R. Teschner, *Glasfasern*, https://doi.org/10.1007/978-3-662-64123-1_22

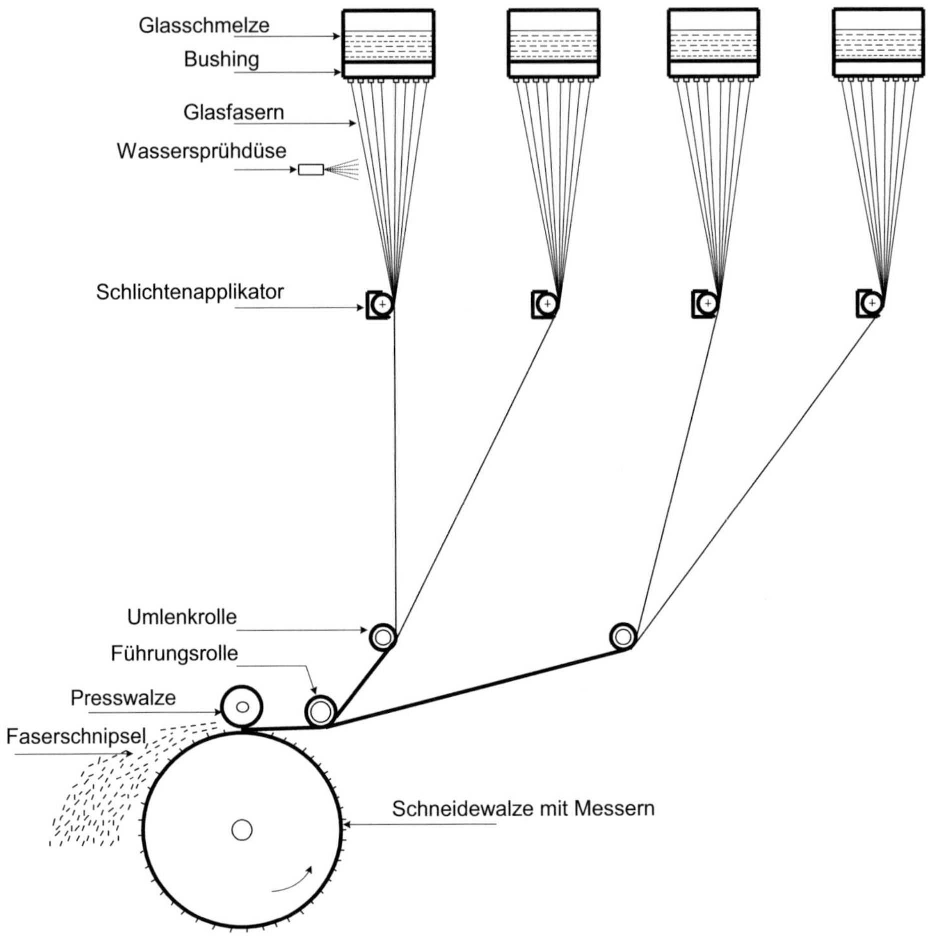

Abb. 22.1 Vereinfachtes Schema der Vliesfaserherstellung (Direct-Chop)

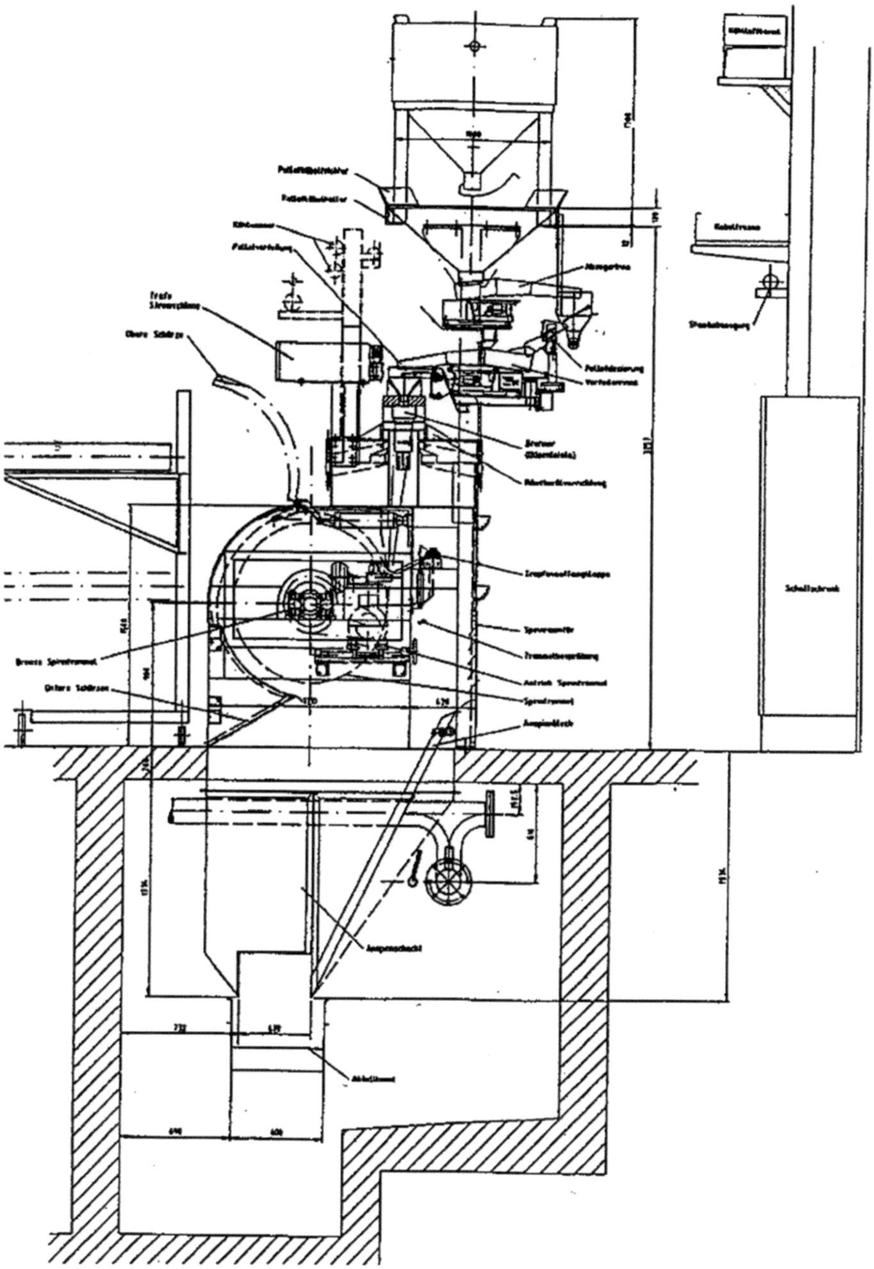

Abb. 22.2 Strangfasermaschine für diskontinuierliche Vliesfaserherstellung

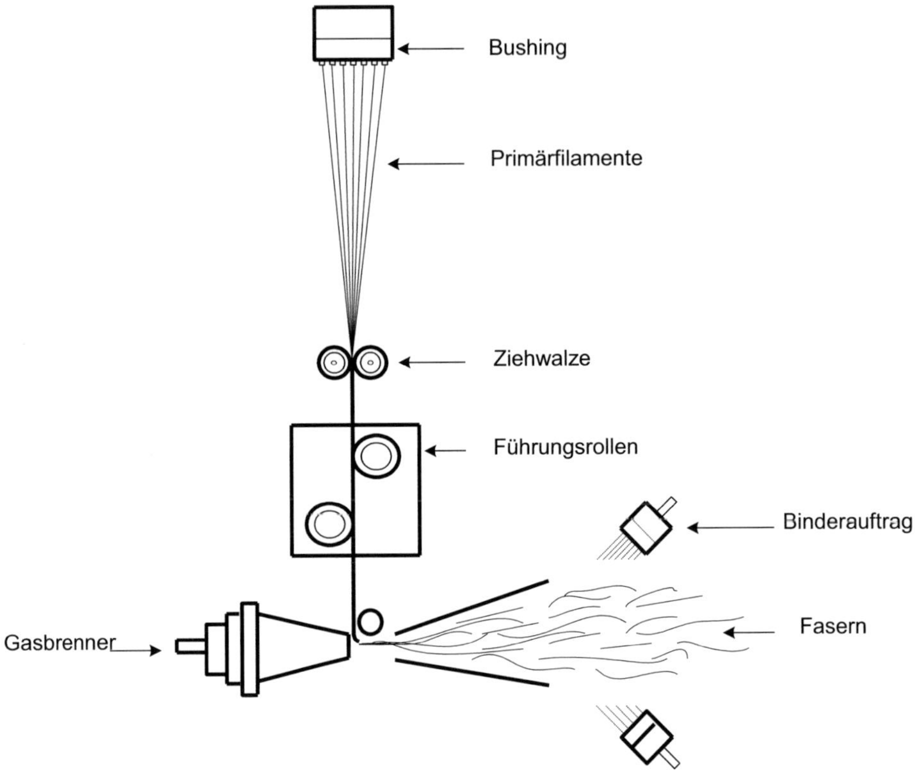

Abb. 22.3 Vereinfachtes Schema des Zieh-Blas-Verfahrens

Glasfasernadelmatte 23

Die Nadelmatte wird überwiegend aus Vorgarn-Ausschussfasern ohne Zugabe von Bindemittel hergestellt.

Die Glasstapelfasern werden in der ersten Phase mittels einer Schneidevorrichtung geschnitten und zu Ballen gepresst. Die mit einer Länge von 60 bis 80 mm geschnittenen Vorgarnfasern in Ballenform werden mithilfe eines Säulenschwenkkranes auf den Zuführtisch aufgegeben. Der Ballenöffner ermöglicht eine Voröffnung des Materials.

Im zweiten Schritt wird die vorgegebene Menge des Fasermaterials über ein Wiegesystem der Krempelanlage zugeführt. Auf den Walzen der Krempelanlage erfolgt die eigentliche Auflösung der Faserbündel.

Der entstandene Krempelflor wird mithilfe eines Kreuzlegers in der geforderten Lagenanzahl abgelegt und über ein Vlieszuführsystem, dimensionsstabil der Nadelmaschine zugeführt. Die Flächenmasse und die Dicke des Produktes wird durch die Anzahl der Vlieslagen bestimmt.

Im nächsten Produktionsabschnitt in der Nadelmaschine erfolgt die Verfestigung und Verdichtung des Materials zu geforderter Produktdicke.

Am Ende des Herstellprozesses werden die Randbereiche (Kanten) der Nadelmatte mittels Längsschneider abgeschnitten und das Produkt auf Hülsen aufgewickelt.

Das vereinfachte Schema der Nadelmattenproduktion zeigt die Abb. 23.1.

Um die Präparationsreste zu beseitigen wird die Glasfasernadelmatte manchmal einem Entschlichtungsprozess unterzogen. Die Entschlichtung wird in einem Tunnelofen im Temperaturbereich 500 bis 600 °C durchgeführt. Bei dieser Temperatur erfolgt die Zersetzung (Pyrolyse) und Verbrennung der organischen Komponenten.

Es ist intuitiv verständlich, dass die maximale Temperatur im Ofen den Transformationspunkt des Glases nicht überschreiten darf.

Die Wärmeleitfähigkeit λ der C-Glasfasernadelmatte für ausgewählte Temperaturen zeigt die Tab. 23.1.

R. Teschner, *Glasfasern*, https://doi.org/10.1007/978-3-662-64123-1_23

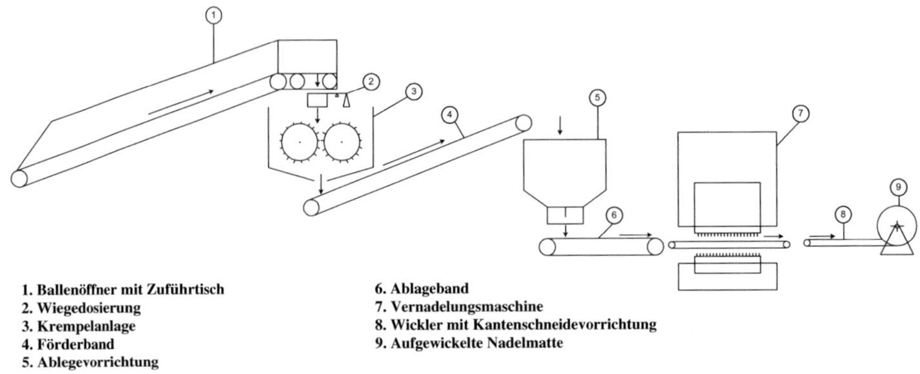

Abb. 23.1 Vereinfachtes Schema der Nadelmattenproduktion

Tab. 23.1 Die Wärmeleitfähigkeit der Nadelmatte in Abhängigkeit von Temperatur

Mittlere Temperatur °C	50	100	200	300	400	500
λ in W/mK	0,038	0,043	0,057	0,068	0,089	0,122

24 Vlies

Ein Glasfaservliesstoff stellt ein nicht gewebtes, dünnes Flächengebilde, das aus geschnittenen, einzeln liegenden Glasstapelfasern und einem ausgehärteten Bindemittel besteht, dar. Die Vliese mit einer Dicke von 0,2 bis 1,0 mm und mit einer Flächenmasse von 25 bis 150 g/m^2 werden überwiegend aus E- und C-Glasfaser im Nassverfahren hergestellt. Für die Vliesherstellung werden Strangfasern (nasse Glasstapelfasern) mit einem Durchmesser von 8, 10 und 13 µm eingesetzt. Die Vliesfasern werden mittels einer Strangfasermaschine bzw. im Direct-Chop-Verfahren produziert (s. Abb. 22.1, 22.2).

Die Strangfasern mit einem Wassergehalt von ca. 18 % werden an einer Schneidemaschine zu Schnitzeln mit einer Länge von 8, 10, 12 bzw.16 mm geschnitten.

Die „gehackten" Fasern mit der gewünschten Länge werden in Faserbunkern gelagert. Die geschnittenen Fasern mit vorgegebenem Faserdurchmesser und mit vorgegebener Länge werden aus den Bunkern entnommen, einer kontinuierlich arbeitenden Wiegeeinrichtung (Bandwaage) zugeführt und in einen Stofflöser in einem bestimmten Verhältnis zur Wassermenge dosiert.

Im Stofflöser lösen sich die Faserschnitzeln (Faserbündel) zu Einzelfasern.

Der Stofflöser ist ein Behälter mit einer extrem schnellen Rühreinheit.

In dem Stofflöser befindet sich das Prozesswasser (Kreislaufwasser) in dem die geschnittenen Fasern dispergiert werden. Dem Kreislaufwasser werden folgende Komponenten zugeführt:

1. Netzmittel – setzt die Oberflächenspannung vom Wasser herab und verbessert damit die Benetzung zugleich die Dispergierbarkeit der Glasfasern.
2. Entschäumer – reduziert stark den Luftanteil im Wasser-Glasfasergemisch.
3. Verdickungsmittel – beeinflusst und regelt die Viskosität der wässrigen Suspension.
4. Biozid – hemmt die Keimbildung.
5. pH-Regler – wird für die Einstellung des pH-Wertes der Suspension eingesetzt.

R. Teschner, *Glasfasern*, https://doi.org/10.1007/978-3-662-64123-1_24

Der pH-Wert soll bei ca. 8 liegen.

Die entstandene Suspension mit den o.a. Zusätzen fließt vom Stofflöser zur Vor- und Arbeitsbütte, wo der Vereinzelungsprozess der Faserstipsel und die Homogenisierung fortgesetzt werden. Die Bütten sind dazu da, um dem Gemisch eine längere Verweilzeit zu gewähren, damit sich die Faserbündel besser vereinzeln können. Eine Stoffpumpe fördert die Suspension in einen Sortierer. Im Sortierer werden zu lange Fasern, Glastropfen, Spieße und Fremdkörper, die sowohl den technologischen Prozess als auch das Fertigprodukt beeinträchtigen, abgesondert. Mittels Schneckenförderpumpen wird die wässrige Fasersuspension dann in den Hydroformer gefördert. Am Hydroformer findet die Blattbildung statt. Das Kreislaufwasser wird über ein Siebband von den Fasern abgesaugt, dann wieder dem Stofflöser zugeführt und neu mit Fasern angereichert. Die Entwässerungsvorrichtung ist unterhalb des Siebbandes über die gesamte Bandbreite angeordnet. Der Wasserkreislauf ist geschlossen.

Die auf dem Siebband verstreuten Fasern bilden das Rohvlies. Die dünne. Faservliesmatte wird weiter zwischen zwei Siebbändern durch die anschließende Imprägnierstation geführt und mit Bindemittel getränkt. Das Bindemittel fließt von einem Zwischenbehälter zu und wird von hier in einem ständigen Kreislauf zum Tränkbad gepumpt. Der vom Rohvlies nicht aufgenommene Überschussbinder fließt über einen Überlauf zum Zwischenbehälter zurück.

Ein Regelsystem hält den Verbrauch an Bindemittel konstant und bestimmt damit den Binderanteil im fertigen Produkt. Das mit Bindemittel imprägnierte Vlies wird auf ein Drahtgewebeband übergeben und in den Trockenofen geführt. Im Trockenofen wird das Wasser verdampft und der Binder auskondensiert. Infolge der thermischen Behandlung des Bindermittels erhält das Endprodukt seine Stabilität und Festigkeit.

Der Durchlauftrockenofen enthält eine Vorwärmzone, eine Kondenszone sowie eine Abkühlzone und wird mit Heißluft beheizt. Die maximale Behandlungstemperatur liegt bei ca. 180 °C. Beim Verlassen des Trockenofens wird der Rand beidseitig abgeschnitten und die Vliesrolle auf eine Papphülse aufgewickelt. Ein Kontrollsichtgerät gewährleistet eine gleich bleibend hohe Qualität des Vlieses. Das Kontrollsichtgerät dient der Erfassung von Produktionsfehlern wie z. B. Löcher oder Risse. Beim Identifizieren solcher Fehler erfolgt eine sofortige Markierung der Fehlerstelle, die dann ein Auffinden auf der Kontrollmaschine erleichtert. Die Vliesproduktion ist ein kontinuierliches Verfahren. Eine spezielle Vorrichtung mit Vliesspeicher sorgt dafür, dass sobald eine Rolle fertiggestellt ist, die folgende „nahtlos" weiterproduziert werden kann. Es werden Vliesbreiten von 2,3 und 4,2 m produziert. Die Bandgeschwindigkeit je nach Vliestype liegt im Bereich 120 bis 220 m/min.

Das vereinfachte Schema der Vliesherstellung ist aus der Abb. 24.1 ersichtlich.

In Abhängigkeit vom Einsatzgebiet werden für die Vliesherstellung folgende Bindermittel angewandt:

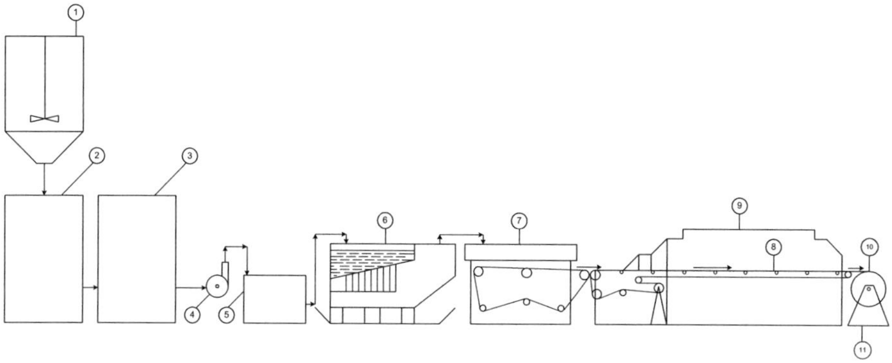

1. **Stofflöser**
2. **Vorbütte**
3. **Arbeitsbütte**
4. **Stoffpumpe**
5. **Sortierer**
6. **Hydroformer**
7. **Imprägnierstation**
8. **Drahtgewebeband**
9. **Trockenofen**
10. **Vliesrolle**
11. **Wickler**

Abb. 24.1 Vereinfachtes Schema der Vliesherstellung

- Harnstoffharz
- Melaminharz
- Acrylharz
- Epoxidharze u. a.

Das Vlies wird unter anderem in folgenden Bereichen eingesetzt:

- Herstellung von bituminösen und polymerbituminösen Dachbahnen
- Mineralwollkaschierung
- Herstellung von Bodenbelägen wie z. B. PVC-Bodenbelag
- Herstellung von Batterieseparatoren
- Herstellung von Gips und Polyurethanschaumplatten

Für die Herstellung von Bodenbelägen und bituminösen Dachbahnen werden meistens harnstoffharzgebundene Vliese eingesetzt.

Zum Herstellen von Batterieseparatoren kommen acrylatgebundene Vliese zum Einsatz.

Für die Kaschierung von Mineralwolleprodukten werden Melaminharzgebundene Vliese empfohlen.

Für bestimmte Anwendungen (Herstellung von Gips und Polyurethanschaumplatten) wird auf einer „Coating line" eine Beschichtung (Gips, Aluminiumhydroxid u. a.) auf die Vliesoberfläche gebracht.

Die Bezeichnung der Vliese richtet sich nach dem technologischen Hauptmerkmal.

Die Vliese können entweder entsprechend der vorgegebenen Flächenmasse oder entsprechend der vorgegebenen Dicke hergestellt werden.

Ganze Zahlen bedeuten nach Flächenmasse „gefahrene“ Type. Dezimalzahlen weisen auf eine Vliestype, die nach Dicke „gefahren“ wurde, hin.

Die Vliesbezeichnung FH 0,50/1 bedeutet:

- F **F**ußbodenvlies (Flooringvlies)
- H **H**arnstoffharz als Bindemittel
- 0,50 Vliesdicke 0,50 mm

Die Bezeichnung DH 80/2 besagt folgendes:

- D **D**achbahnvlies
- H **H**arnstoffharz als Bindemittel
- 80 Flächenmasse 80 g/m^2

Die Vliesbezeichnung SM 60/3 bedeutet:

- S **S**pezialvlies
- M **M**elaminharz als Bindemittel
- 60 Flächenmasse 60 g/m^2

Die Bezeichnung SAB 0,45 bedeutet:

- S **S**pezialvlies
- A **A**crylharz als Bindemittel
- B Vlies für **B**atterieseparatoren
- 0,45 Vliesdicke 0,45 mm

Die chemische Beständigkeit der Vliese ist von der Binderqualität abhängig.

Für bestimmte Anwendungsbereiche, wie z. B. Herstellung von Batterieseparatoren, werden Vliesbindemittel eingesetzt, die eine sehr hohe Säurebeständigkeit aufweisen. Dasselbe betrifft Anwendungsbereiche, wo sehr hohe Laugenbeständigkeit gefordert wird. Bei der Vliesherstellung ist es auch möglich, kombinierte Produkte mit Zellulosefasern oder mit Kunststofffasern anzufertigen.

Die Struktur der Vliese und ihre Luftdurchlässigkeit hängt von der Qualität der eingesetzten Fasern (Faserdurchmesser, Faserlänge), von der Art und vom Anteil des Binders ab. Auch die Dicke des Vlieses beeinflusst die Luftdurchlässigkeit.

25 Basaltfasern

Basaltfasern sind glasige Fasern (ähnlich wie die Glasfasern), die durch schnelle Abkühlung der Schmelze im Ziehprozess ohne Kristallisation erstarren.

Sie werden aus Basalt ohne chemische Additive hergestellt.

Basalt ist ein basisches (< 52 % SiO_2) Ergussgestein, das von der chemischen Zusammensetzung dem plutonischen Gabbro entspricht.

Je nach Entstehungszonen und Alter unterscheidet man folgende Formen von Basalt [1–3]:

- Eigentliche Basalte
- Basaniten
- Tephrite
- Basanitoiden
- Tephrytoiden
- Nephelinite
- Limburgite
- Ankaratrite

Am meisten in der Natur sind eigentliche Basalte und Nephelinite verbreitet.

Basalte enthalten Plagioklase (Labradorit, Bytownit), Pyroxene (Augit), oft Olivin.

Außerdem enthalten sie akzessorische Minerale von denen Magnetit reichhaltig vorhanden ist. Basalte sind gewöhnlich dunkelgrau bis schwarz und bestehen zum größten Teil aus einer feinkörnigen, selten glasigen, Grundmasse.

Ein niedriger Anteil an Alkalien insbesondere an Kalium und Reichhaltigkeit an zweiwertigen Metallen ist in der chemischen Zusammensetzung dieser Eruptivgesteine charakteristisch. Basalte werden als Rohstoff unter anderem zur Herstellung von glasigen Basaltfasern, sowohl im Schleuder- (TEL- und TOR-Verfahren) als auch im kontinuierlichen Düsenziehverfahren, eingesetzt.

R. Teschner, *Glasfasern*, https://doi.org/10.1007/978-3-662-64123-1_25

Tab. 25.1 Chemische Zusammensetzung der Basalte, die für die Endlosfaserherstellung geeignet sind und die Zusammensetzung einiger deutscher Basalte

Oxide	Gehalt in %		
	Basalt für Endlosfaser	Basalt von Bramburg	Basalt von Sababurg
SiO_2	45–60	48,2	55,0
Al_2O_3	12–19	13,8	16,3
Fe_2O_3+FeO	5–15	10,3	11,1
MgO	3–7	7,9	4,8
CaO	6–12	7,6	5,8
Na_2O	2–4,5	3,5	3,6
K_2O	0,5–1,5	1,9	0,5
TiO_2	0,9–2,0	2,3	1,9

Die Zusammensetzung der Basalte, die für die Herstellung von Endlosfasern geeignet sind als auch die Zusammensctzung einiger deutscher Basalte zeigt die Tab. 25.1 [1, 11].

Ein relativ hoher Anteil an Oxiden, die als Flussmittel wirken, ermöglicht die Entstehung von flüssiger Lava schon bei ca. 1300 °C. Diese Eigenschaft qualifiziert Basalte zu den Gesteinen, die am besten für den Schmelzprozess geeignet sind.

Nicht alle Basaltgesteine werden für den kontinuierlichen Prozess der Herstellung von Endlosfasern eingesetzt. Sie müssen unbedingt bestimmte Anforderungen erfüllen.

Zwei der wichtigsten Kriterien zur Qualifizierung von Basalten für die Endlosfaserproduktion sind Aciditäts- und Viskositätsmodul.

Der Aciditätsmodul wird aus folgender Formel errechnet [2, 3]:

$$\mathrm{M_k} = \frac{M_{SiO_2} + M_{Al_2O_3}}{M_{CaO} + M_{MgO}}$$

dabei M_X – Massenanteile der Oxide in %.

Dieser Aciditätsmodul soll im Bereich 3 bis 6,5 liegen.

Der Viskositätsmodul als Kriterium beschreibt die Formel [2]:

$$\mathrm{M_\eta} = \frac{m_{SiO_2} + M_{Al_2O_3}}{2m_{Fe_2O_3} + m_{FeO} + m_{CaO} + m_{MgO} + m_{k_2O} + m_{Na_2O}}$$

dabei m_X – Anteile der Oxide in mol %.

Der Viskositätsmodul sollte zwischen 2 und 3 liegen. Das Düsenblasverfahren bedarf laut [15] eines Viskositätsmoduls von mindestens 1,5. Für die Viskositätsbestimmung werden manchmal folgende Formeln benutzt [14, 16, 17]:

$$\log \eta_{1400^\circ C} = 0{,}658 + 0{,}003SiO_2 - 0{,}0057TiO_2 + 0{,}0025Al_2O_3 - 0{,}0078Fe_2O_3 - 0{,}0039FeO + 0{,}0028MgO - 0{,}0027CaO - 0{,}0003Na_2O + 0{,}0036K_2O$$

$$\log \eta_{1400^\circ C} = 1{,}613 + 0{,}0023SiO_2 - 0{,}0038TiO_2 + 0{,}0023Al_2O_3 - 0{,}0094Fe_2O_3 - 0{,}0046FeO + 0{,}0031MgO - 0{,}0036CaO - 0{,}0014Na_2O + 0{,}00226K_2O$$

Tab. 25.2 Zusammensetzung von Basalten für die Endlosfaserproduktion

Oxide	Gehalt in %				
	1	2	3	4	5
SiO_2	54,4	55,3	52,8	50,0	54,7
Al_2O_3	14,8	17,2	17,5	14,0	20,9
Fe_2O_3+FeO	10,2	10,3	10,3	14,0	7,6
MgO	5,9	3,8	4,6	5,0	5,1
CaO	10,3	8,0	8,6	9,5	7,0
Na_2O	2,8	3,2	3,6	3,3	2,4
K_2O	0,8	1,0	1,2	1,1	1,6
TiO_2	0,8	1,2	1,4	3,1	0,8

Tab. 25.3 Oxidgehalt-Bereiche von Basalten für Endlosfaserherstellung (Roving)

Bereich	Oxide (Ma.%)							
	SiO_2	Al_2O_3	FeO+ Fe_2O_3	CaO	MgO	TiO_2	Na_2O+ K_2O	andere
Minimum	47,5	14,0	7,0	7,0	3,0	0,5	2,5	0,5
Maximum	55,0	20,0	13,5	11,0	8,5	2,0	7,5	2,5

$$\log \eta_{(t)} = 0{,}785\ M_k - 0{,}00356t + 5{,}11 \text{ (für den Temperaturbereich 1350 – 1450°C)}$$

η in dPas

T – Temperatur °C

SiO_2, TiO_2 – Molanteile (%) × 10^3 von SiO_2, TiO_2 und der anderen Oxiden

M_k – Aciditätsmodul (s. oben)

Es ist intuitiv verständlich, dass mit steigenden Aciditäts- und Viskositätsmodulen auch die chemische Beständigkeit der Basaltsfasern steigt. Dies betrifft insbesondere die Wasser- und Säurebeständigkeit. Die Wasser- und Säurebeständigkeit (als Massenverlust in % nach 3-stündigem „Kochen") der Basalt- und E-Glasfasern zeigt die Tab. 25.6.

Zugleich mit den steigenden Modulen erhöht sich die thermische Beständigkeit der Fasern und die Schmelz- und Ziehbedingungen werden schlechter (steigende Schmelz- und Ziehtemperaturen).

Die chemische Zusammensetzung von ausgewählten Basalten zur Herstellung von Endlosfasern ist aus der Tab. 25.2 zu ersehen [4–7].

Laut [12, 13] sind die optimalen Zieheigenschaften der Schmelze und die physikalisch-chemische Eigenschaften des Basaltrovings aus Basalten mit folgender Zusammensetzung zu erwarten (s. Tab. 25.3):

Für die Herstellung von CBF (**C**ontinuous **B**asalt **F**iber) wird ein Bereich der Viskositätsmodule von 2,3 bis 2,7 bevorzugt.

Es ist technologisch vorteilhaft, wenn der Rohstoff (Basalt) folgende mineralogische Zusammensetzung aufweist:

- Plagioklase: 35–70 Ma.%
- Piroxene: 1–35 %
- Olivin: 0–15 %
- Amphibole: 0–10 %
- Biotit: 0–3 %
- Palagonit: 0–25 %
- Chlorit: 0–35 %
- Epidot: 0–5 %.

Die chemische Zusammensetzung ausgewählter Faserarten und ihre physikalisch-chemische Eigenschaften sind aus den Tab. 25.4, 25.5 zu ersehen.

Im Gegensatz zu den Glasfasern werden Basaltfasern ausschließlich aus Basaltgestein, ohne chemische Additive, hergestellt. Selten wird der Naturrohstoff mit Flussmittel versehen. Die Temperatur des Schmelzprozesses liegt im Bereich 1400 bis 1600 °C und ist von der chemischen Zusammensetzung des Basalts abhängig. Das geschmolzene Gestein wird den Bushings zugeführt, wo der eigentliche Ziehprozess (Zerfaserung) stattfindet. Die Bushingskonstruktion ist ähnlich derjenigen, der Directmeltbushings.

Die Basaltbushings werden mit dem s.g. Zwischensieb versehen in dem sich zahlreiche Bohrungen befinden. Der Lochdurchmesser beträgt 1,9 mm. Die Lochdichte im Zwischensieb liegt bei 4 bis 5 Löcher/cm^2. Der Innendurchmesser der Düsen (Tips) beträgt 2,0/2,2 mm bei einer Länge von 6 mm. Die Düsendichte am Düsenboden beträgt 4 Tips/cm^2. Die schematische Darstellung eines Basaltbushings zeigt die Abb. 25.1.

Eine Konstruktionsvariante der Düse im Basaltbushing zeigt die Abb. 25.2.

Die Bushings aus der herkömmlichen Legierung PtRh20 für die Basaltfasererzeugung haben eine begrenzte Lebensdauer. Die „Gesamtlaufzeit" der Bushings liegt unter 4000 Betriebsstunden (weniger als 6 Monate). Ursache dessen ist sowohl die das

Tab. 25.4 Chemische Zusammensetzung ausgewählter Fasern

Oxide	Gehalt in %						
	C-Glas	E-Glas	Advantex	Advantex	HiPer-Tex	S-Glas	Basalt fasern
SiO_2	62,9	55,0	61,0	61,0	62,4	64,7	54,4
Al_2O_3	5,2	13,7	13,0	13,0	18,8	25,0	14,8
TiO_2	-	0,2	-	-	-	-	1,0
B_2O_3	6,3	7,0	-	-	-	-	-
CaO	6,3	22,0	22,5	22,5	8,2	-	10,3
MgO	3,8	1,0	3,0	3,0	9,6	10,0	5,9
Fe_2O_3+FeO	0,1	0,3	-	-	-	-	10,2
Na_2O	14,0	0,5	-	-	0,9	0,3	2,8
K_2O	1,0	0,3	0,5	0,5	-	-	0,8
Li_2O	0,2	-	-	-	-	-	-

Tab. 25.5 Eigenschaften ausgewählter Fasern (++ + +- sehr gut; + + +- gut; + +- mittel; +- schlecht)

Eigenschaften	Faserart						
	C-Glas	E-Glas	R-Glas	Advantex	HiPer-Tex	S-Glas	Basalt fasern
Dichte kg/m^3	2523	2620	2550	2620	2550	2480	2480
Ausdehnungskoeffizient K^{-1}	$8{,}8 \cdot 10^{-6}$	$5{,}4 \cdot 10^{-6}$	$4{,}1 \cdot 10^{-6}$	$6{,}0 \cdot 10^{-6}$	$4{,}1 \cdot 10^{-6}$	$2{,}0 \cdot 10^{-6}$	$2{,}0 \cdot 10^{-6}$
Transformationstemperatur °C	545	675	740	735	770	845	845
Erweichungstemperatur °C	680	850	950	915	965	1050	1050
Zugfestigkeit MPa	2000	3450	3400	3500	4700	4900	4900
E-Modul GPa	60,0	72,0	85,0	81,0	90,0	87,0	87,0
Dehnung %	3,9	4,6	4,6	4,6	5,5	5,7	5,7
Permittivitätszahl bei 1 MHz	6,6	6,6	6,0	6,8	5,3	5,3	5,3
Wasserbeständigkeit	+	+ +	+ +	+ +	+ +	+ + +	+ + +
Säurebeständigkeit	+ +	+	+ +	+ + +	+ + +	+ + +	+ + +
Laugenbeständigkeit	+ +	+ +	+ +	+ +	+ +	+ +	+ +

Tab. 25.6 Wasser- und Säurebeständigkeit von Basalt und E-Glasfasern nach einer 3-stündigen Exposition im entsprechenden Milieu

Faserdurch messer (µm)	CBF		E-Glasfasern	
13	H_2O	2n HCl	H_2O	2n HCl
10	0,2	18	0,8	46
	0,3	20	1,0	50

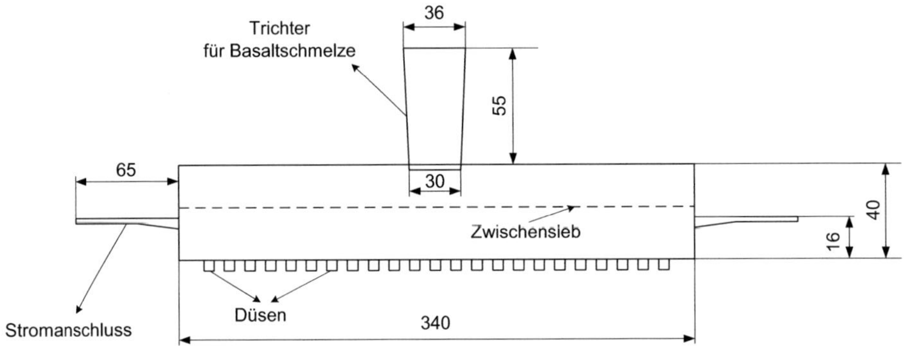

Abb. 25.1 Basaltbushing

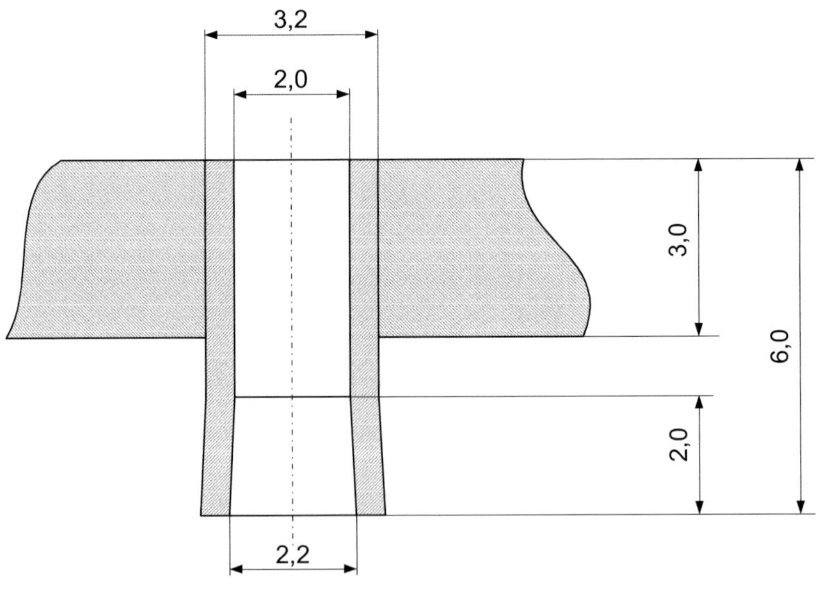

Abb. 25.2 Düsenkonstruktion im Basaltbushing

Kornwachstum als auch die Aggressivität der Basaltschmelze (Korrosionsanfälligkeit der konventionellen Legierung entlang der Korngrenzen). Für bedeutende Erhöhung der Gesamtlaufzeit wird vom Autor die oxiddispersionsgehärtete Legierung empfohlen (s. Kap. 19). Ein anderes Problem der Basaltfaserproduktion stellt die Kristallisation der Schmelze im Zuführungsfeeder (Platinlegierungsrohr) dar. Man kann dem vorbeugen, durch entsprechende Thermoisolierung und entsprechendes Design des Feeders. Die Basaltendlosfasern als Direktroving weisen einen Filamentdurchmesser von 9 bis 21 μm und eine Feinheit von 68 bis 600 tex auf. Als assemblierter Roving werden Feinheiten bis 6000 tex produziert.

Ähnlich wie bei den Glasfasern wird auf die Oberfläche der Basaltfasern eine Schlichte aufgebracht. Die Fasern werden mittels eines Applikators während des kontinuierlichen Ziehprozesses beschlichtet. Die Qualität der Schlichte insbesondere die Qualität des Haftmittels hängt mit der späteren Anwendung des Endproduktes zusammen.

Die Silanschlichte muss dem Matrixharz angepasst werden, damit sehr gute mechanische Eigenschaften (Zug- und Biegefestigkeit, Schlagzähigkeit) der Faserverbundkunststoffe erreicht werden können [5, 6]. Auch in dem Fall gelten dieselben Regeln, die im Kap. 20 beschrieben wurden.

Der hergestellte Roving wird überwiegend Weiterverarbeitet. Der Basaltroving wird geschnitten (6, 12 und 24 mm), texturiert, gedreht und assembliert. Es wird daraus multiaxiales Gelege und Gewebe im Webprozess hergestellt [5].

Der Direkt-Roving wird u. a. in Pultrusion-, Wickel-, SMC- BMC-Verfahren als Verstärkungsfasern eingesetzt [4, 6, 7].

Die Basaltfasern zeichnen sowohl eine gute Appretur- und Harzpenetration als auch eine gute chemische Beständigkeit aus [8, 9].

Eine Unzulänglichkeit der Basaltfasern ist das Auftreten der Querfragmentierung infolge einer langzeitigen Hochtemperatureinwirkung. Die Ursache der Destruktion liegt sowohl in der Kristallisation als auch in den Oxidationsprozessen von Fe^{+2} (FeO) zu Fe^{+3} (Fe_2O_3). Der Oxidationsprozess (ab ca. 300 °C) der amorphen Basaltfasern, der vor der Entmischung und Entglasung stattfindet, kann mit nachfolgender chemischer Reaktion beschrieben werden [10]:

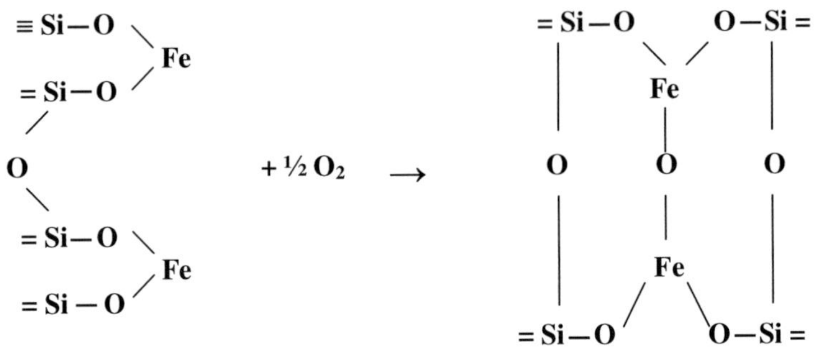

(Fragment von Basaltglas)

Literatur

1. Kittl, S. T.: Der Basalt der Bramburg bei Adelebsen. (2010)
2. Morozov, N., Bakunov, V, Morozov,E. et al.: Materials based on basalts from the European north of Rusia. Glass and Ceram. **58**(3–4) (2001)
3. Rzechuła, J., Teszner, R.: Wyd. Politechniki Gdańskiej. Gdańsk (1980)
4. Botev, M., Betchev, H., et al.: Mechanical properties and viscoelastic behavior of basalt fiber-reinforced polypropylene. J. Appl. Polym. Sci. **74**(3), 523–531 (1999)
5. Kurkov, V., Lakok, V.: Gewebe aus Stein. Ind. Fab. Bull. **2**, 42–44 (2003)
6. Park, J., Subramanian, R., Bayoumi, A.: Interfacial shear-strength and durability improvement by silanes In single-filament composite specimens of basalt fiber in brittle phenolic and isocyanate resins. J. Adhes. Sci. Technol. **8**(2), 133–150 (1994)
7. Park, J., Shin, W., Yoon, D.: A study of interfacial aspects of epoxy-based composites reinforced with dual basalt and SiC fibres by means of the fragmentation and acoustic emission techniques. Compos. Sci. Technol. **59**(3), 355–370 (1999)
8. Scheffler, C., Förster, T., Mäder, E.: Beschleunigte Alterung von Glasfasern in alkalischen Lösungen: Einflüsse auf die mechanischen Eigenschaften. 4th Colloquium on Textile Reinforced Structures, S. 63–74. Dresden (2009)
9. Zielinski, K., Olszewski, P.: Der Einfluss von Basaltfasern auf ausgewählte physische und mechanische Eigenschaften von Zementmörtel. BFT Int. **71**(3), 28–33 (2005)
10. Rzechuła, J., Grylicki, M.: Some phenomena occurring in basalt glass fibres at high temperatures. 11. Ceramurgia Int. **6**(1), 39–40 (1980)
11. Xie, E., Li, Z.: Application Prospect of Basalt Fiber. Fibercomposites **3** (2003)
12. Continuous basalt fiber, reinforcing articles and basalt fiber materials produktion, market and forecast in the CIS. Info Mine research group. Moscow. October (2011)
13. Pisciotta, B.V., Perevozcikov, B.M., et al.: Quality assessment of melanocratic basalt for mineral fiber product, southern Urals, Russia. Nat. Resour. Res. DOI 10.1007/ (2014)
14. Tatarintseva, O., Khodakova, N., Uglova, T.: Dependence of the viscosity of basalt melts on the chemical composition of the initial mineral materials. Glass Ceram. **68**(9–10), 323–326 (2012)

15. Fachat, G., Sistermann, K., Ungerer, H-J.: Einrichtung zur Herstellung von Mineralfasern aus silikatischen Rohstoffen insbesondere Basalt mit einem Viskositätsmodul von mindestens 1,5 nach dem Düsenblasverfahren. EP 0194606A1 (1986)
16. Makhova, M., Sergeev, V., et al.: Interrelationship between the viscosity of melts and the composition of rocks in glass fiber fabrication. Glass ceram. **47**(10) (1990)
17. Kaminskas, A.: Mineral fiber chemistry and technology. Ross. Khim. **47**(4) (2003)

26 Leachprozess

Glasfaserprodukte werden oft einem Weiterverarbeitungsprozess und einer Veredelung unterzogen. In einem Auslaugungsprozess (Leachprozess) werden unter anderem Hochtemperaturfasern hergestellt. Dem Auslaugungsprozess werden sowohl E-Glasfasern als auch Alkalisilikatglasfasern unterzogen. Faserprodukte aus einem säurebeständigen Glas sind dafür nicht geeignet.

Die Hochtemperaturfasern werden als lose Fasern, Vorgarne, Garne und Zwirne für die Herstellung von Packungen Schnüren Schläuchen, Bändern, Geweben und Nadelmatten eingesetzt. Als Herstellverfahren für die oben erwähnten Produkte kommt unter anderem die Webtechnik, Wirktechnik, Stricktechnik, Nadeltechnik (Vernadelung) zum Einsatz.

Aus den Hochtemperaturfasern (HT) werden unter anderen Abdeckplanen, Feuerlöschdecken, Isoliermatratzen hergestellt. Außerdem finden die HT-Fasern als Wärmeisoliermaterial im Hochtemperaturbereich wie z. B. in Gasturbinen in Müllverbrennungsanlagen u. a. ihre Anwendung. Die HT-Fasern kommen auch in der Hitze- und Funkschutztechnik (Schweißerkleidung) in der Gerätetechnik (Küchenherde), in der Automobilindustrie (Katalysator) und in Filtrationstechnik (Aluminium, Zink) zum Einsatz.

26.1 Auslaugung der E-Glasfasern

Die E-Glasfasern weisen eine mäßige Säurebeständigkeit auf (Säurebeständigkeitsklasse 3–4) auf. Darüber hinaus werden sie gerne dem Leachprozess unterzogen.

R. Teschner, *Glasfasern*, https://doi.org/10.1007/978-3-662-64123-1_26

Die Zusammensetzung der E-Glasfasern ist wie folgt:

- SiO_2: 53,5–55,5 Ma.-%
- Al_2O_3: 13,5–14,0 Ma.-%
- B_2O_3: 6,0–8,0 Ma.-%
- CaO: 19,0–22,5 Ma.-%
- MgO: 0,5–2,5 Ma.-%
- R_2O: < 2,0 Ma.-%

Die Auslaugung der Fasern erfasst folgende Einzelprozesse:

- Beschickung des Reaktors mit E-Glasfaserprodukten
- Thermochemische Extraktion
- Spülen + Neutralisieren
- Spülen
- Präparationsauftrag
- Schleudern
- Trocknen

Die thermochemische Extraktion der E-Glasfasern wird mit Hilfe von 10 bis 20 %-iger HNO_3 durchgeführt.

Als Präparation wird meistens eine Siliconölemulsion (z. B. Wacker E 110) aufgetragen.

Nach der Auslaugung weisen die Glasfasern folgende Zusammensetzung auf:

- SiO_2: 76,0–90,0 Ma.-%
- Al_2O_3: 4,0–8,0 Ma.-%
- B_2O_3: 2,0–4,0 Ma.-%
- CaO: 3,0–8,0 Ma.-%
- MgO: 1,0–4,0 Ma.-%
- R_2O: <0,5 Ma.-%

Die Fasern sind bis maximal 800 °C einsetzbar.

26.2 Auslaugung der Alkalisilikatglasfasern

Für die Herstellung von anspruchsvollen Hochtemperaturfasern wird das Leachverfahren von Alkalisilikatglasfasern benutzt.

Dem Leachprozess werden Alkalisilikatglasfasern mit folgender chemischen Zusammensetzung unterzogen:

- SiO_2: 65,0–75,0 Ma.-%
- Al_2O_3: 1,0–5,0 Ma.-%
- CaO: 0,0–1,0 Ma.-%
- Na_2O: 20,0–30,0 Ma.-%

Die vom Autor bevorzugte chemische Zusammensetzung der Leaching-Gläser zeigt die Tab. 26.1.

Wegen der starken Kontraktion des Glasnetzwerkes beim Leachen, sollte man darauf achten, dass der Gehalt an SiO_2 im Leachingglas nicht weniger als 72 Mol% und der Gehalt an Na_2O nicht mehr als 25,5 Mol % beträgt. Zu hohe Anteile an Na_2O und zu geringe Anteile an SiO_2 führen zum Zerbröseln der Fasern (Filamente) im Produktionsprozess. Dies betrifft die linienförmige Hochtemperaturglasfaserprodukte wie Rovings, Vorgarne (Glasstapelfaservorgarne), Hybridgarne, Zwirne. Für die Herstellung von Hochtemperaturkurzfasern werden, wegen der Querfragmentierung (Zerbröseln), Leachingsgläser empfohlen, die weniger als 71 Mol% SiO_2 und mehr als 25,5 Mol% Na_2O enthalten.

Die Alkalisilikatglasfasern als Glasstapelfaservorgarn werden meistens im Indirectmelt-Verfahren hergestellt. Für den Leachprozess sind Glasfaserprodukte mit einer flauschigen, voluminösen Struktur besonders gut geeignet.

Die Thermochemische Extraktion der Alkalisilicatglasfasern erfasst folgende Einzelprozesse:

- Beschickung des Reaktors
- Thermochemische Auslaugung
- Spülen der Fasern
- Präparationsauftrag
- Schleudern
- Trocknen

Tab. 26.1 Zusammensetzung der Leaching-Gläser

Oxide	Oxidgehalt					
	Glas 1		Glas 2		Glas 3	
	Ma.-%	Mol-%	Ma.-%	Mol-%	Ma.-%	Mol-%
SiO_2	69,0	69,9	70,0	70,9	71,4	72,5
Al_2O_3	3,10	1,85	3,10	1,85	2,55	1,53
Fe_2O_3	0,02	0,01	0,02	0,01	0,02	0,01
TiO_2	0,03	0,02	0,03	0,02	0,03	0,02
CaO	0,60	0,65	0,60	0,65	0,29	0,30
MgO	0,02	0,03	0,02	0,03	0,02	0,03
Na_2O	27,1	26,6	26,0	25,5	25,56	25,16
K_2O	0,01	0,01	0,01	0,01	0,01	0,01
F^-	0,30	0,95	0,30	0,96	0,13	0,42

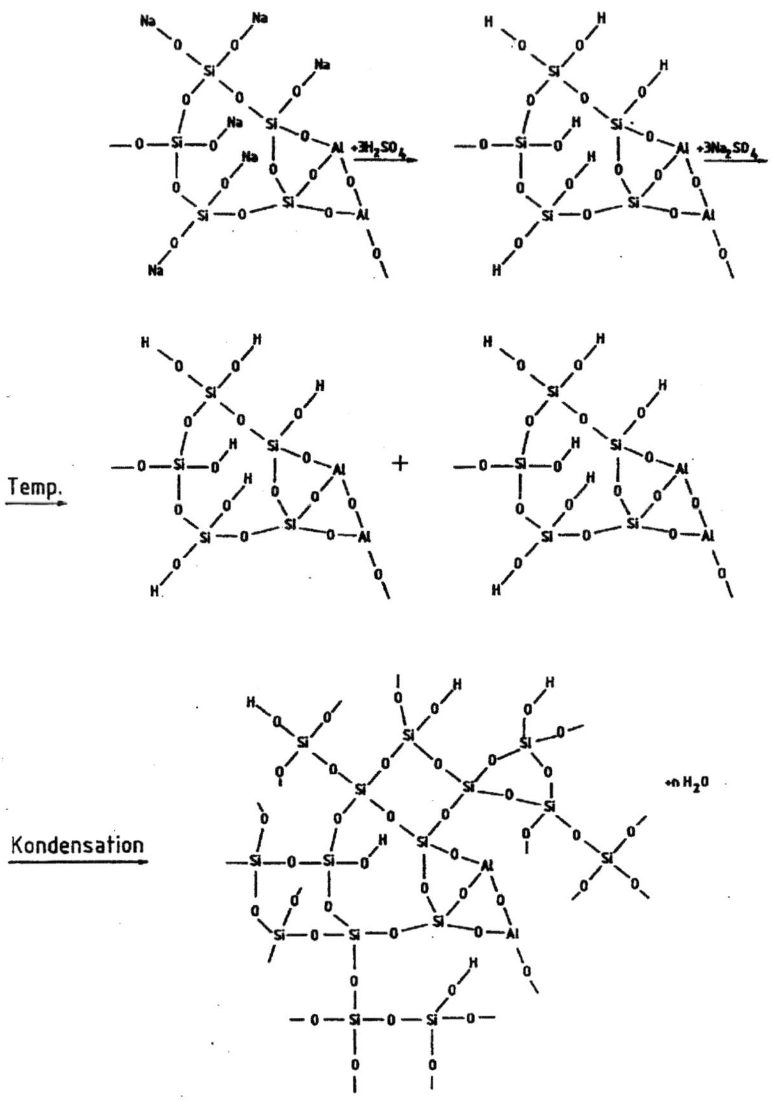

Abb. 26.1 Chemische Reaktionen bei der Herstellung von Hochtemperaturfasern im Leachverfahren

Die chemische Reaktionen und Phasenumwandlungen bei der Herstellung von Hochtemperaturfasern im Leachverfahren sind aus der Abb. 26.1 zu ersehen.

Die Extraktionslösungen und Prozessparameter für's Leachen der Alkalisilikatglasfasern wurden in der Tab. 26.2 zusammengestellt. Das vereinfachte Schema der Herstellung von Hochtemperaturfasern aus Alkalisilikatglasfaserprodukten zeigt die Abb. 26.2.

Tab. 26.2 Leachprozess der Alkalisilikatglasfasern, Extraktionslösungen und prozessparameter

Säure	Konzentration [Ma.-%]	Temperatur [°C]	Auslaug. Zeit [h]
HCL	15–20	40–60	6–10
H_2SO_4	5–25	60–90	1–2
HNO_3	10–20	70–90	1–3
HCOOH	30	50–70	10–12

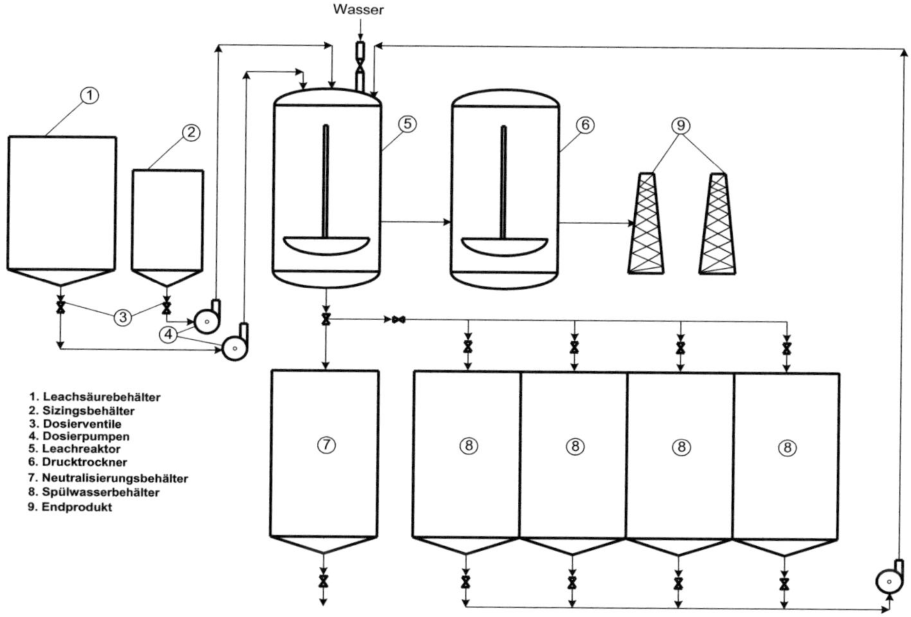

Abb. 26.2 Vereinfachtes Schema der Herstellung von Hochtemperaturfasern aus Alkalisilikatglasfaserprodukten

Als Sizing (Präparation) wird eine nichtionogene, wässrige Polydimethylsiloxan-Lösung E110 (Festkörperkonzentration $F_k = 1{,}75\ \%$) bzw. ein Polysiloxanfinish CT 208 E (Festkörperkonzentration $F_k = 3{,}3\ \%$) eingesetzt. Die allgemeine chemische Formel der Silikonöle lautet: $(CH_3)_3Si\text{-}[OSi(CH_3)_2]_n\text{-}OSi(CH_3)_3$.

Die mit den Silikonölemulsionen versehenen Fasern sind weich im Griff und weisen eine sehr gute Geschmeidigkeit auf. Diese Sizings sind unter anderem für die Produktion von Isolier- und Filtrierfasern gut geeignet. Wegen der schlechten Benetzung (harzabweisende Wirkung) sind sie für die Herstellung von Composits-Fasern nicht geeignet.

Gutgeleachte Fasern weisen nach der Auslaugung folgende Zusammensetzung auf:

- SiO_2: 92,0 – 95,0 Ma.-%
- Al_2O_3: 4,0 – 5,0 Ma.-%
- CaO: 1,0 – 2,0 Ma.-%
- Na_2O: <0,5 Ma.-%

Die Temperaturbeständigkeit der Faser beträgt 1000 bis 1100 °C.

27 Weben von Glasfasern

Im Webprozess werden die längslaufenden Kettfäden mit quer zugeführten Schussfäden an einer Webmaschine verkreuzt und zu einem Gewebe vereinigt. Die Fäden liegen dann in bestimmten Abständen über- und untereinander.

Die wichtigsten Vorrichtungen einer Webmaschine sind:

- Kettablassgetriebe
- Schusseintragsvorrichtung
- Fachbildungsvorrichtung
- Gewebeabzugsgetriebe
- Webmaschinenantrieb

Während des Webens müssen Kette und Gewebe in einer Ebene (Fachebene) in Arbeitsrichtung bewegt und dabei möglichst gleichbleibend straff gehalten werden.

Die Fachebene wird von der Lage des Streichbaumes (2), der Webschäfte (5) und des Brustverbinders bestimmt (s. Abb. 27.1).

Kette und Gewebe werden durch ein Gewebeabzugsgetriebe, das über den Gewebebaum (9) auf das Gewebe (7) wirkt, oder durch die Schubkraft, die beim Andrücken des Schussfadens ans Gewebe auftritt. Den dabei notwendigen Vorrat an Kettlänge hält der Kettbaum (1) bereit, während der Gewebebaum (9) das gefertigte Gewebe aufnimmt.

Gestrafft werden Kette und Gewebe durch die Kettablassvorrichtung. Diese setzt der Bewegungskraft des Gewebeabzugsgetriebes eine angemessene Kraft entgegen und erzeugt damit die zum Weben nötige Kettzugkraft.

Vom Schusseintragsmittel wird der Schussfaden ins Webfach eingetragen. Die Schusswechselvorrichtung an den Webmaschinen erlaubt das mustermäßige Eintragen verschiedener Schusssorten (verschiedene Feinheiten). Die Vorrichtung zum Schussfadennachschub versorgt das Schusseintragsmittel mit neuem Schussfadenvorrat, wenn

R. Teschner, *Glasfasern*, https://doi.org/10.1007/978-3-662-64123-1_27

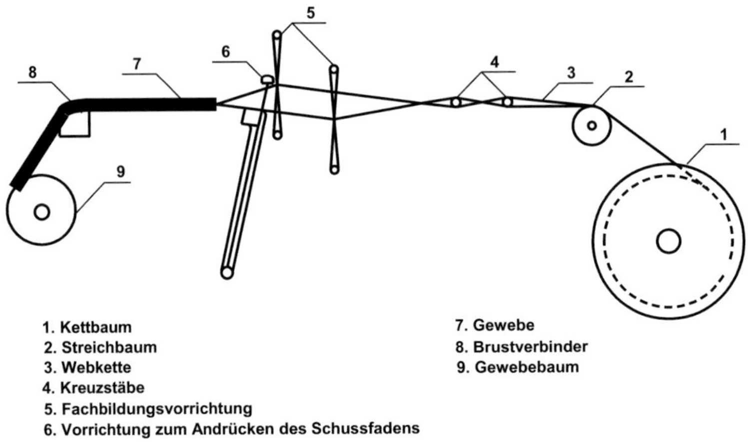

Abb. 27.1 Das Prinzip des Webprozesses

der vorangehende verbraucht ist. Diese Vorrichtung gewährleistet das kontinuierliche Weben an den Webautomaten.

Die Phasen des Webvorganges sind wie folgt:

- Webfach öffnen
- Schussfaden eintragen
- Webfach wechseln
- Schussfaden anschlagen

Der Aufbau des Glasfasergewebes wird von der Art der verwendeten Garne, von ihrer Feinheit, von der Fadendichte und von der Bindungsart bestimmt.

Bei Glasfasergeweben werden folgende Bindungsarten angewendet [1, 2]:

- Leinwandbindung (Taftbindung)
- Köperbindung
- Atlasbindung (Satinbindung)

Manchmal kommen Unidirektionalbindung (PP-Platten) und Dreherbindung (Putzträgergewebe) zum Einsatz.

Die Leinwandbindung ist die einfachste Gewebebindung mit der engsten Verkreuzung von Schuss und Kette. Durch die gleichmäßige Verkreuzung beider Fadensysteme entstehen zwei identische Gewebeseiten nach der Bindungsformel L 1/1. Die leinwandgebundenen Glasgewebe weisen eine sehr gute Schiebefestigkeit im Rohgewebe auf. Sie sind schlecht drapierbar und zeigen eine niedrige Steifigkeit im Laminat.

Die Köperbindungen mit ihrer Vielzahl von Variationen sind dadurch gekennzeichnet, dass die Bindungsstellen unmittelbar aneinanderstoßen und im Webbild diagonal verlaufende Grate (Köpergrate) entstehen. Je nach Abstand dieser Grate unterscheidet man Kreuzköpern, Eingrat-, oder Mehrgratköpern. Bei Glasfasergeweben wird die Kreuzköperbindung bevorzugt. Die Schiebefestigkeit der Schuss- und Kettfäden ist zwar geringer als beider Leinwandbindung aber derartige Gewebe sind sehr schmiegsam und dadurch vorteilhaft bei stark verformten Teilen. Um Deformierungen in Köpergratrichtung aufzuheben wird oft die Kreuzköperbindung (Köper 2/2 (engl. crowfoot) verwendet, bei der sich die Köpergratrichtung ständig ändert. Diese Bindungsart ergibt flexible Gewebe mit guter Drapierbarkeit (Verformbarkeit).

Der gerade Fadenanteil ist wesentlich größer als bei der Leinwandbindung. Daher lassen sich damit steife Laminate herstellen.

Atlasbindung (engl. satin) kennzeichnen regelmäßig verschobene Bindungspunkte, die sich an keiner Stelle berühren. Die Bindungspunkte liegen entsprechend einer bestimmten Ordnung im Bindungsrapport verteilt, nach der Bindungsformel A 1/4 oder A 1/7. Dies ergibt immer unterschiedliche Gewebeseiten. Um diese Bindung herzustellen, benötigt der Weber 5 bzw. 8 Fäden oder Schäfte (engl. harness). Daher wird auch im englischen Sprachgebrauch von „five“ oder „eight harness satin“ gesprochen. Atlas gebundene Gewebe ergeben die beste Steifigkeit im Laminat, sind aber arbeitsaufwendiger beim Tränken. Damit lassen sich erfolgreich sphärisch gewölbte Teile laminieren.

Das Prinzip des Webprozesses ist aus der Abb. 27.1 zu ersehen. Die wichtigsten Bindungsarten von Glasfasergeweben zeigt die Abb. 27.2.

Sowohl für den Webprozess als auch für den Herstellprozess der Faserverbundkunststoffe (FVK) sind die Schiebefestigkeit, die Verschneidbarkeit der Kett- und Schussfäden und die Drapierbarkeit von sehr großer Bedeutung. Infolge der häufigen Fadenverkreuzung ist die Schiebefestigkeit bei einer Leinwandbindung größer als bei der Köper- oder Atlasbindung. Dadurch ist auch die Handhabbarkeit des Gewebes besser. Häufige Fadenverkreuzung führt aber zu einer schlechten Drapierbarkeit des Gewebes. Darüber hinaus lassen sich sphärisch gewölbte Teile mit Atlas- oder Köperbindung leichter herstellen. Die Leinwandbindung wird für die Herstellung von Platten und von Elementen mit einer geringen Verformung bevorzugt.

Dünne Gewebe bis ca. 100 g/m^2 sind nur in Leinwand erhältlich. Als Schuss- und Kettfaden kommen Glasfilamentgarn, texturierte Garne, Glasroving, Glasstapelfasern und Kunststofffasern zum Einsatz. Für anspruchsvolle Anwendungen sind bestimmte mechanische Eigenschaften der Glasfasern nicht ausreichend. Für sehr hohe mechanische Beanspruchung werden oft Hybridwerkstoffe angefertigt als eine Kombination von Glas- und Kunststofffasern (z. B. mit Aramid-, Polyamid-, Polyester- oder Kohlefasern). Mischfasergewebe können sich in ihren Eigenschaften ergänzen und sind für bestimmte, hochbelastete Bauteile (z. B. Motorrad-Rennverkleidung, Surfboards etc.) besonders zu empfehlen.

Ein Kohle/Aramid-Laminat erhält durch die Kohlefaser eine hohe Steifigkeit und eine sehr gute Druckfestigkeit. Durch die Aramidfaser wird eine erhöhte Schlagzähigkeit erzielt. Üblich sind die Kombinationen Kohlenstoff/Aramid, Kohlenstoff/Glas und Kohlenstoff/Polyethylengarne (Dyneema®).

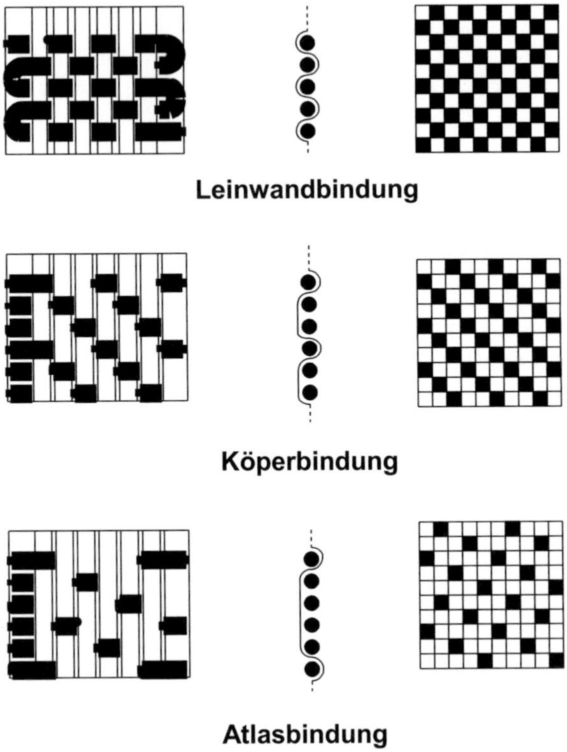

Abb. 27.2 Die wichtigsten Bindungsarten von Glasgeweben

Technologisch bedingt werden sowohl die Kett- als auch die Schussfäden werden mit einer Schlichte versehen (s. auch Kap. 20). Es kommen Textil- und Kunststoffschlichten zum Einsatz. Die Schlichten, insbesondere die Textilschlichten, beeinträchtigen die Haftung zwischen Fasern und Polymermatrix. Aus diesem Grund wird die textile Schlichte in einem Entschlichtungsprozess vom Gewebe entfernt und die Oberfläche mit einem Finish versehen. Ein Finish (meistens hydrolysierte Silane, die der Matrix angepasst werden) verbessert gravierend das Tränkverhalten, die Haftung und damit die mechanische Eigenschaften (Festigkeiten) der Composite. Einen Kompromiss zwischen Textilschlichte und Finish stellt die Kunststoffschlichte (silanhaltige Schlichte) dar.

Die Haftung der gefinishten Gewebe an Polymermatrix ist besser als die von Geweben mit Kunststoffschlichten und wesentlich besser als die von Geweben mit Textilschlichten. Meistens liegt die Flächenmasse von Geweben zwischen 40 und 1000 g/m^2 bei einer Dicke von 0,1 bis 1,2 mm. Sowohl die Flächenmasse als auch die Dicke von Geweben hängt von der Feinheit der verwendeten Fäden ab. Dabei wird Festigkeit der Faserverbundkunststoffe (FVK) durch die Flächenmasse von Geweben nur wenig beeinflusst. Ebenso der Faserdurchmesser der Filamente im Schuss- und Kettfäden wirkt sich nicht so stark auf die Festigkeit der Laminate aus.

Für die Verarbeitungseigenschaften von Geweben ist die Fadendichte (der Abstand der einzelnen Fäden bzw. Anzahl der Kett- und Schussfäden pro cm) von entscheidender Bedeutung. Je niedriger die Fadendichte desto geringer ist die Schiebefestigkeit, desto weicher ist der Griff des Gewebes. Dadurch verbessern sich die Schmiegsamkeit von Geweben und die Entlüftung bei Tränkung mit Harz.

Literatur

1. Schmidt, K.A.: Textilglas für die Kunststoffverstärkung. Zechner & Hüthig Verlag, Speyer (1972)
2. Selden, P.H.: Glasfaserverstärkte Kunststoffe. Springer, Berlin (1967)

Faserverbundwerkstoffe 28

In vielen Anwendungen, wo hohe mechanische Festigkeit und Steifigkeit bei geringem Gewicht gefordert wird, stößt man mit den konventionellen Werkstoffen an unüberwindbare Leistungsgrenzen. Erst neue Werkstoffe, insbesondere Faserverbundkunststoffe FVK-(Faserverbundwerkstoffe) ermöglichen eine Erweiterung der Leistungshorizonte in vielen Anwendungsbereichen (z. B. Luft- und Raumfahrt).

Die neuen Werkstoffe ermöglichen es, sowohl die Umwelt und Ressourcen zu schonen als auch durch Gewichtseinsparung (Minimierung der Wandstärke von Bauteilen) den Energieverbrauch zu reduzieren. Um optimale Gewichtseinsparung zu erreichen wird im Leichtbau Sandwichbauweise mit Wabenkern realisiert.

Ähnlich wie viele Naturmaterialien (Holz, Knochen, Spinnenseide) aufgebaut, werden auch Faserverbundkunststoffe konstruiert. Hauptziel dabei ist es, die Fasern optimal entlang der Kraftflusslinien anzuordnen um eine hohe Festigkeit und Steifigkeit mit geringstem Gewicht eines Bauteils zu vereinen [1].

Ein Verbundwerkstoff besteht aus mindestens zwei Materialien. Die Werkstoffeigenschaften des Verbundwerkstoffes vereinigen die Eigenschaften der einzelnen Bestandteile und sind von der Menge und von der Geometrie der Komponenten abhängig. Ein Faserverbundkunststoff besteht aus einer Polymermatrix und aus verstärkenden Fasern, welche im Bauteil die Hauptbelastung tragen [1].

28.1 Fasern und Matrices

Die Matrix als kontinuierliche Phase verleiht dem Faserverbundkunststoff sein Aussehen. Sie hält die Filamente in ihrer Position, verteilt und überträgt Spannungen zwischen den Fasern. Als Matrix werden überwiegend thermo- und duroplastische Polymere eingesetzt. Der Unterschied zwischen den beiden Polymerarten zeigt sich deutlich

R. Teschner, *Glasfasern*, https://doi.org/10.1007/978-3-662-64123-1_28

in ihrem Verhalten bei Temperatureinwirkung und beim Abkühlen. Die Thermoplaste erweichen bei Temperatureinwirkung (bis ca. 150 °C) und erhärten bei ihrer Abkühlung. Unter der Zersetzungstemperatur ist der Prozess reversibel. Nachteilig bei der Verwendung der Thermoplaste als Matrix ist die relativ hohe Viskosität als auch ihr ausgeprägtes, viskoelastisches Verhalten im Gebrauchstemperaturbereich. Die Duroplaste (Duromere) härten unter Temperatureinwirkung irreversibel aus und sind dann glasspröde.

Eine erneuerte Temperaturbehandlung unter der Zersetzungstemperatur verändert sie kaum. Als duroplastischer Matrixwerkstoff für Faserverbunde kommen ausschließlich Polyaddukte und Polymerisationsprodukte zum Einsatz, wobei die Präpolymere selbst oft durch Polykondensation hergestellt werden [2–4]. Es ist intuitiv verständlich, dass für eine gute Imprägnierung der Glasfaserprodukte, eine niedrige Harzviskosität vom großen Vorteil ist. Die Duromere im Vergleich zu Thermoplasten weisen höhere Festigkeiten, Härte und Formstabilität auf. Ein Nachteil der Duroplaste ist ihre ziemlich hohe Sprödigkeit. Ausgewählte physikalische Eigenschaften der meistbenutzten Matrices wurden in der Tab. 28.1 zusammengestellt [5–8].

Die Verstärkungsphase (Bewährung) im Faserverbundkunststoff bilden Fasern unterschiedlicher Herkunft. Für Faserverbundwerkstoffe werden meistens anorganische.

Fasern:	– Glasfasern	– Keramikfasern
	– Basaltsfasern	– Borfasern
Organische Fasern:	– Aramidfasern (Kevlar®)	– Polyethylenfasern
	– Polyamidfasern (Nylon)	– Polypropylenfasern
	– Karbonfasern	– Polyesterfasern
Und Naturfasern:	– Flachs-Fasern	– Holzfasern
	– Hanf-Fasern	– Sisalfasern

eingesetzt.

Tab. 28.1 Physikalische Eigenschaften der Matrices

Matrix		Physikalische Eigenschaften		
Polymer	Art des Polymers	Dichte [kN/m³]	E – Modul [GPa]	Zugfestigkeit [MPa]
Epoxidharz	Duroplast	13,0	3,8	65
Polyesterharz Phenolharz	Duroplast	12,0	3,5	60
Polyamidharz	Duroplast	12,8	3,4	50
Polycarbonat	Thermoplast	10,8	2,4	70
Polyethylen	Thermoplast	11,8	2,8	60
Polypropylen	Thermoplast	9,5	1,0	25
	Thermoplast	9,1	1,2	30

Ein Werkstoff in Faserform hat eine vielfach größere Festigkeit als das gleiche Material in anderer Form und je dünner die Faser umso höher ist die Festigkeit.

Einige physikalische Eigenschaften ausgewählter Fasern sind in der Tab. 28.9 zu finden.

Die mechanischen Eigenschaften der Faserverbundwerkstoffen sind hauptsächlich von:

– Faserart	– Geometrische Orientierung
– Fasermenge	– Positionierung im Querschnitt des FVK-s
– Faserdurchmesser	– Qualität der Matrix
– Faserpräparation	Abhängig

Die meisten, für die FVK-Herstellung vorgesehenen Fasern haben einen Durchmesser von 5 bis 16 µm. Um die Festigkeit in verschiedene Richtungen zu beeinflussen, werden oft anstatt kontinuierlichen bzw. geschnittenen Fasern, Gewebe oder Gelege verwendet.

Besonders gute mechanische Eigenschaften der FVK werden mit HiPer Tex-Glasfasererzeugnissen erreicht.

28.2 Aufbau der Faserverbundkunststoffe

Ein Verbundwerkstoff als Ganzes kann Spannungen aufnehmen, die die schwächere Komponente zerbrechen würde, während von der stärkeren Komponente im Verbund ein höherer Anteil seiner theoretischen Festigkeit übernommen werden kann, als wenn sie alleine belastet würde. Viele der Faserverbundkunststoffe werden in Form von Laminaten hergestellt. Sie werden unter anderem im Automobil- im Bootsbau und in der Luftfahrt eingesetzt. Sie gewährleisten die notwendige Festigkeit bei einer niedrigen Dichte des Werkstoffes. Den Aufbau einer Laminatschicht (*lat. Lamina* = Schicht) zeigt die Abb. 28.1 [2, 8, 9].

Ein Laminat aus faserverstärkten Kunststoffen besteht aus mehrere Einzelschichten, die dauerhaft festverbunden sind.

In einem unidirektionalen Laminat verlaufen die Fasern einzelner Schicht in eine Richtung, damit sie die Zugkräfte besonders gut aufnehmen können. Die einzelnen

Abb. 28.1 Einzelne Laminatschicht

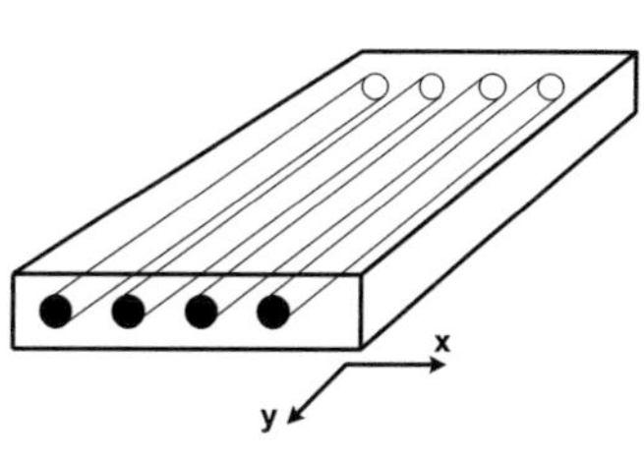

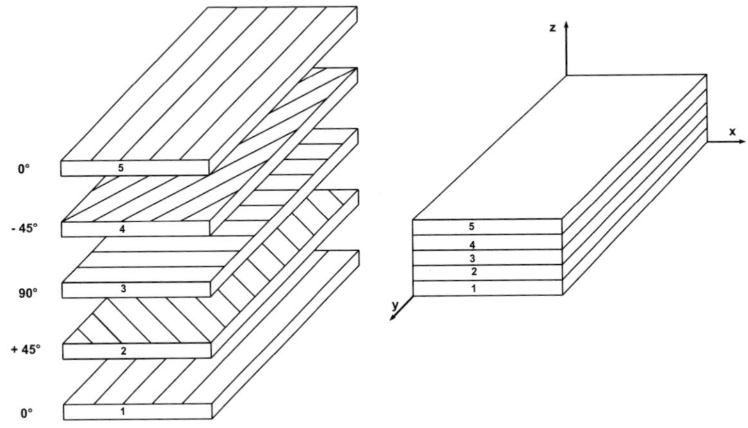

Abb. 28.2 Aufbau eines Laminats

Schichten sind im Faserlaminat üblicherweise in verschiedene Richtungen orientiert, um Belastungen in mehrere Richtungen aufnehmen zu können. Die Positionierung der Schichten und die Festigkeit in jede Richtung sind genau definierbar.

In der Charakteristik des Laminats werden präzise die Faserverlaufwinkel angegeben. Außer der unidirektionalen Laminaten kommen Gewebe- und Gelegelaminate zum Einsatz [10]. Der Aufbau eines Laminats, das aus mehreren Schichten besteht ist aus der Abb. 28.2 zu ersehen [2, 8, 9].

Um gewichtsreduzierte Sandwichbauteile (insbesondere für die Luftfahrt) zu bauen werden manchmal Hohlglasfasern, die eine exzellente spezifische Festigkeit aufweisen, eingesetzt. Die Fasern haben einen Durchmesser von 10 bis 12 µm und eine Wanddicke von 2,5 bis 3 µm. Durch die kapillare Struktur bieten die Holglasfaserverstärkte Kunststoffe eine hervorragende Schall- und Wärmedämmung. Für Militärzwecke ist die sog. Beschußfestigkeit dieser Faserverbundkunststoffe von großer Bedeutung (ein hohes Arbeitsaufnahmevermögen und eine hohe Schlagzähigkeit).

28.3 Ausgewählte Herstellmethoden von Faserverbundkunststoffen

Die Bestandteile eines Laminats kommen in verschiedenen Ausgangsformen zum Einsatz.

Das Verstärkungsmaterial wird als Roving, geschnittene Fasern, Gelege, Gewebe, Vlies oder in Bandagenform eingesetzt. Als Matrix kommen flüssige, pulverige oder faserige Polymere zum Einsatz. In diesem Vademekum werden nur Prepreg-, Pultrusion- und SMC-Technologie kurz erörtert.

28.3.1 Prepreg-Technologie

Die Bezeichnung „Prepreg“ stammt vom englischen preimpregnated, zu Deutsch vorimprägniert. Prepreg ist ein Halbzeug, das aus Endlosfasern (Roving, Gewebe, Gelege) und einer meistens duroplastischen Kunststoffmatrix besteht. Die Prepregs werden bahnförmig auf Rollen gewickelt und dann maschinell weiterverarbeitet. Im Gegenteil zu BMC (Bulk Molding Compound) und SMC (Sheet Molding Compound), die Kurzfasern (< 50 mm) benutzen, werden in Prepregs Endlosfasern und Endlosfaserprodukte (Gewebe, Gelege) eingesetzt.

Mit definierter Matrix getränkte Verstärkungsfasern als Streifen werden wie vorgeschrieben (Schichtanzahl, Faserorientierung) auf die Form aufgelegt.

Die Form wird mit einem Trennmittel beschichtet und mit Trenngewebe versehen.

Der Verbund wird dann entlüftet und mittels Autoklavtechnik oder Heißpresstechnik unter Druck und Hitze ausgehärtet. Als Verstärkungsfasern werden Glas-, Kohlenstoff-, Aramidfasern und daraus hergestellten Gewebe oder Gelege verwendet. Als Matrix dienen meistens Epoxid- oder Polyesterharze. Mittels dieser Technik hergestellten FVK werden überwiegend in der Luftfahrt- und Automobilindustrie als auch bei der Fertigung der Sportgeräte, der Rotorblättern für Windkraftanlagen und im Segelyachtbau eingesetzt. Die Produkte zeichnet eine sehr hohe Qualität und Homogenität.

28.3.2 Strangziehverfahren (Pultrusion)

Das Strangziehverfahren wurde 1954 vom Ernst Kühne in der Schweiz entwickelt. Diese Methode ist für die Herstellung von Konstruktionsteilen wie z. B. Rohre, Stäbe, Profile mit konstantem Querschnitt ausgezeichnet geeignet. Auch leicht gekrümmte Profile wie z. B. Hammerstiele können im Pultrusionsverfahren hergestellt werden. In diesem Verfahren werden Rovingstränge über eine Tränkwanne mit Harz geführt und imprägniert. Für eine gleichmäßige Verteilung der Rovingsbündel im Profil sorgt ein Kadiergitter. Die getränkten Rovingstränge durchlaufen mindestens zwei Vorformstationen, die das Faserharzgemisch immer näher an die gewünschte, endgültige Form heranführen. Die duroplastische Kunststoffmatrix wird im Verfahren kontinuierlich gehärtet, wobei die Endhärtung in der Endstation stattfindet. Der gesamte Prozess wird durch eine Ziehvorrichtung (Raupenabzug oder Greifervorrichtung), die das fertige Profil aus dem Härtungswerkzeug herauszieht, im Gang gehalten. Als Verstärkungsfasern werden Glas-, Kohlenstoff- und Naturfasern verwendet. Als Matrix dienen meistens Epoxid-, Polyester- und Vinylesterharze. Eine hohe Produktionsgeschwindigkeit und Automatisierung sorgen für niedrige Herstellkosten. Bei großen Profilquerschnitten muss unbedingt auf die gleichmäßige und konstante Wärmeverteilung und auf die Kontrolle der Härtungsreaktion der Matrix geachtet werden. Damit kann man der Schwindrissbildung (center cracks) vorbeugen.

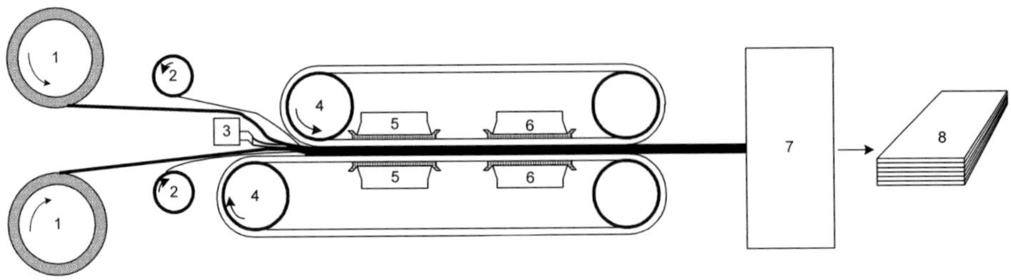

1.	Glasgewebe oder Gelege	5.	Thermobehandlung
2.	Thermoplastfolie	6.	Kühlung
3.	Extruder	7.	Heißpresse
4.	Doppelbandpresse	8.	Fertigprodukt

Abb. 28.3 Vereinfachtes Schema des Prepreg-Verfahrens

28.3.3 SMC – Technologie

Sheet Molding Compoud (SMC)) sind Faser-Matrix-Halbzeuge die Kurzfasern (< 50 mm) enthalten. In den teigartigen Pressmassen aus duroplastischen Reaktionsharzen liegen die Komponenten vorgemischt zur Weiterverarbeitung vor. Als Matrix werden hauptsächlich Polyester- oder Vinylharze verwendet. Die Verstärkungsfasern liegen überwiegend in Form vom geschnittenen Roving vor. Um die Schrumpfung zu reduzieren, enthalten die SMC-Massen mineralische Füllstoffe wie z. B. Kreide. Die Homogenisierung des mit einem Füllstoff versehenen Harzes und der Glasfasern erfolgt vollautomatisch. Die hergestellte SMC-Masse wird im Warm- oder im Heißpressverfahren zum fertigen Bauteil verarbeitet. Daraus werden überwiegend Karosserieteile (Kofferraumdeckel, Motorhauben, Traktordächer), Telefonzellen, Küchenspülen, Sportgeräte u. a. produziert. Das SMC-Heißpressverfahren ermöglicht sehr kurze Taktzeiten und eine hohe Produktivität. Schematische Darstellung von Prepreg-, Pultrusion- und SMC- Verfahren zeigen die Abb. 28.3, 28.4 und 28.5.

28.4 Einige High-Tech-Werkstoffe mit Glasfasern

In den letzten Jahren wurde eine Vielzahl von modernen Werkstoffen, die Glasfasern enthalten, entwickelt. Außer Glasfasern enthalten sie oft andere Zusätze, die die physikalischen Eigenschaften des Materials stimulieren. Die High-Tech-Werkstoffe zeichnet im Vergleich mit den herkömmlichen, hervorragende technische Parameter, die die höchsten Anforderungen erfüllen. Die neuen Werkstoffe haben die Lebensdauer und die Zuverlässigkeit der damit hergestellten Maschinenbauteile positiv beeinflusst.

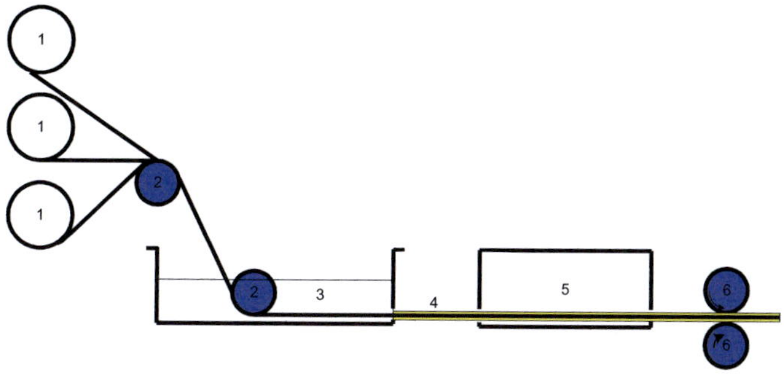

1.	Rovingspulen	4.	Imprägnierte Stränge
2.	Spannungs- und Umlenkwalzen	5.	Formung und Thermobehandlung
3.	Imprägnierungsbad mit Harz	6.	Ziehvorrichtung

Abb. 28.4 Vereinfachtes Schema des Pultrusionsverfahrens

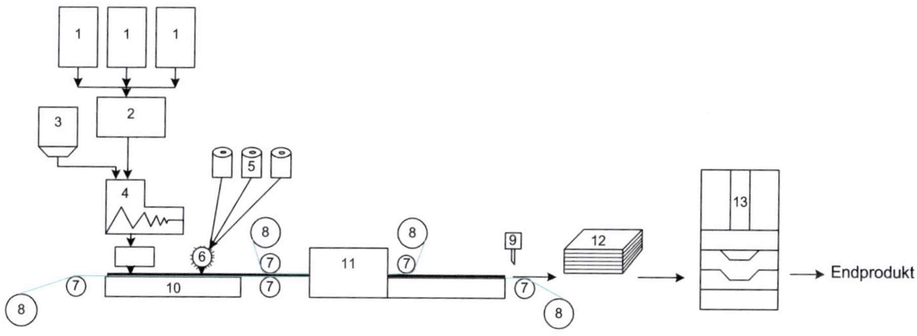

1.	Harzmischer	6.	Schneidevorrichtung	11.	Compounder
2.	Premix	7.	Umlenk- und Führungswalze	12.	Geschnittene SMC-Platten
3.	Füllstoff	8.	Folienwalze	13.	Heißpresse
4.	Extruder	9.	Schneidevorrichtung		
5.	Rovings	10.	Ablegeband		

Abb. 28.5 Schematische Darstellung des SMC-Verfahrens

1. Polyacetale (POM) – verstärkt mit 20 bis 30 % Glasfasern weisen eine hohe Steifigkeit, Härte, Zugfestigkeit Schlagzähigkeit und Kriechfestigkeit auf. Sie zeichnet außerdem gute Dimensionsstabilität, geringe Wasseraufnahme und zufriedenstellende Verschleißfestigkeit. Der Werkstoff wird zur Fertigung von Präzisionsmaschinenbauteilen eingesetzt.

2. Polyamid 6.6 (PA6.6) – verstärkt mit 30 % Glasfasern. Diesen Werkstoff zeichnet eine hohe Festigkeit, Steifigkeit, Dimensionsstabilität und ein hoher Verschleißwiderstand. Das Material kommt unter anderem für die Herstellung von Längslager, Führungs- bzw. Seilrollen und Zahnräder zum Einsatz.
3. Polytetrafluorethylen (PTFE) – verstärkt mit 25 % Glasfasern. Der Werkstoff bietet sehr gute Thermostabilität im Temperaturbereich –200 bis + 250 °C bei einer zufriedenstellenden Festigkeit. Bei guten Gleiteigenschaften und antiadhäsivem Verhalten, zeichnet ihn sehr gute chemische und thermische Beständigkeit. Das Material wird unter anderem für die Fertigung von chemisch und thermisch beständigen Gleitelementen im Maschinenbau eingesetzt.
4. Polyethylenterephthalat (PET) – verstärkt mit 20 % Glasfasern. Der glasfaserverstärkte Kunststoff weist eine sehr gute Steifigkeit, hervorragendes Gleitverhalten und gute Dimensionsstabilität auf. Er kommt unter anderem für die Herstellung von mechanisch belasteten Gleitteilen im Maschinenbau zum Einsatz.
5. Polyetheretherketon (PEEK) – verstärkt mit 30 % Glasfasern. Der Werkstoff bietet eine hervorragende Temperaturbeständigkeit und Dimensionsstabilität ($\alpha = 3{,}0 \cdot 10^{-5}\,K^{-1}$). Das Material zeichnet sehr gute mechanische Festigkeit, Steifigkeit und chemische Beständigkeit. Es wird für die Herstellung von mechanisch, thermisch und chemisch belasteten Maschinenbauteilen eingesetzt.
6. Phenolharz (PF) – verstärkt mit Glasfasergewebe weist exzellente Elektroisolationseigenschaften insbesondere einen niedrigen, dielektrischen Verlustfaktor auf (s. auch Abschn. 9.2). Die sehr gute Festigkeit als auch chemische Beständigkeit des Werkstoffes prädestinieren ihn für die Fertigung von mechanisch, chemisch und thermisch beanspruchten Konstruktionsteilen im Maschinenbausektor.

Manchmal für die Optimierung der Werkstoffeigenschaften kommt eine Kombination von glasfaserverstärkten und nicht verstärkten Kunststoffen zum Einsatz.

28.5 Mechanische Eigenschaften der Faserverbundkunststoffe

Zuverlässige Werkstoffdaten, die verlässliche Statikberechnungen erlauben, sind für den Konstrukteur sehr wichtig. Dabei spielen die mechanischen Eigenschaften (Festigkeit, Steifigkeit, Dehnung) der FVK, die richtungsabhängig (anisotrop) sind, eine entscheidende Rolle. Im Gegensatz zu Metallen sind die Festigkeitswerte, insbesondere die von glasfaserverstäkten Thermoplasten, schon im Raumtemperaturbereich, stark temperaturabhängig. Darüber hinaus ist es von großer Bedeutung, die Materialeigenschaften bei allen infrage kommenden Anwendungsparametern zu untersuchen und zu ermitteln. Dabei ist es wichtig sowohl Langzeittests bei statischer Beanspruchung durchzuführen als auch das Ermüdungsverhalten bei dynamischer Belastung zu untersuchen. Die mechanischen Eigenschaften werden hauptsächlich durch Fasern, die die Hauptbelastung übernehmen, bestimmt.

Faserverbundwerkstoffe stellen oft einen Mehrschichtverbund (Laminat), dessen Festigkeit von der Festigkeit einzelner Schichten abhängt, dar [2, 11, 12].

Die wichtigsten Parameter, die ein Laminat charakterisieren, sind:

1. Steifigkeitswerte der Fasern
   - E – Modul (längs E_1, quer E_2)
   - Schubmodul G_F
   - Faserdehnung ε_F
2. Steifigkeitswerte der Matrix
   - E – Modul E_M
   - Schubmodul G_M
   - Dehnung ε_M
3. Steifigkeitswerte der Laminatschicht
   - Schubmodul G_{xy}
   - Dehnung ε_{xy}
4. Faservolumenanteil V_F

Die spezifische Oberfläche F_s (m^2) der Glasfasern wird aus der mathematischen Formel: $F_s = \frac{4m}{D \cdot \rho_f}$ berechnet. Dabei ist:

m – Masse der Glasfilamente in [kg]
D – Glasfaserdurchmesser in [m]
ρ_f – Glasdichte in [kg/m^3]

Für Filamente mit einem durchschnittlichen Faserdurchmesser von 10 µm und mit einer Glasdichte von 2620 kg/m^3 (E-Glas), beträgt die spezifische Oberfläche:

$$F_s(1kg) = \frac{4 \cdot 1}{10 \cdot 10^{-6} \cdot 2620} = \frac{400}{2,62} \approx 153m^2;\ \mathrm{F}_s \approx 153\ \mathrm{m^2/kg}$$

Für 8 µm-Fasern aus demselben Glas, liegt die spezifische Oberfläche bei 191 m^2/kg.

Die Fasermasse m_F (g/m^2) und die Schichtdicke d_e (mm) lassen sich für die Einzelschicht wie folgt berechnen:

$$\mathrm{m_F(g/m^2)} = \text{Fadenfeinheit (tex)} \times \text{Fadendichte (1/cm)} \times 10^{-1}$$

$$\mathrm{d_e(mm)} = \frac{\mathrm{m_F(g/m^2)}}{\rho_\mathrm{F}(\mathrm{g/cm^3}) \cdot \mathrm{V_F}} \cdot 10^{-3} \text{ bzw. de (mm)}$$

$$= \frac{\mathrm{m_F(g/m^2)}}{\rho_\mathrm{F}(\mathrm{kg/m^3}) \cdot \mathrm{V_F}} \text{ z. B. } \mathrm{V_F} = 40\% = 0{,}4$$

ρ_F – Dichte der Fasern in g/cm^3 oder in kg/m^3
ρ_M – Dichte der Matrix

Die Dichte von FVK (ρ_C) lässt sich leicht aus der additiven Beziehung:

$$\rho_C = V_F \cdot \rho_F + (1 - V_F) \cdot \rho_M \quad \text{errechnen.}$$

Bei einem Glasfaseranteil von 40 %, einer Glasdichte – 2,6 g/cm^3 und einer Matrixdichte von 1,2 g/cm^3, beträgt die Dichte des FVK´s – 1,76 g/cm^3.

Die Grundlage der Berechnung für faserverstärkte Kunststoffe stellt die Laminattheorie (CLT- *classical laminate theory*) dar. Dabei ist die Analyse der Schichtspannungen der Laminataufbauten unerlässlig [2, 9, 13, 14].

Für die Berechnung gelten folgende Annahmen:

- Fasern und Matrix sind bis zu ihrer Zerstörung linear elastisch (s. Abb. 28.6)
- Das Laminat ist dünn und liegt in der x,y-Ebene
- Die Laminatdicke ist konstant
- Die Einzelschichten sind ideal miteinander verbunden

Das Spannung-Dehnung-Diagramm für linear-elastische Fasern und Matrix zeigt die Abb. 28.6

Bevor die Laminatberechnung durchgeführt wird, müssen erst die Kennwerte für Einzelschichten ermittelt werden. Dabei gilt [3, 5, 6, 11, 15]:

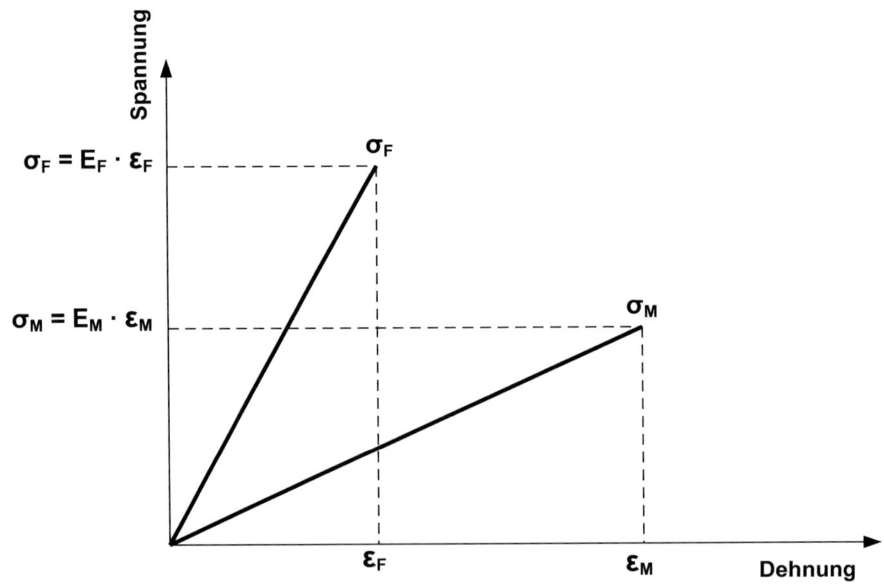

Abb. 28.6 Spannung-Dehnung-Diagramm für linear-elastische Fasern und matrix

$$\mathrm{E}_1 = V_F \cdot E_F + (1 - V_F) \cdot E_M \qquad \mathrm{E}_2 = \frac{E_M \cdot E_F}{V_F \cdot E_M + (1 - V_F) \cdot E_F}$$

$$\mathrm{G}_{\mathrm{xy}} = \frac{G_M \cdot G_F}{V_F \cdot G_M + (1 - V_F) \cdot G_F} \qquad \varepsilon_{\mathrm{xy}} = V_F \cdot \varepsilon_F + (1 - V_F) \cdot \varepsilon_M$$

Der thermische Ausdehnungskoeffizient α eines unidirektionalen Faserverbundes (s. Abb. 28.1) lässt sich mit guter Übereinstimmung mit den gemessenen Werten, wie folgt errechnen:

$$\alpha_1 = \frac{V_f \cdot E_f \cdot \alpha_f + \left(1 - V_f\right) \cdot E_m \cdot \alpha_m}{V_f \cdot E_f + \left(1 - V_f\right) \cdot E_m}$$

$$\alpha_2 = V_f \cdot \alpha_f + (1 - V_f) \cdot \alpha_m + V_f \cdot \alpha_f \cdot \vartheta_f + (1 - V_f) \cdot \alpha_m \cdot \vartheta_m - \left[V_f \cdot \vartheta_f + \left(1 - V_f\right) \cdot \vartheta_m\right] \cdot \alpha_1$$

α_1 – Ausdehnungskoeffizient in Faserrichtung
α_2 – Ausdehnungskoeffizient – quer

Bei einer elastischen Verformung von unidirektionalen Faserverbunde, durch angelegte Zugspannung, kommt es senkrecht zur Ausdehnung zu einer Querkontraktion, die die Poissonzahl ϑ wieder gibt. Sie ist eine Funktion der elastischen Dehnung, des Faseranteiles und ist Richtungsabhängig. Die Poissonzahlen ϑ_x (längs und quer) eines unidirektionalen Faserverbundes lassen sich aus folgenden Formeln berechnen [17]:

$$\vartheta_1 = V_f \cdot \vartheta_f + \left(1 - V_f\right) \cdot \vartheta_m$$

$\vartheta_2 = \vartheta_1 \cdot \frac{E_2}{E_1}$ [bei Kunststoffverstärkung mit Kurzfasern, die gleichmäßig in alle Richtungen verteilt sind (statistische Verteilung), gilt $\mathrm{E}_1 \approx \mathrm{E}_2$ und $\vartheta_1 \approx \vartheta_2$].

ϑ_1 – Poissonzahl parallel zur Zugrichtung
ϑ_2 – Poissonzahl senkrecht der Zugbeanspruchung

Bei der Berechnung der Bruchspannung (σ_1) unidirektionaler Faserverbunde gilt es neben der Richtungsabhängigkeit zwei unterschiedliche Werkstoffkombinationen zu unterscheiden. Dabei ist zu berücksichtigen, dass die Bruchdehneng der polymeren Matrix höher ist als die Bruchdehnung der Fasern [17]. Die Druckfestigkeit von unidirektionalen Faserverbunde mit niedrigem Fasergehalt (bis 20 %) lässt sich gut aus der Gleichung [17]:

$$\sigma_1 = 2V_f \cdot \sqrt{\frac{E_m \cdot E_f \cdot V_f}{3(1 - V_f)}}$$

abschätzen.

Für höhere Fasergehalte ist es besser folgende Formel zu benutzen:

$$\sigma_1 = \frac{G_m}{1 - V_f}$$

Die errechneten Werte für den E-Modul (längs) und für die Querkontraktion stimmen mit den Messergebnissen gut überein. Unterschiede ergeben sich beim Quermodul E_2 und bei dem G_{xy} – Schubmodul. Darüber hinaus sollte man für die Berechnung dieser Parameter, die von Puck [13] modifizierten Formeln benutzen:

$$E_2 = \frac{E_M^* \cdot (1 + 0{,}85V_F^2)}{V_F \cdot E_M^*/E_F + (1 - V_F)^{1{,}25}} \quad \text{wobei } E_M^* = \frac{E_M}{(1 - \varepsilon_M^2)}$$

$$G_{xy} = \frac{G_M \cdot (1 - 0{,}6V_F^{0{,}5})}{V_F \cdot G_M/G_F + (1 - V_F)^{1{,}25}}$$

In der Berechnung der Laminataufbauten lassen sich sowohl die Steifigkeiten als auch die Festigkeiten von Einzelschichten ermitteln.

Faserbruch (FB) im Laminat bedeutet das Versagen einer Einzelschicht infolge der Zug- oder Druckspannungen (σ_1) in Faserrichtung. Die Bruchfläche verläuft quer zur Faserrichtung durch die gesamte Einzelschicht. Bei Zugspannungen als Versagensursache, reißen die Filamente der Einzelschicht aufgrund zu hoher Zugbeanspruchung. Bei Druckbeanspruchung als Ursache des Versagens, knicken die Fasern der Einzelschicht aus. Bei Versagen zerreisen oder ausknicken alle Fasern der Schicht. Die Laminatbeanspruchung und Faserbruch durch Zug- bzw. Druckspannungen (längs) wurde auf der Abb. 28.7 dargestellt [15].

Beim Zwischenfaserbruch (ZFB) versagt die Einzelschicht in Faserrichtung, wobei die Bruchfläche durch die Matrix oder entlang der Faser/Matrix-Grenzfläche verläuft. Ursache für den Zwischenfaserbruch sind Zugspannungen (σ_2) quer zu Faserorientierung

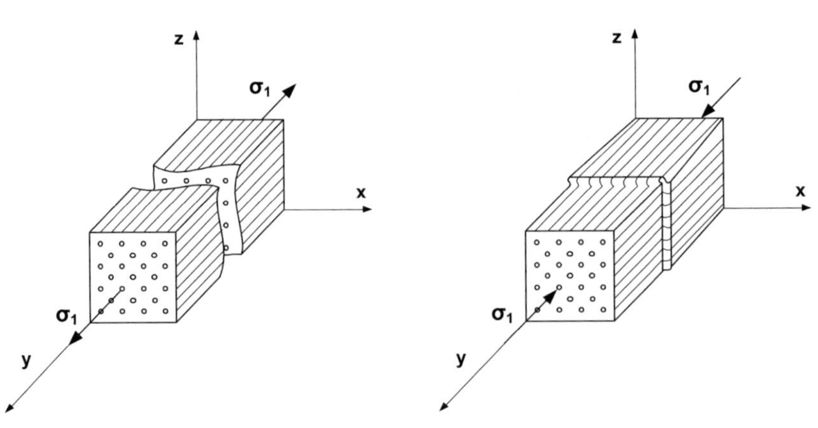

Abb. 28.7 Faserbruch durch Zug- oder Druckspannungen

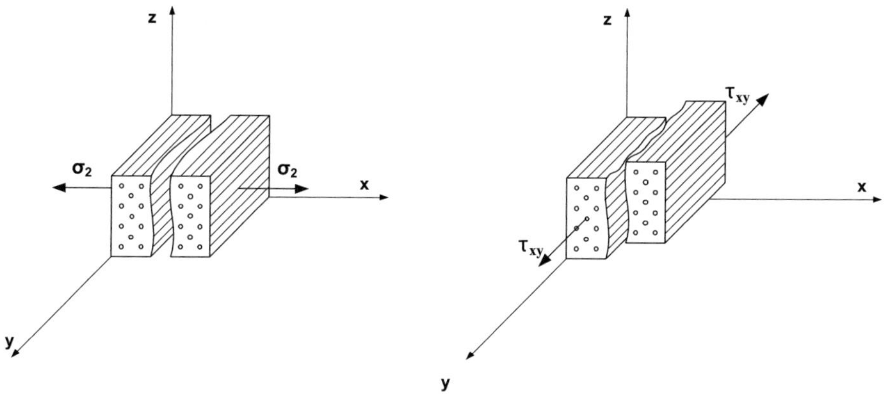

Abb. 28.8 Zwischenfaserbruch durch Zugspannungen (quer) bzw. durch Schubspannungen

oder Schubspannungen (τ). Beide können auch zusammen wirken und zum Versagen des Laminats führen. Die Laminatbeanspruchung und Zwischenfaserbruch durch Zugspannungen (quer) und durch Schubspannungen zeigt die Abb. 28.8 [15].

Die Festigkeiten allein wirkender σ_1, σ_2 und τ Spannungen lassen sich für unterschiedliche Einzelschichten experimentell ermitteln. Bei mehrachsigen Spannungszuständen führt die Interaktion mehrerer Beanspruchungen zum Versagen.

In dem Fall bedient man sich Versagenshypothesen, die das Versagen der Einzelschicht durch einen mathematischen Zusammenhang zwischen den gemeinsam wirkenden Beanspruchungen beschreiben.

In zahlreichen Applikationen wie z.b. SMC, BMC finden Kurzfasern (< 50 mm) als Verstärkungsmaterial ihre Anwendung. Dabei kommt außer dem Faserbruch und dem Zwischenfaserbruch, das Herausziehen der Faser aus der Matrix als Versagensmechanismus zur Geltung. Welcher der Mechanismen auftritt, hängt von der Faserlänge (l) vom Faserdurchmesser (D) und von der Scherfestigkeit (τ) der Faser-Matrix-Grenzfläche ab.

Zahlreiche Faserverbundwerkstoffe bestehen aus festen, spröden Fasern und einer eher duktilen Kunststoffmatrix (5). Die Spanungs-Dehnungs-Kurve von FVK zeigt die Abb. 28.9

Ab der plastischen Verformung der Matrix wird die Belastung überwiegend durch die Fasern, die sich linear dehnen, getragen. Beim Faserbruch fällt die Spannung auf die Streckgrenze der duktilen Matrix. Es ist intuitivverständlich, wenn am Ende die Matrix versagt, wird der FVK komplett zerstört.

Für die Festigkeit eines Faserverbundwerkstoffes entscheidend ist der Spitzenwert der Spannung kurz vor dem Faserbruch bei plastisch verformter Matrix.

Die Zugfestigkeit R_m eines langfaserverstärkten Composites hängt von der Streckgrenze der Matrix (R_e^m) von Faserzugfestigkeit $\left(R_m^f\right)$ und vom Volumenanteil der Fasern V_f ab.

$$R_m = V_f R_m^f + (1 - V_f) R_e^m$$

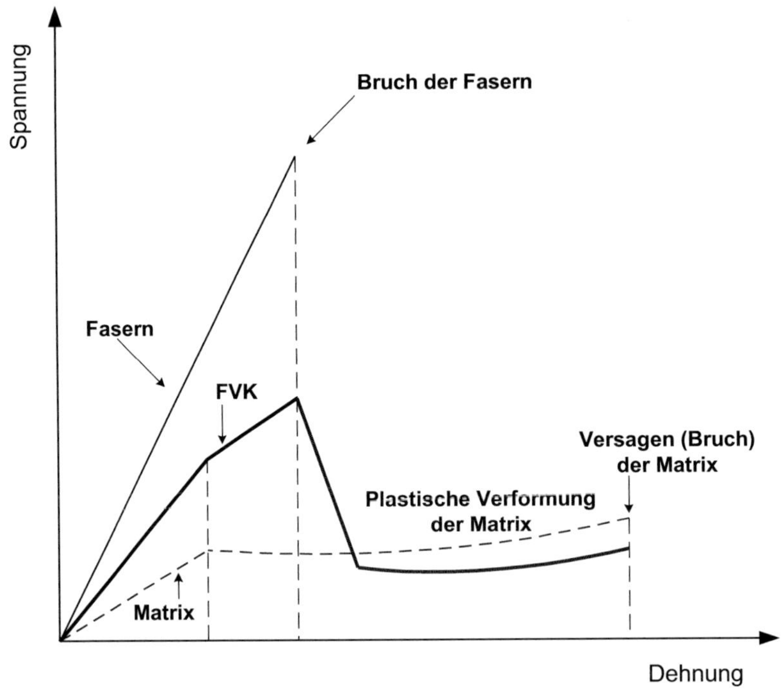

Abb. 28.9 Spannungs-Dehnungs-Kurve eines langfaserverstärkten Kunststoffes

Die Abhängigkeit der Zugfestigkeit eines langfaserverstärkten FVK vom Volumenanteil der Fasern ist auf dem Bild 28.10 zu sehen.

Die Abhängigkeit der FVK-Festigkeit vom Faservolumen zeigt (s. Bild 28.10), dass zu wenig Fasern im Composite sich negativ auf seine Zugfestigkeit auswirkt. Wie es aus der Abb. 28.10 hervorgeht, muss immer ein kritischer Volumenanteil der Faser überschritten werden, damit eine effektive Verstärkung erreicht werden kann.

Bei Kurzfaserverstärkung (< 50 mm), die genauso effektiv sein kann, muss unbedingt darauf geachtet werden, dass die Faserlänge einen kritischen Wert (l_C) übersteigt.

Nur ab einer bestimmten Länge l_C (kritische Faserlänge), kann die Spannung übertragen werden, ohne dass die Fasern aus der Matrix herausgezogen werden.

Die Spannungsverteilung in Kurzfasern in Abhängigkeit von Faserlänge zeigt die Abb. 28.11

Die kritische Faserlänge l_C lässt sich aus dem Kräftegleichgewicht zwischen Zug- und Scherspannung wie folgt errechnen:

$$\frac{\pi D^2}{4} \cdot \sigma_F = \pi D l_C \cdot \tau \quad \Rightarrow \quad \sigma_F \cdot D = 4 l_C \cdot \tau$$

$$l_C = \frac{\sigma_F \cdot D}{4\tau}$$

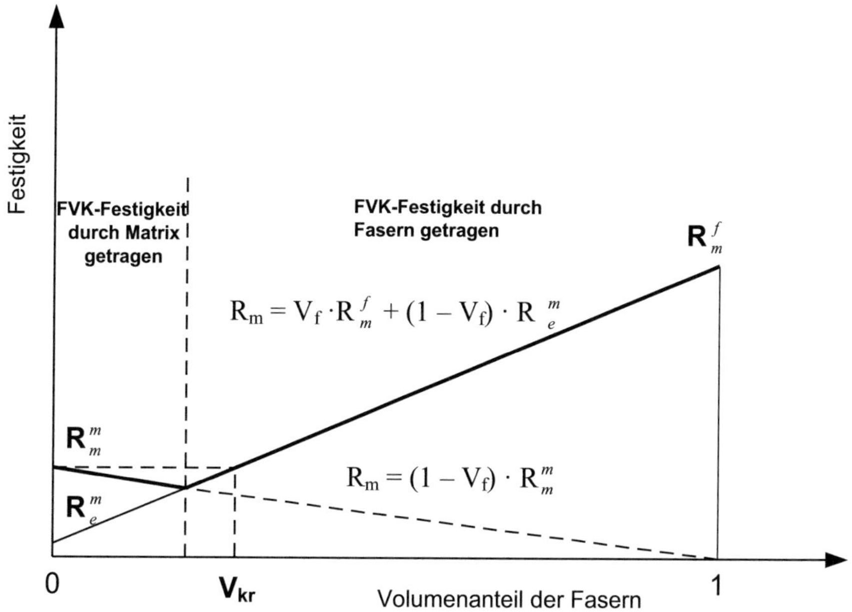

Abb. 28.10 Abhängigkeit der Zugfestigkeit eines langfaserverstärkten FVK vom Volumenanteil der Fasern. (R_m^m – Bruchfestigkeit der Matrix)

Solange die Faserlänge geringer als die kritische ist, führt eine Verlängerung der Fasern zur Festigkeitssteigerung von FVK. Wird die kritische Faserlänge erreicht, ist die weitere Festigkeitszunahme gering.

Die optimale Verstärkung (optimale Festigkeit) wird bei einer Faserlänge von $l = 2l_C$ erreicht und auf diese $2l_C$ – Länge sollte man die Fasern schneiden. Die Druckfestigkeit von Faserverbundwerkstoffen ist geringer als ihre Zugfestigkeit. Es liegt daran, dass die Fasern im FVK unter Druckbelastung knicken (s. Abb 28.12). Für Druckbelastung sind die spröden Keramiken den FVK überlegen. Für Zugbelastungen sind dagegen die FVK ausgezeichnet geeignet.

Der Risswiderstand G_C zugleich die Risszähigkeit K_C des Faserverbundwerkstoffes lässt sich aus der Beziehung:

$$G_C = \frac{V_f}{2d} \cdot \tau_m \cdot l^2 \text{ berechnen.}$$

Dabei geht man davon aus, dass l kleiner ist als die kritische Länge $2l_C$. Wenn l größer ist als $2l_C$, werden die Fasern nicht herausgezogen, sondern brechen stattdesen [19]. Die optimale Risszähigkeit erzielt man, wenn in der o.a. Gleichung die l durch $2l_C$ ersetzt wird. Dann erhält man am Ende:

$$G_C = \frac{V_F \cdot d \cdot (R_m^f)^2}{8\tau_m}$$

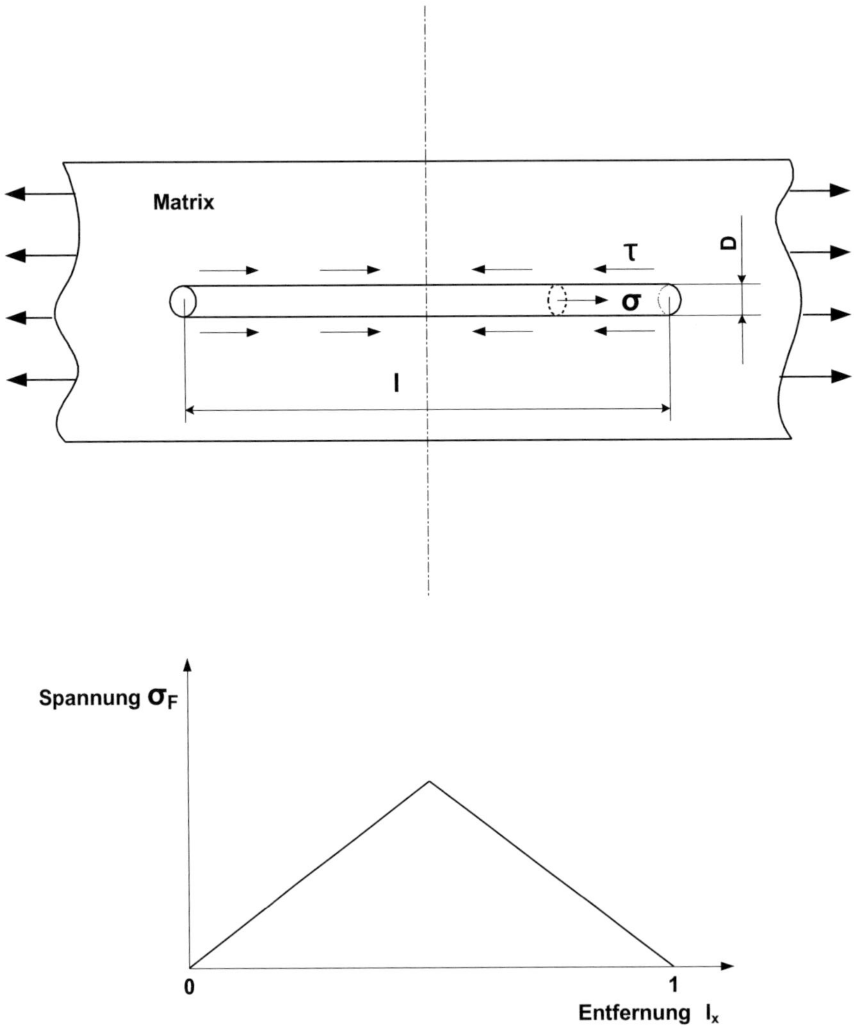

Abb. 28.11 Spannungsverteilung im FVK unter Berücksichtigung der Faserlänge

Der aus der Gleichung errechnete Risswiderstand des FVK ist 10 Mal höher als der G_C-Wert der Matrix und ca. 500 Mal größer als der Risswiderstand der Fasern. Dies zeigt, wie wertvoll als Konstruktionsmaterial die Faserverstärkte Kunststoffe sind.

Die Festigkeitsberechnungen bedürfen der Einbeziehung spezieller Bruchkriterien und experimentell ermittelter Festigkeitskennwerte. Im Allgemeinen sind die mechanischen Eigenschaften (Zug- und Biegefestigkeit, E-Modul) eines Faserverbundkunststoffes sowohl von der Qualität und Quantität der Fasern als auch von der Qualität der Matrix abhängig. Dabei spielen die Qualität der Schlichte und der Laminataufbau eine wichtige Rolle. Bei derselben Matrix und Matrixmenge, derselben Schlichte und

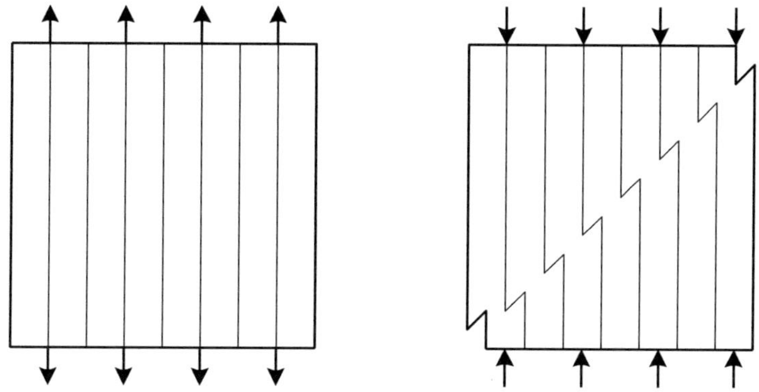

Abb. 28.12 FVK unter Zug- und Druckbelastung

demselben Laminataufbau ist die Festigkeit eines FVK-s umso höher, je dünner die Faser und je höher die Einzelfilamentfestigkeit. Eine, mit dem System Fasern-Matrix nicht kompatible Schlichte, vermindert sehr stark die Festigkeitswerte des Laminats. Die Einzelheiten über die Berechnung von Laminataufbauten aus faserverstärkten Kunststoffen findet Leser in der Fachliteratur.

Außer anorganisch-, organisch- und naturfaserverstärkten Kunststoffen gibt es auch Faserkeramik-Verbundwerkstoffe und Metall-Matrix- Composits (18).

28.6 Faserkeramik-Verbundwerkstoffe

Man kann nicht nur Kunststoffe, sondern auch keramische Werkstoffe mit Fasern verstärken, um ihre Zähigkeit zu erhöhen. Dabei sind Zähigkeiten von mehr als $10\,\mathrm{MPa}\cdot\sqrt{m}$ zu erreichen. Eine andere Methode, die Sprödigkeit von keramischen Werkstoffen zu reduzieren ist die allgemeinbekannte Cermet-Technologie.

Die meisten Keramiken, die hauptsächlich ionisch und kovalent gebunden sind, verfügen über einen enormen Gitterwiderstand und über eine hohe Härte. Der Gitterwiderstand begrenzt das Gleiten an der Spitze eines anwesenden Risses und trägt zur Verstärkung der Spannung und Fortpflanzung der Risse bis zum Sprödbruch. Die Plastizität in der Rissspitze einer Keramik ist kaum vorhanden. Dadurch ist die Risszähigkeit eines keramischen Werkstoffes im Vergleich mit duktilen Metallen sehr gering. Für das Kriterium einer instabilen Ausbreitung eines Risses der Länge „a“ bei angelegter Spannung „σ“ gilt:

$$\frac{\sigma^2 \cdot \pi \cdot a}{E} = \mathrm{G_I} \text{ oder } \Delta\sqrt{\pi \cdot a} = \sqrt{E \cdot G_I} \tag{28.1}$$

E – Elastizitätsmodul des Materials

$$\mathbf{K_I} = 6\sqrt{\pi \cdot a} = \sqrt{E \cdot G_I}) \quad \rightarrow K_I{}^2 = E \cdot G_I \rightarrow G_I = \frac{K_I^2}{E}$$

Die linke Seite der Gl. (28.1) besagt, dass Sprödbruch einsetzt, wenn in einem Material, das einer Spannung 6 ausgesetzt ist, ein Riss die kritische Größe a erreicht.

Auf der rechten Seite der Gl. (28.1) $(\sqrt{E \cdot G_I})$, stehen die Materialeigenschaften.

$K_I =$

$$\mathbf{K_I} = 6\sqrt{\pi \cdot a}$$

ist als Spannungsintensitätsfaktor definiert. G_I wurde als Zähigkeit oder als Energiefreisetzungsfaktor des Materials bezeichnet. Ein Sprödbruch kommt zustande, wenn der Spannungsintensitätsfaktor einen kritischen Wert von.

$K_{IC} =$

$$\mathbf{K_{IC}} = 6_C\sqrt{\pi \cdot a}$$

überschreitet. Dies ist der Fall, wenn die kritische Spannung

$$6_C$$

erreicht wird. Die kritische Spannung bezeichnet man als Festigkeit R_m (Zug-, Druckfestigkeit) eines Materials. K_{IC} ist eine Materialkonstante, die mit anderen Materialkonstanten wie mit dem E-Modul zusammenhängt. Das ist ein wichtiger Parameter, der für die Beurteilung der Werkstofffestigkeiten, insbesondere für Keramiken, entscheidend ist. Je höher der K_{IC}-Wert ist desto größer ist die Spannung, die der keramische Werkstoff aushält, bevor ein Sprödbruch eintritt. Darüber hinaus ist es verständlich, dass der Sprödbruch von der Anzahl und Länge der vorhanden Rissen von der mechanischen Belastung und von den physikalisch-chemischen Eigenschaften des Werkstoffes abhängig ist. Werkstoffe mit einem sehr hohen Gitterwiderstand und mit einem niedrigem Zähigkeitswert (G_{IC}) sind spröde und sehr anfällig gegen Sprödbruch. Die Zähigkeit der keramischen Werkstoffe lässt sich durch Zugabe von Fasern, die in der Keramik statistisch verteilt sind, deutlich erhöhen. Die Fasern reduzieren nicht nur die Neigung zur Rissbildung und zur Ausbreitung (Fortpflanzung) der Risse, sondern erhöhen auch die Festigkeit der keramischen Werkstoffe. Dabei ist zu beachten, dass die Transformationstemperatur ($\lg\eta = 13{,}3$) der Fasern höher liegt als die maximale Sintertemperatur im Brennprozess. Man unterscheidet spröde ($K_{IC} < 5$) und zähe ($K_{IC} \geq 5$ MPa$\cdot\sqrt{m}$) Keramikwerkstoffe. Die Beispiele von spröden und zähen Keramiken

Tab. 28.2 Spröde und zähe Keramikwerkstoffe

Spröde Keramiken	Zähe Keramiken
$K_{IC} < 5\ MPa \cdot \sqrt{m}$	$K_{IC} \geq 5\ MPa \cdot \sqrt{m}$
Al_2O_3 SiC B_4C	ZTA ZrO_2 Si_3N_4

sind in der Tab. 28.2 zu finden. Für die Berechnung vom K_I-Faktor von Si_3N_4 und ZrO_2 kann man der Formel:

$$K_{IC} = 0,035\left(\frac{l}{a}\right)^{-0,5} \cdot \left(\frac{Hv}{E\theta}\right)^{-0,4} \cdot \left(\frac{Hv \cdot a^{0,5}}{\theta}\right) \quad \text{bedienen.}$$

l – Risslänge
a – Hälfte der Diagonale vom Abdruck bei der Härtemessung
Hv –Vickers-Härte
E – E-Modul
θ – Konstante (für Si_3N_4 und $ZrO_2 \approx 3$)

Die K_{IC}-, G_{IC}-, ρ-, R_m und E- Werte ausgewählter Materialien wurden in der Tab. 10.3 zusammengestellt. [19, 20]

ZTA – Zirkoniumoxidverstärktes Al_2O_3 (Zirconia Toughened Alumina).

Keramiken besitzen die niedrigste Zähigkeit (sehr geringe Energieaufnahmekapazität bei Ausbreitung der Risse). Die höchste Zähigkeit zeichnet Metalle, deren Duktilität die Ausbreitung der Risse stark begrenzt. Es ist eben die Plastizität an der Rissspitze, die den Metallen ihren großen Risswiderstand verleiht.

In der plastischen Zone der Risse, wird die Energie intensiv absorbiert und dadurch die Ausbreitung der Risse stark erschwert (19,20). Die meisten Metalle, die bei Raumtemperatur eine hervorragende Zähigkeit besitzen, werden bei niedrigen Temperaturen zunehmend spröde. Kupfer, Aluminium und Blei behalten ihre Duktilität auch bei niedrigen Temperaturen. Die Zähigkeit der Polymere liegt im mittleren Bereich. Für Polymere ist charakteristisch, dass sie einen geringen E-Modul und einen geringen Spannungsintensitätsfaktor (Bruchzähigkeit) K_{IC} aufweisen. Gravierend ändern sich die mechanischen Eigenschaften der Polymere, wenn sie mit Fasern (z. B. mit Glasfasern) verstärkt werden (s. Tab. 10.3 – Epoxidharz und glasfaserverstärktes Epoxidharz). Technologisch bedingt enthalten die keramischen Werkstoffe immer Poren, Mikroporen, Risse und strukturelle Defekte. Die Beeinträchtigung der mechanischen Eigenschaften (Festigkeitswerte) der Keramik durch Anwesenheit von Poren und Mikroporen ist nicht so gravierend, insbesondere wenn sie klein und gut abgerundet sind. Viel gefährlicher sind Mikrorisse, die makroskopisch nicht zu sehen aber die fast immer vorhanden sind. Sie bilden sich während des Herstellprozesses infolge unter anderem von unterschiedlicher Wärmeausdehnung der kristallinnen und amorphen Phasen, die zusätzlich noch unterschiedliche E-Module aufweisen. Ein Strukturmodell der keramischen Werkstoffe zeigt das Abb. 28.13.

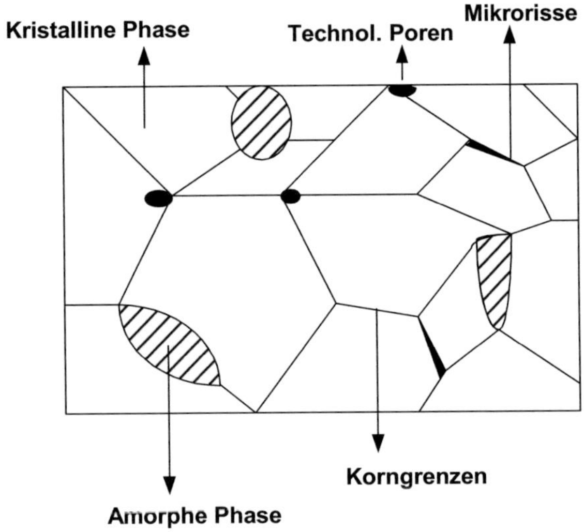

Abb. 28.13 Modell der Struktur von keramischen Werkstoffen

Ein plötzlicher Sprödbruch, entstanden durch instabile Rissausbreitung ist sehr gefährlich, weil er ohne Vorwarnung erfolgt. Die Bruchlinie verläuft entweder entlang der Korngrenzen in der amorphen Phase oder durch die Kristalle und durch die amorphe Phase. Im Gegenteil zur Keramik, zeigen die Faserkeramik-Verbundwerkstoffe eine gewisse Duktilität, die dem Bruchverhalten der Metalle ähnelt. Die Spannungskonzentrationen führen nicht zum spröden Bruch sondern werden an den Rissen und Mikroporen abgebaut (Relaxation). Die sehr teuren Faserkeramik-Verbundwerkstoffe kommen fast nur in der Luft- und Raumfahrtbereich zum Einsatz.

28.7 Metall-Matrix-Composits (MMC)

Diese Verbundwerkstoffe bestehen aus einer metallischen Matrix (Metalllegierung) und einem Verstärkungsmaterial. Als metallische Matrix werden überwiegend Aluminiumlegierungen eingesetzt. Kupfer und Magnesium werden seltener verwendet. Als Verstärkungsphase kommen zum Einsatz:

- Kurz- und Langfasern u. a. aus Al_2O_3 und SiO_2
- Isometrische Partikeln u. a. aus Al_2O_3 und SiC
- Whiskers u. a. aus Al_2O_3 und SiC
- Mischungen die sowohl Partikeln als auch Fasern enthalten (u. a. aus Al_2O_3, SiO_2, SiC und Whiskers).

Bei der Fertigung von MMC werden erst keramische Halbzeuge mit einer hohen Porosität von 25 bis 75 % hergestellt (gesintert). Die keramischen Vorkörper werden dann bei

500–600 °C einem Metallinfiltrationsprozess unterzogen. Die metallische Schmelze durchdringt dabei das poröse Material und erstarrt darin beim Kühlen. Durch gezielte Auswahl des Verstärkungsmaterials (Partikeln, Fasern bzw. deren Mischungen) und metallischer Matrix ist es möglich, die geforderten, ausgezeichneten Eigenschaften des Endproduktes zu erreichen. Die Modifikationen(Varianten) der MMC-Werkstoffe ermöglichen folgendes:

- Gewichtsreduzierung der Bauteile
- Erhöhung der Festigkeit
- Verbesserung der Verschleissbeständigkeit
- Anpassung der thermischen Dehnung
- Verbesserung der thermischen Stabilität
- Verbesserung des Bruchverhaltens.

Die MMC- Materialien finden ihre Anwendung u. a. im KFZ-Bereich (Zylinderlaufflächen, Bremsbelege, Lager, Trägerplatten), im Sportartikelbereich (Fahrradrahmen, Schlagkopf des Golfschlägers) und in der Elektronik (Kühlplatten).

E-Glas: Aluminium-Borosilikatglas mit einem geringen Anteil an Alkalioxiden (< 2 Ma.-%) und guten Elektroisolationseigenschaften. Geeignet für die Herstellung von gedruckten Schaltungen und für die Kunststoffverstärkung.

C-Glas: Alkali-Erdalkali-Borosilikatglas mit hoher chemischer Widerstandsfähigkeit. Besonders geeignet für die Herstellung von Filtrierfasern, Batterieseparatoren und Isoliererzeugnissen.

S-Glas: Magnesium-Aluminiumsilikatglas als Spezialglas für hohe mechanische Anforderungen insbesondere bei erhöhter Temperatur.

A-Glas: Alkali-Kalksilikatglas, das speziellen Anwendungen dient. Wird selten für die Glasfaserherstellung eingesetzt.

D-Glas: Borosilikatglas mit sehr hohem B_2O_3 -Gehalt. Wird als Spezialglas für erhöhte dielektrische Anforderungen eingesetzt. Weist eine niedrige Permittivitätszahl (3,8–4,1 bei 1 MHz) und einen niedrigen Ausdehnungskoeffizient ($\alpha < 4.0 \cdot 10^{-6}\ K^{-1}$) auf.

R-Glas: Erdalkali-Aluminium-Silikatglas. Wird für hohe mechanische und thermi sche Anforderungen eingesetzt. Weist auch bei erhöhter Temperatur hohe Zugfestigkeit auf. Der Softening Point dieses Glases liegt bei ca. 980 °C.

AR-Glas: Natrium-Zirkonsilikatglas. Weist eine sehr gute Alkalibeständigkeit auf. Wird für die Herstellung von Glasfasern für Beton, Mörtel und Estriche eingesetzt.

ECR-Glas: Aluminium-Kalksilikatglas mit einem sehr geringen Anteil an Alkalioxiden. Weist hohe Säurebeständigkeit und gute mechanische und elektrische Eigenschaften auf. Wird für anspruchsvolle Kunststoffverstärkung eingesetzt.

Tab. 28.3 Chemische Zusammensetzung ausgewählter Faserglastypen [16]

Oxide	Glastype (Oxide in Ma.-% - Richtwerte)							
	E-Glas	C-Glas	S-Glas	A-Glas	D-Glas	R-Glas	AR-Glas	ECR-Glas ADVANTEX
SiO_2	55,0	66,0	65,0	67,5	74,0	60,0	62,0	61,0
Al_2O_3	14,0	4,0	25,0	3,5	–	24,4	0,8	13,0
TiO_2	0,2	–	–	–	–	–	–	–
B_2O_3	7,0	5,0	–	1,5	22,5	–	–	–
CaO	22,0	14,0	–	6,5	–	9,0	5,5	22,5
MgO	1,0	3,0	10,0	4,5	–	6,0	–	3,0
Na_2O	0,5	7,5	–	13,5	1,5	0,5	15,0	–
K_2O	0,3	0,5	–	3,0	2,0	0,1	–	0,5
Li_2O	–	–	–	–	–	–	–	–
ZrO_2	–	–	–	–	–	–	16,7	–

Die Abkürzungen für bestimmte Glas- und Glasfaserarten sind wie folgt:

- A-Glas (A = Apparatus)
- C-Glas (C = Corrosion)
- E-Glas (E = Electric)
- M-Glas (M = Modulus)
- S-Glas (S = Strength)
- AR-Glas (AR = Alkaline Resistant)
- D-Glas (D = Dielectric)
- ECR-Glas (ECR = E-Glass Corrosion Resistant)
- R-Glas (R = Resistante)

Die chemische Zusammensetzung von einigen Fasern und Gläser und ihre Eigenschaften sind in Tab. 28.3, 28.4, 28.5, 28.6, 28.7, 28.8, 28.9, 28.10 zu finden

Die Tab. 28.10 berücksichtigt nicht die Streckgrenzwerte R_e bzw. die Dehnungsgrenzen R_p, die für Metalle und seine Legierungen von großer Bedeutung sind.

Tab. 28.4 Eigenschaften ausgewählter Glasfasern

Eigenschaften	Glasfasern				
	E-Glas	R-Glas	ECR-Glas	Advantex®	S-Glas
Dichte [kg/m³]	**2620**	**2550**	**2670**	**2620**	**2480**
Ausdehnungskoeffizient [K⁻¹]	**$5{,}4 \cdot 10^{-6}$**	**$4{,}1 \cdot 10^{-6}$**	**$5{,}9 \cdot 10^{-6}$**	**$6{,}0 \cdot 10^{-6}$**	**$2{,}0 \cdot 10^{-6}$**
Viskosität:					
- Erweichungspunkt [°C]	**850**	**950**	**880**	**915**	**1050**
Zugfestigkeit (10 µm) [MPa]	**3450**	**3400**	**3450**	**3500**	**4890**
E-Modul [GPa]	**72,0**	**85,0**	**72,0**	**81,0**	**87,0**
Dehnung [%]	**4,8**	**4,6**	**4,8**	**4,6**	**5,7**
Permittivitätszahl bei 1 MHz	**6,6**	**6,0**	**6,9**	**6,8**	**5,3**

Tab. 28.5 Chemische Zusammensetzung der im Buch zitierten Gläser

Oxide	Glassorte (Oxide in Ma.- %)							
	JMS C Glas	JM 902	JMS SP 111	E-Glas PPG	Owens-Corning Advantex	HiPer Tex	Schott Duran 8330	R-Glas
SiO_2	62,9	67,2	74,7	55,5	61,0	62,4	81,0	64,6
Al_2O_3	5,1	1,8	6,1	13,7	13,0	18,8	2,0	16,0
TiO_2	–	–	0,02	0,25	0,05	–	–	1,0
B_2O_3	6,3	7,0	10,4	5,3	–	–	13,0	–
CaO	6,2	4,5	0,6	22,5	22,0	8,23	–	11,5
MgO	3,7	3,5	–	1,1	3,0	9,6	–	4,8
Li_2O	0,2	–	–	–	–	–	–	0,2
Na_2O	14,0	15,6	7,1	0,4	0,04	0,92	4,0	0,25
K_2O	1,0	0,4	1,0	0,7	0,4	–	–	–
Fe_2O_3	0,07	–	0,03	0,3	0,35	0,05	–	0,16
SO_3	0,14	0,15	–	0,1	0,05	–	–	–
ZnO	–	–	–	–	–	–	–	1,2

Tab. 28.6 Spurenelemente in C-Gläser

Glassorte	Spurenelemente in mg/kg (ppm)						
	Cl^-	PbO	CdO	HgO	As_2O_3	Sb_2O_3	Cr_2O_3
C-Glas	200–300	10–40	0,02–5,0	0,01–1,0	0,5–3,0	0,1–8,0	5,0–100

Tab. 28.7 Chemische Zusammensetzung ausgewählter C-Gläser

Oxide	Glassorte (Oxide in M a.- %)					
	JMS C-Glas	JM 902	Lauscha	Haselbach	China Lang Fang	China Changzhou
SiO_2	62,9	67,2	64,7	68,0	63,0	67,0
Al_2O_3	5,1	1,8	3,2	3,3	5,0	6,2
TiO_2	–	–	0,02	–	0,05	–
B_2O_3	6,3	7,0	5,5	1,3	6,0	–
CaO	6,2	4,5	6,5	8,0	6,0	9,5
MgO	3,7	3,5	2,9	3,0	3,6	4,2
Li_2O	0,2	–	–	–	–	–
Na_2O	14,0	15,6	15,2	13,0	14,5	11,9
K_2O	1,0	0,4	0,9	3,2	1,0	0,2
Fe_2O_3	0,07	–	0,06	0,1	0,35	0,3
SO_3	0,14	0,15	–	0,3	–	–

Tab. 28.8 Zusammensetzung ausgewählter E-Gläser

Oxide	E-Glaszusammensetzung Ma.-%								
	Ahlström	China Lang Fang	China Chengdu	Oschatz	PPG	Saint Gobain	Valmiera	Stupino	Skloplast (alt)
SiO_2	53,8	53,7	54,1	53,7	55,5	53,4	52,0	52,8	54,1
Al_2O_3	14,0	13,8	14,3	13,5	13,7	13,6	13,6	15,0	14,1
TiO_2	0,3	0,2	0,3	0,1	0,25	0,12	0,40	0,30	0,35
B_2O_3	7,3	8,4	8,8	8,4	5,3	7,95	9,0	8,5	5,8
CaO	23,3	21,8	16,6	22,2	22,5	22,4	23,3	22,0	23,0
MgO	0,3	1,0	4,6	0,3	1,1	0,55	0,80	0,6	1,2
BaO	–	–	–	0,05	–	0,04	–	-	-
Na_2O	0,6	0,99	0,2	0,23	0,38	0,51	0,14	0,2	0,2
K_2O	0,1	0,17	0,6	0,12	0,66	0,28	0,44	0,6	0,6
Fe_2O_3	0,25	0,30	0,3	0,20	0,32	0,16	0,30	0,3	0,3
F^-	0,05			0,41	0,21	0,01	–	<0,3	0,2
SO_3	0,02			0,42	0,10	0,44	0,10		0,02

Tab. 28.9 Vergleich der physikalisch-chemischen Eigenschaften des C- und E-Glases als auch C- und E-Glasfasern

Eigenschaften	C-Glas	E-Glas
1. Chemische Zusammensetzung	**Ma.-%**	**Ma.-%**
SiO_2	62,9	55,5
Al_2O_3	5,1	13,7
TiO_2	-	0,25
B_2O_3	6,3	5,3
CaO	6,2	22,5
MgO	3,7	1,1
Na_2O	14,0	0,4
K_2O	1,0	0,7
Li_2O	0,2	-
Fe_2O_3	0,07	0,3
SO_3	0,14	0,1
F^-	0,5	0,2
2. Glasdichte (kg/m^3)	2523	2622
3. Fixpunkte (°C)		
Annealing Point (10^{13} dPas)	540	675
Softening Point ($10^{7,6}$ dPas)	680	850
Working Point (10^4 dPas)	930	1110
Fiberising Point ($10^{2,8}$ dPas)	1120	1275
4. Chemische Glasbeständigkeit		
Wasserbeständigkeit	kl. 3	kl. 2
Säurebeständigkeit	kl. 3	kl. 4
Laugenbeständigkeit	kl. 2	kl. 2
5. Zugfestigkeit/Bulkglas (MPa)	78,9	105,5
6. E-Modul/Bulkglas (MPa)	$76{,}6 * 10^3$	$79{,}7 * 10^3$
7. Oberflächenspannung σ_{1200} (mN/m)	315	384
8. Faserzugfestigkeit – 14µm (MPa)	1950	2200
9. Zugbruchdehnung – 14µm (%)	3,82	3,90
10. Zugelastizitätsmodul – 14µm (MPa)	$51 * 10^3$	$57 * 10^3$
11. Kanzerogenitätsindex K_i	21,0	2,6

Tab. 28.10 Physikalische Eigenschaften ausgewählter Werkstoffe (Durchschnittswerte)

Werkstoff	Dichte [kg/m³]	E-Modul [GPa]	Zug-festigkeit [MPa]	Zugbruch-dehnung [%]	Ausdehnungskoeffizient [K^{-1}]	Wärmeleit fähigkeit W/mK	Massenbezog Zugfestigkeit	Massenbezog E-Modul
E-Glasfaser (14μm)	2600	80	2200	4,5	$6{,}0 \cdot 10^{-6}$	1,2	0,85	0,03
Carbonfaser	1900	400	4000	1,7	$1{,}0 \cdot 10^{-6}$	20,0	2,11	0,21
Kevlar® HM	1450	130	2900	1,9	$-4{,}1 \cdot 10^{-6}$	0,4	2,0	0,09
SiC-Faser (β-SiC; 15μm)	3200	200	2800	3,5	$4{,}3 \cdot 10^{-6}$	84,0	0,88	0,06
Epoxidharz	1300	3,8	65	2,0	$90{,}0 \cdot 10^{-6}$	0,30	0,05	0,003
Polyesterharz	1200	3,5	60	1,0	$80{,}0 \cdot 10^{-6}$	0,25	0,05	0,003
Polyethylen-hart	950	1,0	25	500	$170{,}0 \cdot 10^{-6}$	0,50	0,03	0,001
Polypropylen	910	1,2	30	400	$140{,}0 \cdot 10^{-6}$	0,22	0,03	0,001
Aluminium-legierung	2700	70	200	26	$23{,}0 \cdot 10^{-6}$	220	0,07	0,03
Magnesium-legierung	1745	44	170	24	$24{,}0 \cdot 10^{-6}$	170	0,10	0,03
Stahl	7900	200	500	22	$26{,}0 \cdot 10^{-6}$	60,0	0,06	0,02

Literatur

1. Michaeli, W., Wegener, M., Begemann, M.: Einführung in die Technologie der Faserverbundwerkstoffe. Carl Hanser, München (1989)
2. Flemming, M.; Roth, S. :Faserverbundbauweisen. Mechanische, konstruktive, thermische, elektrische, ökologische, wirtschaftliche Aspekte. Berlin-Heidelberg-New York: Springer (1992).
3. Flemming, M., Roth, S., Ziegmann, G.: Faserverbundbauweisen. Halbzeuge und Bauweisen. Springer, Berlin (1996)
4. Lauke, B.; Bunzel, U.; Schneider, K. : Composites, Part A, 29 A, Heft 11, 1998. s. 1397–1410.
5. Ashby, M.F., Jones, D.R.H.: Engineering Materials. Butterworth-Heinemann Ltd. Elsevier, Oxford (1986)
6. Flemming, M., Roth, S., Ziegmann, G.: Faserverbundbauweisen: Fertigungsverfahren mit duroplastischer Matrix. Springer, Berlin (1998)
7. Flemming, M., Ziegmann, G., Roth, S.: Faserverbundbauweisen. Fasern und Matrices. Springer, Berlin (1995)
8. German, J.: Podstawy mechaniki kompozytów włóknistych. Wyd. Politechniki Krakowskiej, Kraków (1996).
9. Ledermann, Ch.: Zusammenfassung der Laminattheorie. ETH Zürich (2005).
10. Chen, J.H.; Schulz,E. At al.: Effect of fibre content on the interlaminar fracture toughness of unidirectional glass-fibre/polyamide composite. Composite, Part A 30 (1999).
11. Ehrenstein, G.W.: Faserverbund-Kunststoffe: Werkstoffe, Verarbeitung, Eigenschaften. Carl Hanser, München (2006)
12. Schürmann, H.: Konstruieren mit Faser-Kunststoff-Verbunden. Springer (2007).
13. Puck, A.: Festigkeitsanalyse von Faser-Matrix-Laminaten. Modelle für die Praxis. München, Wien: Carl Hanser (1996).
14. Richet, P.: Heat capacity of silicate glasses. Chem. Geol. 62 (1987).
15. R&G Faserverbundwerkstoffe GmbH: Faserverbundwerkstoffe Handbuch; Edition 06/2009.
16. DIN 1259; (2001-09) : Glas.
17. Bonnet, M.: Kunststoffe in der Ingenieuranwendung. Wiesbaden, GWV Fachverlage, Vieweg + Teubner (2009)
18. Brevier: Technische Teramik. Verband der Keramischen Industrie e.V. Informationszentrum Technische Keramik. Fahner Verlag, Selb (2003) s. 63–64.
19. Ashby M.F; Jones D.R.H.: Werkstoffe 2. Metalle, Keramiken und Gläser, Kunststoffe und Verbundwerkstoffe. Spektrum-Verlag. Heildelberg (2007).
20. Ashby, M.F., Jones, D.R.H.: Ingenieurwerkstoffe. Springer, Berlin (1986)

Übungsaufgaben

29

1. Berechnen Sie die Oberflächenspannung eines S-Glases (Glas mit sehr hoher mechanischer und thermischer Beständigkeit) bei 1300 °C. Die chemische Zusammensetzung des S-Glases als auch die Oxidfaktoren σ_i sind in der u. a. Tabelle zu finden.

Oxide	Ma.-Anteile der Oxide [%]	σ_{i}_ Faktoren
SiO_2	65	340
Al_2O_3	25	620
MgO	10	660

   Lösung: 426 mN/m

2. Berechnen Sie die Oberflächenspannung eines D-Glases (Glas mit hervorragenden dielektrischen Eigenschaften) bei 1200 °C. Die chemische Zusammensetzung des Glases als auch die Oxidfaktoren σ_i sind in der u. a. Tabelle zu finden.

Oxide	Ma.-Anteile der Oxide [%]	σ_{i}_ Faktoren
SiO_2	74,0	340
B_2O_3	22,5	80
Na_2O	1,5	150
K_2O	2,0	10

   Lösung: 260 mN/m

3. Berechnen Sie die Oberflächenspannung eines E-Glases (Glas mit günstigen Elektroisolationseigenschaften bei 1200 °C. Die chemische Zusammensetzung des Glases als auch die Oxidfaktoren σ_i sind in der u. a. Tabelle zu finden.

R. Teschner, *Glasfasern*, https://doi.org/10.1007/978-3-662-64123-1_29

Oxide	Ma.-Anteile der Oxide [%]	σ_i_ Faktoren
SiO_2	55,0	340
Al_2O_3	14,0	620
B_2O_3	7,0	80
CaO	22,0	480
MgO	1,0	660
Na_2O	1,0	150

Lösung: 381 mN/m

4. Berechnen Sie die Dichte eines Borosilikatglases (E-Glas). Die chemische Zusammensetzung des Glases als auch die Oxidfaktoren ρ_i sind in der u. a. Tabelle zu finden.

Oxide	Ma.-Anteile der Oxide [%]	ρ_i- Faktoren
SiO_2	55,0	0,441
Al_2O_3	14,0	0,372
B_2O_3	7,0	0,460
CaO	22,0	0,222
MgO	1,0	0,232
Na_2O	1,0	0,324

Lösung: $\rho = 2{,}623\ g/cm^3 = 2623\ kg/m^3$

5. Berechnen Sie den linearen Ausdehnungskoeffizienten eines S-Glases im Temperaturbereich von 0–100 °C. Die chemische Zusammensetzung des Glases als auch die Oxidfaktoren α_i sind in der u. a. Tabelle zu finden.

Oxide	Ma.-Anteile der Oxide [%]	α_i- Faktoren
SiO_2	65	2,67
Al_2O_3	25	16,67
MgO	10	0,33

Gehört das o. a. Glas zu den Hart- oder zu den Weichgläser?

Lösung: $\alpha = \boldsymbol{5{,}94 \cdot 10^{-6}}\ K^{-1}$

6. Berechnen Sie den linearen Ausdehnungskoeffizienten eines Borosilikatglases (E-Glas) im Temperaturbereich von 0–100 °C. Die chemische Zusammensetzung des Glases als auch die Oxidfaktoren α_i sind in der u. a. Tabelle zu finden.

Oxide	Ma.-Anteile der Oxide [%]	α_i- Faktoren
SiO_2	55,0	2,67
Al_2O_3	14,0	16,67

Oxide	Ma.-Anteile der Oxide [%]	α_i- Faktoren
B_2O_3	7,0	0,33
CaO	22,0	16,67
MgO	1,0	0,33
Na_2O	1,0	33,33

Gehört das o.a. Glas zu den Hart- oder zu den Weichgläser?
Lösung: $\alpha = 782{,}9 \cdot 10^{-8} = \boldsymbol{7{,}83 \cdot 10^{-6}}\ \mathrm{K}^{-1}$

7. Berechnen Sie die Wärmeleitfähigkeit (W/mK) eines S-Glases bei 300 °C. Die chemische Zusammensetzung des Glases als auch die Oxidfaktoren λ_i finden Sie in der u. a. Tabelle.

Oxide	Ma.-Anteile der Oxide [%]	λ_i-Faktoren
SiO_2	65	17,15
Al_2O_3	25	7,35
MgO	10	16,73

Lösung: $\lambda = 1465{,}8 \cdot 10^{-3} = \boldsymbol{1{,}466\ W/mK}$

8. Berechnen Sie die Wärmeleitfähigkeit (W/mK) eines E-Glases bei 300 °C. Die chemische Zusammensetzung des Glases als auch die Oxidfaktoren λ_i finden Sie in der u. a. Tabelle.

Oxide	Ma.-Anteile der Oxide [%]	λ_i-Faktoren
SiO_2	55,0	17,15
Al_2O_3	14,0	7,35
B_2O_3	7,0	10,56
CaO	22,0	8,72
MgO	1,0	16,73
Na_2O	1,0	7,86

Lösung: $\lambda = 1336{,}5 \cdot 10^{-3} = \boldsymbol{1{,}34\ W/mK}$

9. Berechnen Sie die Permittivitätszahl ε bei einer Stromfrequenz von $f = 4{,}5 \cdot 10^8\ \mathrm{Hz} = 450\ \mathrm{MHz}$ für das S-Glas. Die chemische Zusammensetzung des Glases in Mol-% als auch die Oxidfaktoren – ε_i finden Sie in der u. a. Tabelle.

Oxide	Mol-Anteile der Oxide [Mol%]	ε_i-Faktoren
SiO_2	68,70	3,8
Al_2O_3	15,55	9,2
MgO	15,75	15,4

Lösung: $\varepsilon = \boldsymbol{6{,}47}$

10. Berechnen Sie die Permittivitätszahl ε bei einer Stromfrequenz von $f = 4{,}5 \cdot 10^8$ Hz = 450 MHz für ein D-Glas (Glas mit sehr guten dielektrischen Eigenschaften). Die chemische Zusammensetzung des Glases in Mol-% als auch die Oxidfaktoren – ε_i finden Sie in der u. a. Tabelle.

Oxide	Mol-Anteile der Oxide [Mol%]	ε_i-Faktoren
SiO_2	77,0	3,8
B_2O_3	20,2	6,0
Na_2O	1,5	17,6
K_2O	1,3	16,0

Lösung: $\varepsilon = \boldsymbol{4{,}61}$

11. Berechnen Sie die Permittivitätszahl ε bei einer Stromfrequenz von $f = 4{,}5 \cdot 10^8$ Hz = 450 MHz für ein C-Glas. Die chemische Zusammensetzung des Glases in Mol-% als auch die Oxidfaktoren – ε_i finden Sie in der u. a. Tabelle.

Oxide	Mol-Anteile der Oxide [Mol%]	ε_i-Faktoren
SiO_2	64,4	3,8
Al_2O_3	3,0	9,2
B_2O_3	5,6	6,0
CaO	6,8	17,4
MgO	5,6	15,4
Na_2O	13,9	17,6
K_2O	0,7	16,0

Lösung: $\varepsilon = \boldsymbol{7{,}66}$

12. Berechnen Sie die Zugfestigkeit eines S-Glases (Bulk Glass). Die chemische Zusammensetzung des Glases als auch die Oxidfaktoren σ_i sind in der u. a. Tabelle zu finden.

Oxide	Ma.-Anteile der Oxide [%]	σ_i-Faktoren
SiO_2	65	90
Al_2O_3	25	50
MgO	10	10

Lösung: $\sigma = \boldsymbol{72\ MPa}$

13. Berechnen Sie die Zugfestigkeit eines E-Glases. Die chemische Zusammensetzung des Glases als auch die Oxidfaktoren σ_i sind in der u. a. Tabelle zu finden.

Oxide	Ma.-Anteile der Oxide [%]	σ_i-Faktoren
SiO_2	55,0	90
Al_2O_3	14,0	50
B_2O_3	7,0	65
CaO	22,0	200
MgO	1,0	10
Na_2O	1,0	20

Lösung: $\sigma = $ ***105,35 MPa***

14. Berechnen Sie die Brechzahl eines S-Glases. Die chemische Zusammensetzung des Glases als auch die Oxidfaktoren n_i sind in der u. a. Tabelle zu finden.

Oxide	Mol-Anteile der Oxide [Mol%]	n_i-Faktoren
SiO_2	68,70	1,475
Al_2O_3	15,55	1,520
MgO	15,75	1,610

Lösung: $n_D = $ ***1,503***

15. Berechnen Sie die Brechzahl eines E-Glases. Die chemische Zusammensetzung des Glases als auch die Oxidfaktoren n_i sind in der u. a. Tabelle zu finden.

Oxide	Mol-Anteile der Oxide [Mol%]	n_i-Faktoren
SiO_2	64,4	1,475
Al_2O_3	3,0	1,520
B_2O_3	5,6	1,710
CaO	6,8	1,730
MgO	5,6	1,610
Na_2O	13,9	1,590
K_2O	0,7	1,575

Lösung: $n_D = $ ***1,5311***

16. Berechnen Sie die hydrolytische Beständigkeit eines C-Glases. Für die Berechnung benutzen Sie die Formel: $\lg(10D) = -\ 6{,}427 + 5{,}89\ \lg(A+N)\ -\ 0{,}654\ \lg A$. Die chemische Zusammensetzung des Glases ist aus der u. a. Tabelle zu ersehen.

Oxide	Ma.-Anteile der Oxide [%]
SiO_2	63,0
Al_2O_3	5,2
B_2O_3	6,3

Oxide	Ma.-Anteile der Oxide [%]
CaO	6,3
MgO	3,8
Na_2O	14,4
K_2O	1,0

Lösung: D = 0,52 cm^3 0,01 N HCl

17. Berechnen Sie die spezifische Oberfläche (m^2/kg) von 1 kg Glasfasern mit dem Durchmesser 10 µm, die aus einem C-Glas hergestellt wurden. Die Dichte des C-Glases beträgt 2520 kg/m^3.
Lösung: F_w = ***158,7 m²/kg.***
18. Berechnen Sie die spezifische Oberfläche (m^2/kg) von 1 kg Glasfasern mit dem Durchmesser 8 µm, die aus einem E-Glas hergestellt wurden. Die Dichte des E-Glases beträgt 2620 kg/m^3.
Lösung: F_w = ***190,8 m²/kg.***
19. Berechnen Sie die spezifische Oberfläche (m^2/kg) von 1 kg S-Glasfasern mit dem Durchmesser 8 µm. Die Dichte des S-Glases beträgt 2480 kg/m^3.
Lösung: F_w = ***201,6 m²/kg.***
20. Berechnen Sie den Kanzerogenitätsindex Ki und den Faktor der biologischen Auflösbarkeit von Glasfasern, die aus einem C- einem E- und aus einem R-Glas hergestellt wurden. Die chemische Zusammensetzung der Gläser sind aus der u. a. Tabelle zu entnehmen. Bewerten Sie die kanzerogene Potenz dieser Glasfasern.

Oxide	C-Glas (1)		E-Glas (2)		R-Glas (3)	
	Ma.%	Mol%	Ma.%	Mol%	Ma.%	Mol%
SiO_2	63,2	64,0	54,2	56,8	65,0	67,3
Al_2O_3	5,3	3,2	14,3	8,8	16,2	9,9
B_2O_3	6,4	5,6	8,8	8,0	-	-
CaO	6,3	6,8	16,6	18,6	12,9	14,3
MgO	3,9	5,9	4,6	7,2	4,9	7,6
Na_2O	14,6	14,3	0,2	0,2	0,7	0,7
K_2O	0,3	0,2	0,6	0,4	0,3	0,2

$Ki_{(1)}$ = ***20,9;*** $Ki_{(2)}$ = ***2,2;*** $Ki_{(3)}$ = ***-13,6***
$C_{bio}(1)$ = ***2,05;*** $C_{bio}(2)$ = ***1,91;*** $C_{bio}(3)$ = ***3,39***

21. In einer Charge von SiC-Proben wurden Oberflächenfehler mit einer 30 µm- Tiefe festgestellt. Berechnen Sie die Zug- und Druckfestigkeit der Proben. Die Risszähigkeit K_{IC} von SiC beträgt ca. 3 MPa·$\sqrt{m}$. Warum weisen die keramischen Werkstoffe wesentlich höhere Druck- als Zugfestigkeit auf?
Lösung: R_r = ***309 MPa;*** R_s = ***4635 MPa***

22. Berechnen Sie die Risszähigkeit für dla Si_3N_4. Die Länge eines Oberflächenrisses in der Probe beträgt 50 µm bei a = 57 µm. Die Härte des Werkstoffes beträgt $H_v = 37$ GPa und sein Elastizitätsmodul E = 310 GPa. Für die Berechnung nehmen sie den Wert θ = 3 an. Benutzen Sie die folgende Beziehung:
    $K_{IC} = 0{,}035(\frac{l}{a})^{-0{,}5} \cdot (\frac{Hv}{E\theta})^{-0{,}4} \cdot (\frac{Hv \cdot a^{0{,}5}}{\theta})$
    Lösung: $K_{IC} = \boldsymbol{3{,}76\ GPa \cdot \sqrt{m}}$.
23. Berechnen Sie die Zugfestigkeit eines Borosilikatglases in dem ein Riss mit der Tiefe von 26 µm identifiziert wurde. Die Risszähigkeit (Bruchfestigkeit) K_{IC} für's Borosilikatglas beträgt 0,7 MPa·$\sqrt{m}$. Bestimmen Sie auch die zu erwartende Druckfestigkeit.
    Lösung: R_r = ***77 MPa;*** Rs = ***1155 MPa***
24. Berechnen Sie die Thermoschockbeständigkeit von Porzellan, die eine Zugfestigkeit von 25,2 MPa, einen E-Modul von 70 GPa und einen linearen Ausdehnungskoeffizienten von $3 \cdot 10^{-6}\ K^{-1}$ aufweist.
    Lösung: R_r = ***120 °C***
25. Berechnen Sie die Thermoschockbeständigkeit vom chemisch-beständigen C-Glas, das eine Zugfestigkeit von 60 MPa, einen E-Modul von 78 GPa und einen linearen Ausdehnungskoeffizienten von $8{,}9 \cdot 10^{-6}\ K^{-1}$ aufweist.
    Lösung: R_r = ***86,4 °C***
26. Berechnen Sie den Risswiderstand G_C (kJ/m²) eines FVK-s, der aus kurzen Glasfasern (d ≤ 12 mm) mit dem Durchmesser von 12 µm und aus einer Polyestermatrix angefertigt wurde. Der Anteil an Glasfasern, die im Composits statistisch verteilt sind, beträgt 30 Vol. %. Die Zugfestigkeit der Fasern liegt bei $2 \cdot 10^6$ kPa und die Scherfestigkeit 6_s^m der Matrix bei $30 \cdot 10^3$ kPa.
    Lösung: G_c = ***60 kJ/m²***
27. Berechnen Sie den Risswiderstand G_C (kJ/m²) eines FVK-s, der aus kurzen (d ≤ 12 mm) R-Glasfasern mit dem Durchmesser von 10 µm und aus einer Epoxidharzmatrix angefertigt wurde. Der Anteil an Glasfasern, die im Composits statistisch verteilt sind, beträgt 40 Vol. %. Die Zugfestigkeit der Fasern liegt bei $3{,}4 \cdot 10^6$ kPa und die Scherfestigkeit 6_s^m der Matrix bei $35 \cdot 10^3$ kPa.
    Lösung: G_c = ***165,1 kJ/m²***
28. Berechnen Sie den Risswiderstand G_C (kJ/m²) eines FVK-s, der kurze (d ≤ 12 mm) S-Glasfasern mit dem Durchmesser von 12 µm und eine Epoxidharzmatrix enthält. Der Anteil an Glasfasern, die im Composits statistisch verteilt sind, beträgt 40 Vol. %. Die Zugfestigkeit der Fasern liegt bei $4{,}9 \cdot 10^6$ kPa und die Scherfestigkeit 6_s^m der Matrix bei $35 \cdot 10^3$ kPa.
    Lösung: G_c = ***411,4 kJ/m²***
29. Al_2O_3 hat eine Risszähigkeit von 3 MPa $\sqrt{m}$. An einer Reihe von Proben wurden Oberflächenfehler mit einer Tiefe von 20 µm identifiziert. Berechnen Sie die Zugfestigkeit und die zu erwartende Druckfestigkeit der Proben.
    Lösung: R_r = ***378,5 MPa;*** R_s = ***5677 MPa***

30. ZrO_2 weist eine Risszähigkeit von 5 MPa $\sqrt{m}$ auf. An einer Reihe von Proben wurden Oberflächenfehler mit einer Tiefe von 30 µm identifiziert. Berechnen Sie die Zugfestigkeit und die zu erwartende Druckfestigkeit der Proben.
    Lösung: R_r= ***515 MPa***; R_s = ***7725,5 MPa***; (MPa= N/mm^2)
31. Berechnen Sie die Dichte und den E-Modul eines Faserverbundwerkstoffes mit einer Polypropylen-Matrix, der 40 Vol. % S-Glasfaser enthält. Die Dichte der S-Glasfaser beträgt 2480 kg/m^3, die Dichte des Polypropylens liegt bei 900 kg/m^3.
    Lösung: ρ_c = ***1532 kg/m³***
32. In unidirektionalen FVK-s beträgt der Faseranteil jeweils 50 Vol%. Berechnen Sie die Dichte und den E-Modul der FVK in 3 Varianten:
    a) Carbonfasern – Epoxidharz
    b) E-Glasfasern – Polyesterharz
    c) S-Glasfasern – Epoxidharz

    Welche Variante würden Sie für den Flugzeugbau empfehlen? Begründen Sie es. Die Dichte und den E-Modul von Fasern und Matrices sind aus der Tabelle zu entnehmen

Werkstoff	Dichte kg/m^3	E-Modul GPa
Carbonfasern	1900	400
E-Glasfaser	2620	72
S-Glasfaser	2480	87
Epoxidharz	1300	3,8
Polyesterharz	1200	3,5

Lösung (Dichte)

a) $\rho_{FVK}=\mathbf{1600\ kg/m^3}$
b) $\rho_{FVK}=\mathbf{1910\ kg/m^3}$
c) $\rho_{FVK}=\mathbf{1890\ kg/m^3}$

Lösung (E-Modul)

a) $E_{FVK}=\mathbf{201{,}9\ GPa}$
b) $E_{FVK}=\mathbf{37{,}75\ GPa}$
c) $E_{FVK}=\mathbf{45{,}4\ GPa}$

33. Berechnen Sie die Dichte eines FVK-s. Der FVK enthält 40 % Vol. % der E-Glasfasern mit einer Dichte von 2620 kg/m^3 und eine Epoxidharzmatrix mit einer Dichte von 1300 kg/m^3.
    Lösung: ρ_c = ***1828 kg/m³***
34. Berechnen Sie den E-Modul eines unidirektionalen Faserverbundwerkstoffes bei einer Längsbeanspruchung (Parallel zur Faserrichtung) E_{CII}. Der FVK enthält 40 Vol. % der E-Glasfasern mit einem E-Modul von 72 GPa und eine Polyesterharzmatrix. Der E-Modul der Matrix beträgt 3 GPa.
    Lösung: E_{CII}=***30,6 GPa***

35. Berechnen Sie den E-Modul eines unidirektionalen Faserverbundes bei einer Zugbelastung senkrecht zur Faserrichtung (Quer). Der FVK enthält 40 Vol. % S-Glasfasern mit einem E-Modul von 87 GPa und eine Epoxidharzmatrix. Der E-Modul des Epoxidharzes beträgt 3,8 GPa.
    Lösung: $E_{C\perp} = \boldsymbol{6{,}15\ GPa}$
36. Berechnen sie den E-Modul eines Composits E_{CII} (Zugbelastung-Parallel zur Faserrichtung) und den E-Elastizitätsmodul- Quer ($E_{C\perp}$ - Zugbelastung senkrecht zur Faserrichtung). Der FVK enthält 30 Vol. % E-Glasfasern und 70 Vol. % Polyesterharz. Der E-Modul der Faser beträgt 72 GPa und der Matrix 3 GPa.
    Lösung: $E_{CII} = \boldsymbol{23{,}7\ GPa}$
    Lösung: $E_{C\perp} = \boldsymbol{4{,}2\ GPa}$
37. Berechnen Sie die maximale Zugfestigkeit eines Composits mit E-Glasfasern und Epoxidharz-Matrix. Das langfaserverstärkte Composit enthält 50 Vol. % Fasern mit einem Durchmesser von 10 µm, die eine Zugfestigkeit von 2000 MPa aufweisen. Die Streckgrenze der Matrix R_e^m liegt bei 40 MPa.
    Lösung: $R_m = \boldsymbol{1020\ MPa}$
38. Berechnen Sie die maximale Zugfestigkeit eines Composits mit S-Glasfasern und Polyesterharz-Matrix. Das langfaserverstärkte Composit enthält 60 Vol. % Fasern mit einem Durchmesser von 10 µm, die eine Zugfestigkeit von 4800 MPa aufweisen. Die Streckgrenze der Matrix R_e^m liegt bei 45 MPa.
    Lösung: $R_m = \boldsymbol{2898\ MPa}$
39. Berechnen Sie den Risswiderstand G_C (kJ/m^2) eines FVK-s, der aus kurzen Glasfasern ($d \leq 12$ mm) mit dem Durchmesser von 12 µm und aus einer Polyestermatrix angefertigt wurde. Der Anteil an Glasfasern, die im Composits statistisch verteilt sind, beträgt 30 Vol. %. Die Zugfestigkeit der Fasern liegt bei $2 \cdot 10^6$ kPa und die Scherfestigkeit 6_S^m der Matrix bei $30 \cdot 10^3$ kPa.
    Lösung: $G_c = \boldsymbol{65\ kJ/m^2}$
40. Berechnen Sie den Risswiderstand G_C (kJ/m^2) eines FVK-s, der aus kurzen ($d \leq 12$ mm) R-Glasfasern mit dem Durchmesser von 10 µm und aus einer Epoxidharzmatrix angefertigt wurde. Der Anteil an Glasfasern, die im Composits statistisch verteilt sind, beträgt 40 Vol. %. Die Zugfestigkeit der Fasern liegt bei $3{,}4 \cdot 10^6$ kPa und die Scherfestigkeit 6_S^m der Matrix bei $35 \cdot 10^3$ kPa.
    Lösung: $G_c = \boldsymbol{165{,}1\ kJ/m^2}$

MIX
Papier aus verantwortungsvollen Quellen
Paper from responsible sources
FSC® C105338

If you have any concerns about our products,
you can contact us on
ProductSafety@springernature.com

In case Publisher is established outside the EU,
the EU authorized representative is:
Springer Nature Customer Service Center GmbH
Europaplatz 3, 69115 Heidelberg, Germany

Printed by Libri Plureos GmbH
in Hamburg, Germany